Metallographie des Aluminiums und seiner Legierungen

Von

Dr.-Ing. V. Fuss

vorm. Leiter der metallographischen Laboratorien
der Vereinigten Aluminiumwerke A. G., Lautawerk Lausitz
und der Vereinigten Leichtmetallwerke G. m. b. H., Bonn

Mit 203 Textabbildungen
und 4 Tafeln

Springer-Verlag Berlin Heidelberg GmbH
1934

Additional material to this book can be downloaded from http://extras.springer.com

ISBN 978-3-642-50429-7 ISBN 978-3-642-50738-0 (eBook)
DOI 10.1007/978-3-642-50738-0

Ursprünglich erschienen bei Julius Springer in Berlin 1934
Softcover reprint of the hardcover 1st edition 1934

Zum Geleit.

In dem Vorwort zu dem in erster Auflage im Jahre 1912 erschienenen Buch von E. Preuß: „Die praktische Nutzanwendung der Prüfung des Eisens durch Ätzverfahren und mit Hilfe des Mikroskopes" wies der Verfasser darauf hin, welch nützliche Gehilfin die Metallographie dem Maschinen- und Betriebsingenieur werden kann, sofern sie ihm in geeigneter Form nahe gebracht wird. Das notwendige Mittel zur Erreichung dieses Zieles erblickte Preuß in einem mit ausführlichen Anwendungsbeispielen und zahlreichen Abbildungen ausgestatteten Buch, in dem dargelegt wird, wie man sich die Metallographie mit den gewöhnlichen Hilfsmitteln eines Industrielaboratoriums dienstbar machen kann.

Wie sehr seine aus diesen Überlegungen heraus entstandene Arbeit den erstrebten Zielen entsprach, geht wohl daraus hervor, daß sie — außer in einem unveränderten Neudruck — bereits in dritter Auflage vorliegt. So schien es erwünscht, neben diesem Leitfaden zur Prüfung der üblichen Kohlenstoffstähle ähnliche Hilfsmittel für das Gebiet der Nichteisenmetalle zu schaffen, auf dem, trotz der zunehmenden industriellen Bedeutung dieser Werkstoffe (es seien vor allem die Leichtmetalle genannt), eine Kenntnis der metallographischen Prüfmethoden noch seltener anzutreffen ist als bei den Stählen. Schon vor längerer Zeit entstand daher der Gedanke, im Anschluß an das Buch von Preuß eine Reihe von Monographien über die wichtigsten Nichteisenmetalle und ihre Legierungen herauszugeben.

Als erster dieser sich anschließenden Bände erschien 1930 die „Metallographie der technischen Kupferlegierungen" von A. Schimmel. Als zweiter (in sich abgeschlossener und von den vorhergehenden unabhängiger) Band folgt nunmehr die „Metallographie des Aluminiums und seiner Legierungen" aus der Hand eines auf diesem Gebiete besonders erfahrenen Fachmannes. Möge auch dieses Werk der Gefügelehre zu einem immer tieferen Eindringen in die Praxis verhelfen.

Dresden, im Juli 1934.

Berndt.

Vorwort.

Bei der umfangreichen Anwendung, die das Aluminium und seine Legierungen in den beiden letzten Jahrzehnten in der Technik erfahren haben, müssen Ingenieure, Konstrukteure und Betriebsleute sich in zunehmendem Maße mit dem Gefügeaufbau dieser Werkstoffe vertraut machen. Das ist erforderlich, um aus der Mannigfaltigkeit der auf dem Markt vorliegenden Baustoffe jeweils den zweckentsprechenden herauszufinden, ihn richtig zu behandeln und Fehler, seien sie im eigenen Betriebe entstanden oder am angelieferten Material zu bemängeln, richtig zu beurteilen.

Welche Aluminiumlegierungen als „technische“ zu betrachten sind, ist nur annähernd zu sagen, weil die Entwicklung noch nicht abgeschlossen ist. Manche bisher als nicht verarbeitbar angesehene Legierung ist im Begriffe, sich in die technisch wertvollen einzureihen.

Obwohl an sich kein Lehrbuch, soll vorliegender Band den Ingenieur, dem zu wenig Zeit zur Weiterbildung in neueren Arbeitsverfahren und den schier unübersehbaren in- und ausländischen Forschungsergebnissen blieb, instand setzen, sich die zum raschen Verständnis der laufenden Veröffentlichungen in den Fachzeitschriften notwendigen Kenntnisse anzueignen.

In den Zustandsschaubildern der Zwei- und Mehrstofflegierungen, die aus der außerordentlich umfangreichen Weltliteratur zusammengetragen und nach den neuesten Erfahrungen umkonstruiert oder ergänzt wurden, und dem Quellennachweis soll den Fachleuten ein Hand- und Nachschlagebuch in gedrängter Form geboten sein.

Um dem Betriebsmann, der nicht die Zeit findet, die nicht ganz einfachen Zusammenhänge an Hand des theoretischen Raumzustandsschaubildes zu durchdenken, doch eine rasche Orientierung in den ternären Zustandsschaubildern für den erstarrten Zustand der Legierungen zu geben, sind diese in bezifferte Felder eingeteilt, und die Texte der Gefügebilder weisen auf die Lage in den einzelnen Feldern hin. Eine gedrängte Kristallisationsbeschreibung in Tabellenform für die den letzteren entsprechenden Legierungszusammensetzungen gestattet einen hinreichenden Überblick über die Schmelz- und Erstarrungsvorgänge und die voraussichtlichen technologischen Eigenschaften der einzelnen Legierungen.

Nutzanwendungen, die sich aus der Kenntnis des Gefügeausbaues ergeben, sind an Hand von Lichtbildern von Fall zu Fall in der Beschreibung der Zwei- und Mehrstoff-Zustandsschaubilder untergebracht.

Die vergütbaren Aluminiumlegierungen, bei welchen sich nicht alles aus dem mikroskopisch sichtbaren Gefüge erklären läßt, ferner die Korrosion, nichtmetallische Verunreinigungen u. a. m. sind in besonderen Abschnitten kurz behandelt.

Bei der Fülle vorhandenen Forschungsmaterials auf der einen Seite und der notwendigen Beschränkung dieses Bandes auf einen handlichen Umfang konnte manches nur gestreift werden. Alles in allem aber hofft der Verfasser, dem Leser ein Gerüst gegeben zu haben, auf dem sich weiterbauen läßt.

Er übernahm die Arbeit auf Anregung des Herrn Professor Dr. G. Berndt als weiteres Glied in der Reihe der von ihm herausgegebenen Monographien über Stahl und Eisen und die wichtigeren Nichteisenmetalle.

Soweit es sich um die Konstitution der Legierungen handelt, wurden Zustandsschaubilder und Mikroaufnahmen der Natur der gestellten Aufgabe entsprechend aus den Originalveröffentlichungen entnommen oder reproduziert; im Text sind diese Abbildungen mit einem * versehen. Der Figurennachweis gibt über die Entnahmestellen Auskunft. Außer vielen Dreistoffschaubildern und Gefügebildern aus eigenen Untersuchungen konnten weitere bisher nicht veröffentlichte Bilder gebracht werden, für deren Überlassung Frau E. Loofs-Rassow, Herrn Röhrig bzw. der Vereinigten Aluminiumwerke A.G., Lautawerk, Lausitz, Herrn Eckert bzw. der Erftwerk A.G., Grevenbroich, und Herrn Prof. Guertler, Techn. Hochschule Berlin, an dieser Stelle bestens gedankt sei.

Köln-Rodenkirchen, im Juni 1934.

V. Fuss.

Inhaltsverzeichnis.

A. Untersuchungsmethoden und Darstellung ihrer Ergebnisse.

1. Allgemeines.

Während von alters her Eisen mit Kohlenstoff allein und Kupfer mit Zink, Zinn oder beiden legiert eine Fülle von technisch brauchbaren Variationen bieten, stieß man beim Aluminium bald infolge der begrenzten Legierbarkeit bzw. technischer Minderwertigkeit bei an sich vorhandener Legierbarkeit auf das Bedürfnis nach Erweiterung der zuerst nur aus Kupfer und Zink bestehenden Skala der möglichen Zusätze. Die hierauf einsetzende Durchforschung ging aus eben den genannten Gründen mehr in die Breite als in die Tiefe. So steht der Ingenieur, der sich über die Aluminiumlegierungen unterrichten will, vor einer verwirrenden Fülle. Zur Erlangung einer ausreichenden Übersicht ist die Kenntnis der nicht kleinen Reihe von Zustandsschaubildern nötig, im Gegensatz zur Eisen- und Kupferlegierungskunde, bei welcher der Techniker mit dem Eisenkohlenstoff-, den Messing- und Kupferzinn-Zustandsschaubildern auskommen kann. Diese Schaubilder, auch Zustandsdiagramme genannt, sind zeichnerische Darstellungen des Verhaltens der Bestandteile (Komponenten) der Legierungen beim Zusammenschmelzen, bei der Erstarrung und Abkühlung auf Zimmertemperatur bzw. der Wiedererhitzung bis zum Eintritt der Schmelze.

Da das Aluminium mit der Mehrzahl der anderen Elemente sehr bald spröde Verbindungen bildet, die in groben Ausscheidungen in der Grundmasse liegen und diese selbst technisch verderben, genügt es, von den Zustandsschaubildern nur die Aluminiumseite bis jeweils zur ersten Metallverbindung zu verfolgen. Den mit dem Eisenkohlenstoffschaubild vertrauten Ingenieuren ist diese Beschränkung geläufig. Es wird nur bis zur Verbindung Fe_3C dargestellt.

Zum Zustandekommen der Zustandsschaubilder der Aluminiumlegierungen, insbesondere der Gebiete, die für die vergütbaren Legierungen von Wichtigkeit sind, haben außer den älteren Mitteln der Mikrographie, d. h. der mikroskopischen Untersuchung von Metallschliffen, und der thermischen Analyse, die auf diskontinuierlichen Änderungen des Wärmeinhalts bei Überschreitung von Phasengleichgewichten beruht, auch andere Untersuchungsmethoden beigetragen. Insbesondere sind zu erwähnen: die Beobachtung der Veränderung des elektrischen Leitungswiderstandes, des Widerstandstemperaturkoeffizienten, des Wärmeausdehnungskoeffizienten in Abhängigkeit von Zusammensetzung und

Temperatur. Neuerdings versucht die atomphysikalische Feinbauuntersuchung mit Hilfe des Röntgenlichtes die älteren Methoden abzulösen. Auf dem Gebiete der Zustandsschaubildvervollkommnung hat sie bislang zwar noch kaum mehr geleistet, als es beispielsweise Tammann mit den gewöhnlichen Mitteln der Metallographie gelungen ist. Es sind aber Ansätze vorhanden, die bei der zu erwartenden Verfeinerung der Methoden die Leistungen der älteren Hilfsmittel zu übertreffen versprechen.

Aus diesen Gründen sind in der vorliegenden Abhandlung wichtige Ergebnisse der genannten neueren Forschungsmethoden herangezogen. In Anbetracht der Fülle des für die spezielle Metallographie der Aluminiumlegierungen vorliegenden Stoffes muß von einer Beschreibung dieser Methoden Abstand genommen und ihre Kenntnis vorausgesetzt werden. Wer sich über die grundlegenden Wissensgebiete unterrichten möchte findet ausführliche Aufklärung in den metallographischen Lehrbüchern (253, 89, 215, 83 und 139), sowie in den röntgenologischen (287, 288, 81, 160, 23b, 185 und 289)[1].

2. Die Typen der Zustandsschaubilder.

a) Reinaluminium.

Kühlt reinstes Aluminium aus dem flüssigen Zustande langsam ab, so ist bei rd. 660° C, der Temperatur seines Überganges in den festen Zustand, zu beobachten, daß diese solange erhalten bleibt, bis die Schmelze vollends erstarrt ist. Die Ursache des Haltepunktes ist die bei der Erstarrung frei werdende Schmelzwärme, die erst weggeleitet sein muß, bevor eine weitere Abkühlung erfolgen kann. Ist es soweit, dann kühlt die erstarrte Masse auf Zimmertemperatur aus, ohne daß ein neuer Haltepunkt infolge einer neuen Wärmetönung aufträte, im Gegensatz zum Verhalten mancher anderen Metalle. Man hat lange geglaubt (s. 46, 171d, 149, 144, 206 und 256a), die Aluminiumkristalle unterlägen bei 560° C einer polymorphen Umwandlung, und vielfach wurden die an einigen Aluminiumlegierungen auftretenden Vergütungserscheinungen damit zu erklären versucht (s. 171d, 256a). Die Aufnahme von Abkühlungskurven mit dem erstmalig in den USA. hergestellten reinsten Aluminium, 99,93% Reingehalt (s. 72), hat erwiesen, daß diese Annahmen irrtümlich waren, und daß der zweite Haltepunkt den im Hüttenaluminium enthaltenen kleinen Mengen von Silizium und Eisen zuzuschreiben ist. Das Nichtvorhandensein eines Umwandlungspunktes wurde bestätigt durch (5, 95, 182, 116b, 89g und 230).

[1] Um den Text von der ständigen Wiederholung der Autornamen (das Schrifttum ist fast unübersehbar) zu entlasten, erhielt jede zitierte Arbeit eine Nummer, die an Stelle des Autors im Text genannt wird. Autor und Arbeit sind im Autorenverzeichnis zu finden.

Das Aluminium kristallisiert nur in Würfelform. Ihre Erkennung und Ausmessung wurde durch Röntgenuntersuchung sichergestellt (s. 272). Unter dem Mikroskop ist die Würfelform nicht ohne weiteres zu erkennen. Kann ein Metall frei in einem flüssigen anderen kristallisieren, so sind im Schliffbild die ihm eigenen Kristallformen häufig zu erkennen. Kristallisiert es aber aus der eigenen Schmelze, so stören sich die Kristalle gegenseitig im Wachstum, und es kommen unregelmäßige Polyeder zustande, die im Schliff als unregelmäßige Vielecke erscheinen (Abb. 1). Wie bei vielen anderen Metallen kann aber auch bei Aluminium durch Erzeugung von Ätzfiguren die Kristallisation in Würfelform deutlich gemacht werden (Abb. 2). Auf in oben offenen Gefäßen erstarrtem oder verschüttetem Aluminium bilden sich infolge der Abkühlung von oben zunächst Kristallgerippe; durch die bei völliger Erstarrung eintretende Schwindung wird ihnen der Baustoff weggesogen, so daß sie reliefartig auf der Oberfläche in Erscheinung treten (s. 89). In diesem Falle sind die bevorzugten Wachstumsrichtungen ohne Anschleifen und ohne Ätzung erkennbar und die Winkelmessung gestattet einen Rückschluß auf die Kristallform. Abb. 3 zeigt, daß beim Aluminium das Wachstum vom Kristallkern aus in zueinander senkrechten Richtungen vor sich geht. Senkrecht zu diesen bilden sich Verästelungen und wieder senkrecht zu letzteren feine Adern, bis die entstandenen tannenbaumähnlichen Gebilde (Dendriten) in unregelmäßigen Vielecken zusammenstoßen. Ähnliche Einblicke erlaubt eine leichte Anätzung einer polierten Fläche bei geringer Vergrößerung. Abb. 4 zeigt die durch Flußsäure entwickelte dendritische Gußstruktur nach (7).

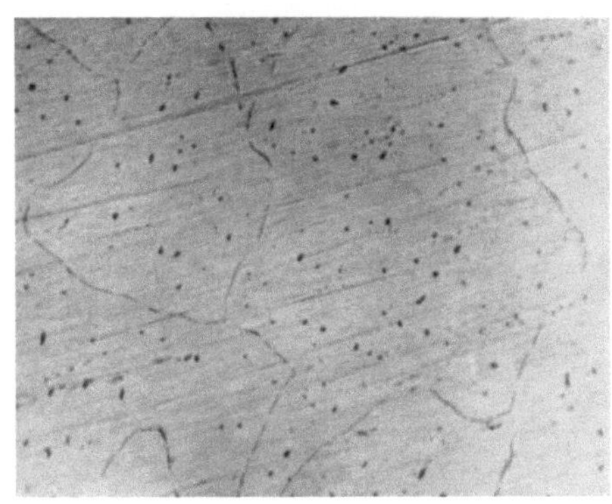

Abb. 1. Al 99,65 % gegossen (Korngrenzenätzung). V = 75; geätzt H_2SO_4.

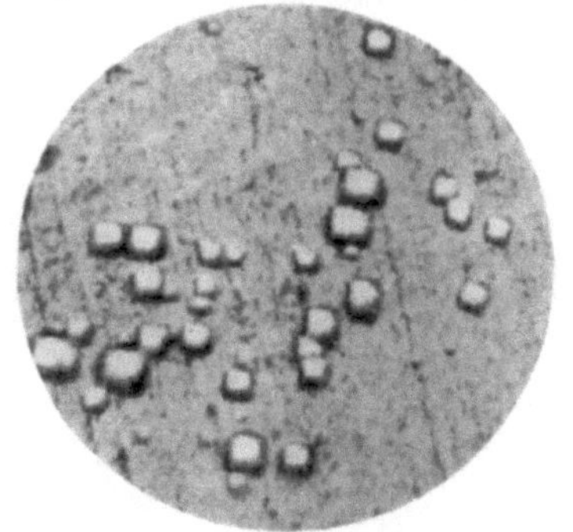

Abb. 2*[1]. Al 99,8 %; würfelförmige Ätzfiguren. V = 620; Ätzung 60 Sek. HNO_3 + HCl.

[1] Die mit einem Stern versehenen Abbildungen sind der Literatur entnommen. Die Quellenangabe befindet sich in dem am Schlusse des Buches angehängten Bilderquellenverzeichnis.

Die zur Erzeugung der in den Abb. 1 und 4 zu sehenden Zeichnung angewandte Ätzmethode ist in der Mikrographie zur Erkennung des Aufbaues oder der Konstitution allgemein gebräuchlich. Bei Aluminium

Abb. 3. Oberfläche eines langsam erkalteten Fladens von verschüttetem Aluminium. V = 5; Ätzung HCl + HF.

werden am häufigsten verdünnte Natronlauge oder stark verdünnte Flußsäure benützt. Die Einwirkung darf nur kurz sein; entweder Eintauchen und sofortiges Abspülen oder Abtupfen mit einem vom Ätzmittel durchtränkten Wattebausch und Abspülen führen zum Ziel. Notfalls ist die kurze Einwirkung mehrmals zu wiederholen, bis die Korngrenzen klar zum Vorschein kommen. Bezweckt wird also lediglich ein Angriff auf die zwischen den Kristallen befindliche äußerst dünne Schicht aus nicht metallischen Stoffen, die (nach 253 und 253c) hauptsächlich aus Oxyden bestehen, die während der Erstarrung von den aus der Schmelze wachsenden Kristallen vor sich hergeschoben wurden und deren Zusammenwachsen verhinderten. Die Metallfläche selbst bleibt fast unangegriffen. Außer zu Untersuchungen des Aufbaues von Legierungen eignet sich diese Art der Ätzung, die für die höchsten Vergrößerungen verwendbar ist, auch zur Sichtbarmachung von Einschlüssen und anderen Materialfehlern.

Abb. 4*. Al-Dendriten. V = 35; Ätzung HF.

Die Ätzung nach Abb. 2 eignet sich zur Feststellung der Kristallformen und deshalb auch zur Bestimmung der Orientierung der Kristalle in verformtem Metall (s. 253b und 253f).

Bei dieser Gelegenheit sei auch die dritte bei Materialprüfungen übliche Ätzmethode, die Kornfelderätzung, mit beschrieben. Durch stärkere Konzentration des Ätzmittels bzw. längere Einwirkungsdauer werden die Kristalle selbst, und zwar je nach ihrer Lage ungleich stark angegriffen. Da die Metallschichten parallel den kristallographischen Netzebenen abgebaut werden, entstehen verschieden geneigte Flächen, die das Licht mehr oder minder stark zurückwerfen, so daß sie teils hell, teils dunkel erscheinen (s. 52h). Diese Art der Ätzung eignet sich für die Betrachtung mit bloßem Auge oder geringerer Vergrößerung. Sie wird hauptsächlich verwendet zur Kontrolle der Körnung von zu verformenden Walzerzeugnissen u. dgl. Beispiele dieser makroskopischen Ätzung geben die Abb. 25 und 32 für Guß und Blech.

Abb. 5. Kubisch flächenzentriertes Gitter.

Feinbaulich besetzen die Atome des Aluminiums bei der Kristallisation die Ecken und die Flächenmitten eines Würfels (Abb. 5). Derart besetzte Würfel ketten sich in den drei Dimensionen des Raumes aneinander. Die sich, wie oben beschrieben, aus der Schmelze ausscheidenden Al-Kristalle, die sich nach Abb. 1 in unregelmäßigen Polyedern abgrenzen, setzen sich also aus zahllosen, dem Auge auch unter dem Mikroskop nicht sichtbaren kleinsten Würfeln zusammen. Das „Elementargitter" des Aluminiums ist würfelförmig „flächenzentriert".

b) Zweistoffmischungen.

Legiert man einem Metall ein zweites hinzu, so treten hinsichtlich der Kristallisation neue Verhältnisse ein. Bilden die beiden miteinander „feste Lösungen", auch Mischkristalle genannt, d. h. trennen sie sich bei der Erstarrung nicht auseinander, oder, in Ansehung des Gitteraufbaues der Metalle, besetzen ihre Atome Punkte des gleichen Elementargitters, so verhalten sich diese Mischkristalle in vielen Punkten wie reine Metalle. Bei der Abkühlung der Schmelzen bilden sich von den Kristallisationskeimen ausgehend wieder Dendriten mit den charakteristischen Verästelungen (Abb. 6). Bei höherer Vergrößerung erkennt man Vielecke wie beim reinen Metall (Abb. 7). Sie zeigen aber im Gegensatz zu den Kristallen reiner Metalle in sich Helligkeitsunterschiede, die auf ungleichmäßige Zusammensetzung zurückzuführen sind. Der zunächst kristallisierende Kern ist ärmer an dem zugesetzten Metall, als es der Zusammensetzung der Schmelze entspricht; er gliedert sich aus der Schmelze immer reichlicher an Zusatzmetall gesättigte Teile an, und erst die letzten entsprechen theoretisch der Zusammensetzung der Ausgangsschmelze. Auf der Abkühlungskurve macht sich dieser Vorgang bekanntlich dadurch bemerkbar, daß die Erstarrung nicht wie beim reinen Metall einen einzigen Haltepunkt bei gleichbleibender Temperatur, sondern einen solchen bei langsam abgleitender liefert. Durch Aufnahme der Abkühlungskurven mehrerer Schmelzen verschiedener Zusammensetzung und Eintragung der zugeordneten Punkte des Beginns und der Beendigung der Temperaturabfallverzögerung in ein Koordinatensystem, dessen Grundlinie entsprechend der Zusammensetzung in Hundertteile unterteilt ist, und dessen Seitenlinie die Temperaturen enthält, ergibt sich, vorausgesetzt, daß völlige Mischbarkeit im festen Zustande in allen Legierungsverhältnissen besteht, das bekannte Schaubild nach Abb. 9a, aus dem sich das Verhalten der Legierungen in allen dazwischen liegenden Zusammensetzungen erkennen läßt.

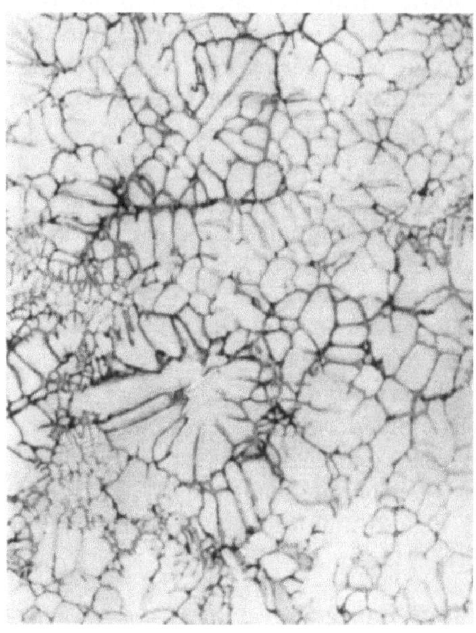

Abb. 6. Feste Lösung von Cu in Al. Mischkristalldendriten. V = 50; Ätzung in Lösung von 25 ccm HCl, 8 ccm HNO_3, 7,5 ccm HF in 1000 ccm Wasser (3 Min.).

In der Praxis tritt das oben beschriebene Gleichgewicht nicht ein, weil die Abkühlungsgeschwindigkeit dem völligen Konzentrationsausgleich innerhalb der Kristalle nicht genug Zeit läßt. Um an *B* zu arme Kerne lagern sich an *B* reichere Zonen, die aber immer an *B* ärmer bleiben, als es dem Gleichgewicht entspricht. Der Praktiker spricht von Kristall- oder Kornsaigerung (mathematische Behandlung derselben s. 221). Infolge dieser Erscheinung bleibt die Schmelze zu reich an *B*, und es kann soweit kommen, daß Schmelze von reinem *B* zurückbleibt, welche dann als solches neben den Mischkristallen selbständig kristallisiert. Das im Schliffbild durch das zonige Aussehen der Mischkristalle (s. Abb. 7) erkennbare unvollkommene Gleichgewicht läßt sich in den meisten Fällen durch längeres Ausglühen unterhalb der Solidustemperatur (Homogenisierung) vervollständigen (s. Abb. 8). Nach (89) kann man bei kleinen Metallmassen die Kornsaigerung dadurch umgehen, daß man aus dem flüssigen Zustand abschreckt. Den sich unterhalb der Solidustemperatur erst bildenden Kristallen fehlt die Veranlassung zur Ausbildung zunächst *B*-ärmerer Kerne, und die ganze Kristallmasse nimmt sofort die Zusammensetzung der Ausgangsschmelze an. Voraussetzung ist ein geringes Temperaturgefälle zwischen Liquidus- und Soliduskurve.

Im Sinne der Phasenlehre nach Gibbs besteht innerhalb des (in Abb. 9a) von den beiden Kurven eingeschlossenen Gebietes ein monovariantes, d. h. mit einem Freiheitsgrad versehenes Gleichgewicht. Es kann hier die Temperatur verändert werden, ohne daß eine der beiden „Phasen", die Schmelze oder die Kristalle, ihre Existenzmöglichkeit verlören; es ändert sich lediglich das gegenseitige Mengenverhältnis. — Unter Phasen eines heterogenen, d. h. ungleichartigen Gemenges versteht man die in sich gleichartigen Stoffe, die man auseinander halten oder durch mechanische Operationen voneinander trennen kann. Die Phasenregel gibt an, wieviele Phasen eines Systems bei Veränderung von Temperatur und Druck nebeneinander bestehen können. Bei den Metallen, die ja vom Druck weitgehend unabhängig sind, vereinfacht sie sich auf die Beziehung: Die Anzahl der Freiheitsgrade ist gleich der Anzahl der Bestandteile oder Komponenten (bei Legierungen sind die einzelnen Metalle die Komponenten) vermehrt um 1 und vermindert um die Anzahl der Phasen. Innerhalb des von Liquidus- und Soliduskurve eingefaßten Gebietes ergibt die Anwendung der Phasenregel also die Gleichung: Anzahl der Freiheitsgrade $F = 2 + 1 - 2 = 1$.

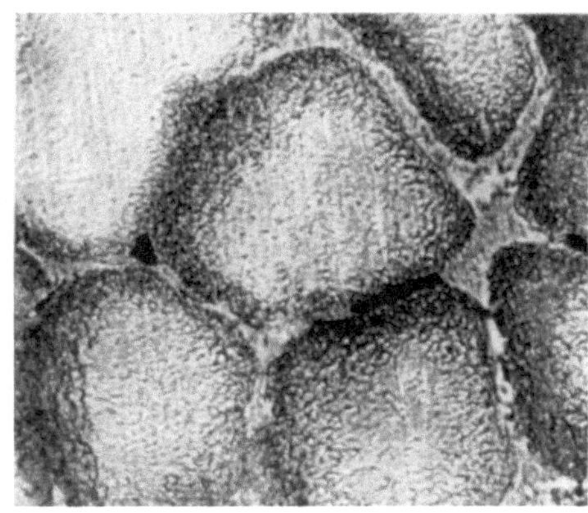

Abb. 7. Wie Abb. 6. Bei der höheren Vergrößerung erweisen sich die Mischkristalle als zonig (Schichtkristalle). V = 500; Ätzung wie bei Abb. 6 (8 Min.).

Der dem Praktiker infolge der Verbesserung vieler Eigenschaften des Grundmetalls erwünschte und die Zahl brauchbarer Legierungen vervielfältigende Fall der vollkommenen Mischbarkeit im festen Zustande kommt beim Aluminium nach den bis heute vorliegenden Ergebnissen nur einmal vor. Das bei 30° schmelzende Gallium bildet nach den Untersuchungen Fraenkels (persönliche Mitteilung) vermutlich eine lückenlose Reihe fester Lösungen mit dem Aluminium.

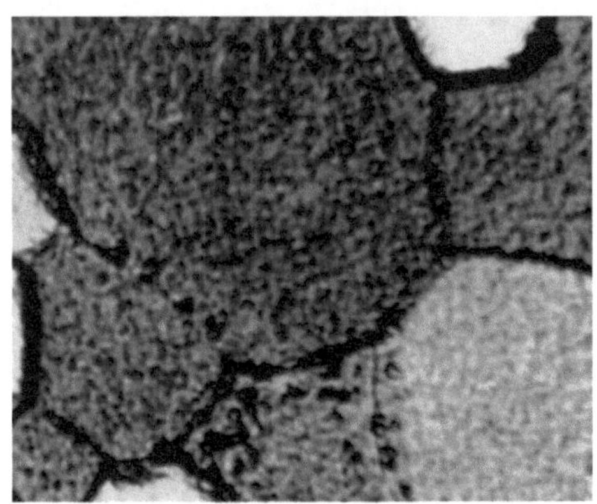

Abb. 8*. Homogenisierte Schichtkristalle. Die Zonen sind ausgeglichen. V = 1600; Ätzung wie bei Abb. 6 (8 Min.).

Der Bereich der festen Lösung wird bei allen anderen binären Aluminiumlegierungen durch Mischungslücken im festen Zustande mehr oder minder stark eingeengt, häufig völlig aufgehoben. Im Schliffbild dieser Legierungen sind immer zwei Kristallarten zu finden. Die Abkühlungskurven zeigen, soweit noch Mischkristallbildung vorliegt, den typischen abgleitenden Haltepunkt, unterhalb desselben im Gebiet der Mischungslücke dazu einen zweiten. Der erste entspricht der Mischkristallbildung und zieht sich herab bis zum zweiten, der einem

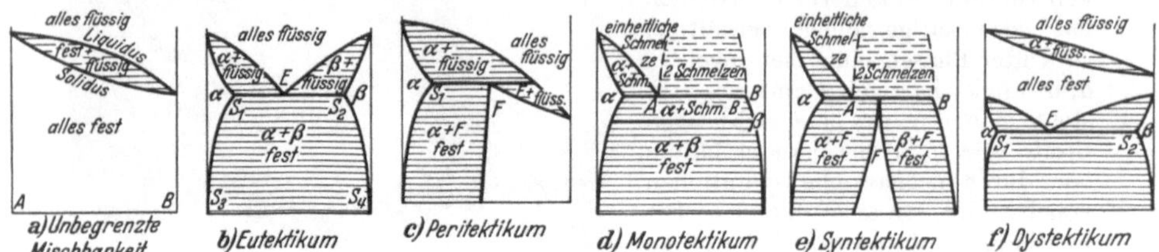

Abb. 9. Zustandsschaubildtypen der Al-Zweistofflegierungen.

nonvarianten Gleichgewicht zuzuschreiben ist. (Nonvariant nach der Phasenregel, weil bei zwei Legierungsbestandteilen drei Phasen miteinander im Gleichgewicht stehen: $F = 2 + 1 - 3 = 0$). Die Temperatur bleibt solange konstant, bis eine Phase völlig verschwunden ist. Für die verschiedenen Zusammensetzungen, die von ein und demselben Gleichgewicht betroffen werden, ist die Temperatur desselben stets die gleiche, so daß sein Bereich im Zustandsschaubild als horizontale Gerade gekennzeichnet ist.

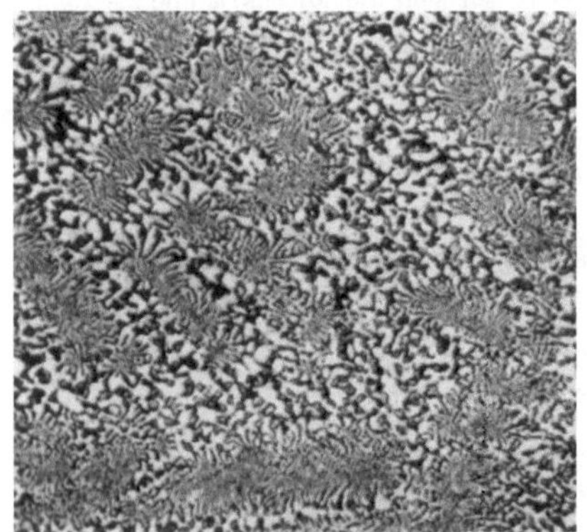

Abb. 10. 32,5 % Cu, Eutektikum $\alpha + \beta$. V = 130; Ätzung Ferrisulfat.

Abb. 9b—f zeigt die bei Al-Zweistofflegierungen auftretenden Arten nonvarianter Gleichgewichte.

Das eutektische Gleichgewicht nach Abb. 9b besteht zwischen Schmelze und den beiden Kristallarten S_1 und S_2. Die Schmelze eutektischer Zusammensetzung E wird völlig aufgezehrt unter gleichzeitiger Nebeneinanderlagerung der beiden genannten Kristallarten (s. Abb. 10). Diese Art des Gleichgewichtes wird bei Aluminiumlegierungen häufig dadurch gestört, daß die eutektische Zusammensetzung bei nahezu 100% Aluminium liegt und die Al-Teilchen, die sich eutektisch abscheiden sollten, sich an die Al-Primärkristalle anlagern und die andere Kristallart allein zurücklassen (Beispiel s. Abb. 62).

Beim peritektischen Gleichgewicht nach Abb. 9c bildet sich aus Schmelze und fester Mischkristallphase S_1 die neue feste Phase F, im Schliff erkennbar an der Umhüllung von S_1 durch F (Beispiel s. Abb. 55). Rechts von F wird die Schmelze restlos aufgezehrt, und es bleibt ein

Kern von S_1; links von F wird S_1 restlos aufgezehrt und es bleibt Schmelze übrig. In F selbst werden Schmelze und S_1 unter Bildung von F restlos aufgebraucht. Auch das peritektische Gleichgewicht ist bei den Al-Legierungen Störungen ausgesetzt, insofern als die sich bildenden umhüllenden Kristallarten F infolge ihrer mangelhaften Diffusionsfähigkeit im festen Zustande den Zutritt der aluminiumreichen Schmelze zur aufzuzehrenden Kristallart hemmen, so daß rechts von F Schmelze übrig oder links von F ein Teil von S_1 unaufgezehrt bleibt, so daß im Schliffbild nicht nur zwei Kristallarten (Kern und Umhüllung oder F und Al), sondern alle drei zu finden sind (s. Abb. 11). Das Gleichgewicht ist oft nur durch tagelanges Ausglühen dicht unterhalb der Umsetzungstemperatur zu erreichen.

Abb. 11. Zusammensetzung F in Abb. 9c. Primär: S_1 (AlCu), hell inmitten der unteren Hälfte des Bildes. Sekundär: F (Al_2Cu) hüllt S_1 ein (dunkel). Schließlich zwischen den großen dunklen F-Kristallen Eutektikum von F und α (Cu-haltiges Al), worin α der helle Anteil ist. V = 130; Ätzung NaOH.

Beim monotektischen Gleichgewicht (Abb. 9d) bestehen zwei flüssige Phasen neben einer festen, und es bleibt bei Wärmeentzug die Temperatur solange konstant, bis eine der Schmelzen völlig kristallisiert ist. War sie spezifisch erheblich schwerer oder leichter als die zweite, so haben sich zwei Schichten gebildet, die im Schliff des vertikal durchschnittenen Regulus zu erkennen sind (s. Abb. 12). — Die zweite Schmelze kristallisierte bei der unter der Monotektikalen liegenden zweiten Horizontalen allein für sich.

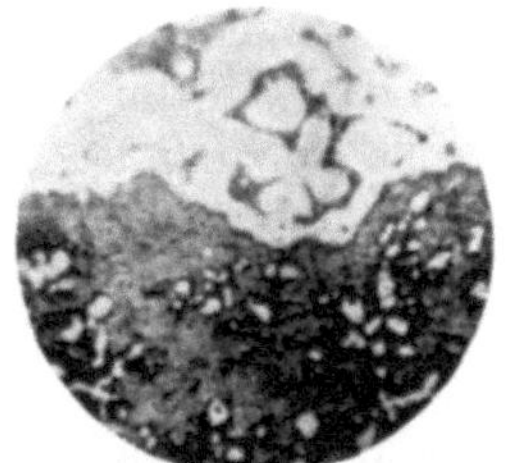

Abb. 12*. Untere Schicht Cd (dunkel) hält Al-Kristalle (hell) eingeschlossen; obere Schicht Al (hell) mit eingeschlossenem Cd (dunkel). V = 53; ungeätzt.

Das synthektische Gleichgewicht (Abb. 9e), bei welchem sich durch Berührung zweier Schmelzen eine Kristallart bildet, scheint nach den neueren Forschungen bei Al-Zweistofflegierungen nicht mehr beobachtet zu werden; wohl aber ist es bei einem Dreistoffsystem gefunden worden.

Das dystektische Gleichgewicht (Abb. 9f) begreift den Zerfall einer homogenen festen Phase in zwei solche. Sieht man die zerfallende Phase als Flüssigkeit an, so sind die Vorgänge des eutektischen Gleichgewichts sinngemäß auf das dystektische übertragbar. Bei Abkühlung scheiden sich oberhalb der dystektischen Geraden bei Erreichung einer Temperatur auf dem V-förmigen Kurvenzug feste Segregate S_1 und S_2 aus den Mischkristallen aus. Die Restkristalle erreichen bei der dystektischen Gleichgewichtstemperatur die eutektoide Zusammensetzung E und zerfallen bei Wärmeentzug vollends in die festen Phasen S_1 und S_2.

Unterhalb der Geraden des nonvarianten Gleichgewichts kann in allen unter 9b—f beschriebenen Fällen aus den Al-Mischkristallen S_1 die auf der anderen Seite des Schaubildes stehende Kristallart segregieren; z. B. scheidet sich entsprechend Abb. 9b bei Abkühlung der Mischkristalle S_1 entlang der Kurve S_1—S_3 in Form von Nadeln oder Körnern Segregat von S_2 aus (über den Ausscheidungsmechanismus s. 89, 253, 99b und 241). Der Vorgang spielt bei der Entgütung vergütbarer Legierungen eine große Rolle (s. Abb. 90).

Die in Abb. 9b—f gegebenen Schaubildtypen finden sich in den Al-Zweistofflegierungen in allen möglichen Verschachtelungen und ganzen Stilleben (s. Tafeln I und II). Bildet das Al mit dem Zusatzelement eine unter einem Maximum, also unzersetzt, schmelzende Verbindung, so ist diese infolge ihrer Eigenschaft als selbständige Komponente auf die rechte Seite des Zustandsschaubildes gesetzt. Wegen der technischen Minderwertigkeit der Verbindungskristalle hat die Aufzeichnung der Schaubilder über sie hinaus keinen Sinn. Wie schon erwähnt, schließen die einzelnen Schaubilder (Tafel I und II) deshalb rechts mit derartigen Verbindungen ab.

c) Dreistoffmischungen.

Die Kenntnis der binären Zustandsschaubilder erlaubt in großen Zügen einen Überblick über das voraussichtliche technologische Verhalten der zugehörigen Legierungen. Kommen dritte Metalle zu ihnen, so genügt es nicht mehr, deren Zweistoffschaubilder mit Aluminium heranzuziehen, weil durch die gegenseitige Einwirkungen der beiden Zusatzmetalle aufeinander neue Kristallarten in die Aluminiumlegierung gebracht werden können, die die technologischen Eigenschaften von Grund auf zu verändern vermögen.

Aus den rd. 25 bekannten Zweistoffsystemen ergeben sich rd. 325 ternäre. Die Vierstoffsysteme gehen schon hoch in die Tausende. Es versteht sich, daß bei der Unmöglichkeit, alle diese in absehbarer Zeit zu durchforschen, Wege zu begrüßen sind, die es dem Metallfachmann gestatten, verhältnismäßig rasch ein Urteil über die Wirkung des gleichzeitigen Zusatzes mehrerer Metalle zu gewinnen.

An ternären Systemen wurden bislang rd. 10% der möglichen untersucht und dargestellt. Die Zustandsschaubilder lassen gewisse Schlüsse auf das Wesen der übrigen und das von Vierstoffsystemen zu.

Zur Darstellung eines Dreistoffsystems bringt man die Gesamtheit der Zusammensetzungen in ein Schaubild mit Dreieckskoordinaten

(s. Abb. 13) derart, daß die drei reinen Metalle die drei Eckpunkte und die Grundlinien der binären Zustandsschaubilder somit die drei Seiten besetzen. Baut man die Zweistoffdiagramme auf letzteren auf und trägt man die bei der Aufnahme einer genügenden Anzahl von Abkühlungskurven gefundenen Haltepunkte ternärer Mischungen in dem Raum über der Dreiecksgrundfläche ein, so entsteht ein Dreistoffzustandsraumschaubild nach Abb. 14.

Die binären Liquiduskurven setzen sich in Schmelzflächen, die eutektischen Punkte E_1, E_2 und E_3 in eutektischen Kurven fort, die in dem am tiefsten liegenden, allen Schmelzen gemeinsamen ternär eutektischen Punkte *ET* zusammenstoßen, der irgendwo in der der Dreiecksgrundfläche

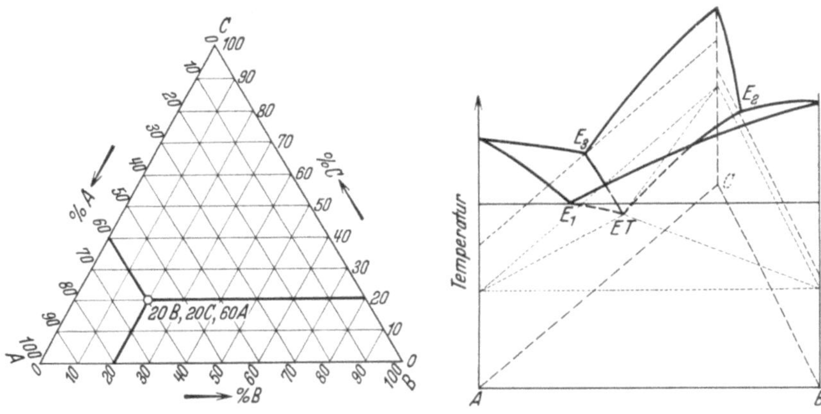

Abb. 13. Zusammensetzungsschaubild einer Dreistofflegierung.

Abb. 14. Einfaches eutektisches Dreistoffzustandsschaubild.

parallelen Ebene des ternär eutektischen nonvarianten Gleichgewichtes liegt. Wie man sieht, wird das, was im binären System eindimensional dargestellt werden konnte zweidimensional, was zweidimensional veranschaulicht werden konnte, dreidimensional. Die nonvarianten Gleichgewichte der Abb. 9 werden monovariant, weil sie sich in einer ihre Zusammensetzung ändernden Phase abspielen. An Stelle der binär eutektischen Gleichgewichte wird das neu hinzugekommene ternär eutektische nonvariant, das nach der Phasenregel ein Vierphasengleichgewicht sein muß, nämlich dreier kristalliner und einer flüssigen Phase.

Die ternären Systeme des Aluminiums mit zwei anderen Metallen sind nur selten von einfachem eutektischen Typ. Das Auftreten unter Zersetzung schmelzender und anderer Verbindungen gestaltet die Zustandsschaubilder komplizierter. Eine bedeutende Vereinfachung der Untersuchung bringt die von Guertler (89a, 89b) und seinen Schülern gepflegte Methode der Klärkreuze.

Ein Beispiel möge die Systematik erläutern: Es ist bekannt, daß das Aluminium durch den Zusatz von Magnesium bis zu einem gewissen

Grade verbessert werden kann. Die Begrenzung liegt in dem Auftreten der sehr spröden Kristallart Al_3Mg_2. Bei Zusatz von Silizium, das mit Magnesium die Verbindung Mg_2Si bildet, erhebt sich die Frage, in welcher Form nun Mg und Si in den Legierungen vorhanden sind, als Elemente, in fester Lösung, als Mg_2Si oder gar als ternäre Verbindung $Al_xMg_ySi_z$; oder, anders ausgedrückt, ob die Aluminiummagnesiummischkristalle sich unverändert bilden können oder ein Teil des Magnesiums zur Bildung der Verbindung Mg_2Si oder einer ternären verbraucht wird.

Das Klärkreuzverfahren löst derartige Fragen mit wenigen Schmelzen, in günstigen Fällen mit einer einzigen (s. Abb. 15). Im Dreieck Al—Mg—Si entspricht jeder Punkt einer bestimmten Konzentration der drei Elemente, die mit Hilfe der durch ihn gelegten Parallelen zu

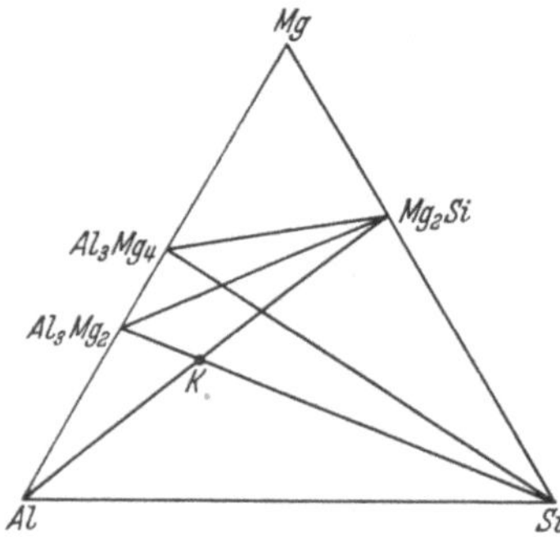

Abb. 15. Klärkreuz.

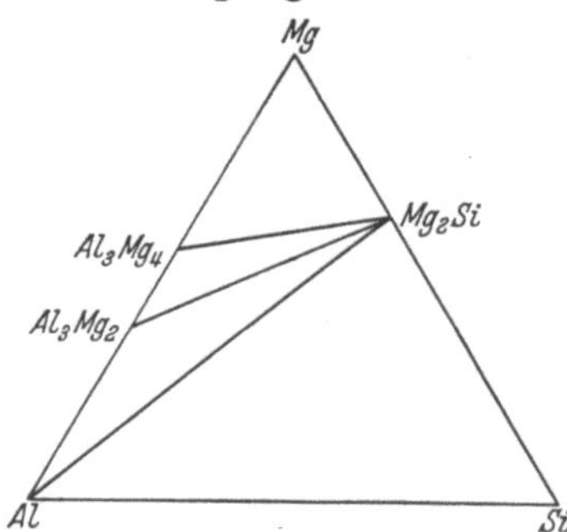

Abb. 16. Aufteilung in Teildreiecke durch die gültigen Schnitte.

den Dreiecksseiten nach Abb. 13 zu ermitteln ist. Im binären System Al—Mg bestehen die beiden Verbindungen Al_3Mg_2 und Al_3Mg_4, im System Mg—Si die Verbindung Mg_2Si. Aluminium und Silizium bilden keine Verbindung. Nach der Phasenregel können in dem von drei Elementen gebildeten System im kristallinen Zustand nur drei Phasen nebeneinander bestehen. Stellt man z. B. eine Legierung von der Zusammensetzung *K* her unter Verwendung von Al-, Si-, Mg_2Si- und Al_3Mg_2-Kristallen, so kann sie unmöglich die vier Kristallarten nebeneinander enthalten. Zwei derselben müssen verschwunden sein; mit anderen Worten: es kann nur der Schnitt Al—Mg_2Si oder der Schnitt Al_3Mg_2—Si ein Zweistoffsystem darstellen oder, wie man sagt, quasibinär sein. Gilt der Schnitt Al—Mg_2Si, so darf weder freies Si noch Al_3Mg_2 im Schliffbild zu erkennen sein. Es erweist sich, daß eine Schmelze von der Zusammensetzung *K* in der Tat nur die beiden kristallinen Phasen Al und Mg_2Si enthält, gleichgültig ob zu ihrer Herstellung von Al und Mg_2Si oder von Al_3Mg_2 und Si oder von Al, Mg und Si ausgegangen wurde. Die Untersuchung des Klärkreuzes *K* klärt also tatsächlich die Konstitution der Al—Mg—Si-Legierungen in weitgehendem Maße auf. Die Schnitte von Si nach Al_3Mg_2 und von Si nach Al_3Mg_4 sind, da sie von einem gültigen Schnitt gekreuzt werden, als nicht binär zu streichen. Das Dreieck Al—Mg—Si ist damit vollkommen nach Phasengebieten aufgeteilt (s. Abb. 16). Es entstanden die vier Teilgebiete Al—Mg_2Si—Si, Al—Mg_2Si—Al_3Mg_2, Al_3Mg_2—Al_3Mg_4—Mg_2Si und Mg—Al_3Mg_4—Mg_2Si. Eine Al—Mg—Si-Legierung kann nur die drei Kristallarten enthalten, die durch das Teildreieck bestimmt sind, in das ihre Zusammensetzung fällt. Nach Ausführung des Klärversuches ist man also imstande, eine ganze Reihe von Fragen zu beantworten und sich, falls man die Eigenarten der vorkommenden Kristallarten kennt, ein Bild von den voraussichtlichen technologischen Eigenschaften zu machen. Z. B. scheidet sich Mg_2Si im Eutektikum mit Aluminium in Gestalt feiner Stäbchen ab, im Gegensatz zu dem etwas gröberen Si und dem sehr unangenehmen groben und spröden Al_3Mg_2. Hieraus ergibt sich, daß Legierungen in der Nähe des Schnittes Al—Mg_2Si das wertvollere Gefüge haben müssen.

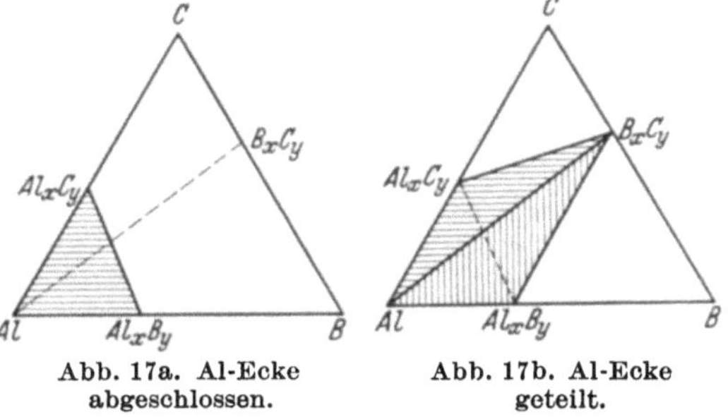

Abb. 17a. Al-Ecke abgeschlossen.

Abb. 17b. Al-Ecke geteilt.

Da für die Konstitution ternärer Aluminiumlegierungen nur die Aluminiumecke maßgebend ist, sind in vorliegender Abhandlung zur Vereinfachung nur die Teildreiecke ausgefüllt bzw. herausgegriffen, in welchen Aluminium oder feste Lösung der Zusätze in Aluminium als Phase vorkommt (s. Abb. 17). Wird die Aluminiumecke durch einen quasibinären Schnitt abgeschlossen, so ist nur ein Teildreieck zu beschreiben. Wird sie durch einen solchen Schnitt geteilt, so sind gemäß Abb. 17b zwei Teildreiecke zu beschreiben (schraffiert).

In dieser Abhandlung ist allgemein die linke Ecke der Dreiecksschaubilder für Aluminium vorbehalten. Aluminium bzw. feste Lösung der Zusätze im Al ist allgemein mit α bezeichnet. Das betreffende Einphasenfeld ist schwarz angelegt wie auch andere vorkommende Einphasengebiete. Zweiphasengebiete sind schraffiert, Dreiphasengebiete endlich weiß gelassen.

Auf diese Art ist der Zustand der Dreistofflegierungen im kristallinen Gebiet leicht zu übersehen. Abb. 16 z. B. erhält dann das Aussehen der Abb. 18. Das Zustandsschaubild bezieht sich auf die Temperatur unmittelbar unter der ternär eutektischen, und es ist zu beachten, daß mit fallender Temperatur das α-Gebiet sich einengt. Hiervon wird bei den vergütbaren Legierungen ausführlicher die Rede sein. Dreiecksschaubilder dieser Art lassen außer der Verteilung der Phasen im festen Zustand nichts erkennen. Für den Gießereifachmann ist es aber wichtig, neben den Schmelz- bzw. Erstarrungstemperaturen den Kristallisationsvorgang zu kennen. Die technisch verwendbaren Aluminiumlegierungen haben selten einen höheren Schmelzpunkt als 800° C, so daß Raumschaubilder in dieser Hinsicht nicht notwendig wären. Man muß sich aber wenigstens mit einem typischen Raumschaubild befassen, um eine zweite Darstellungsart für den erkalteten Zustand zu verstehen, die auch nur das Grunddreieckschaubild verwendet. Sie läßt, da die in ihren Dreiecksschaubildern enthaltenen Kurven die Grundrißprojektionen der Eutektikalen und Peritektikalen sind, die Gleichgewichtsvorgänge und den Erstarrungsprozeß mit Ausnahme der Temperaturen erkennen. Durch Eintragung wichtiger Temperaturen, z. B. der Vierphasengleichgewichte, ist, da man die Temperaturen der binären Systeme aus Tafel I und II entnehmen kann, eine ungefähre Beurteilung der Kristallisationsvorgänge auch hinsichtlich der Temperaturen möglich.

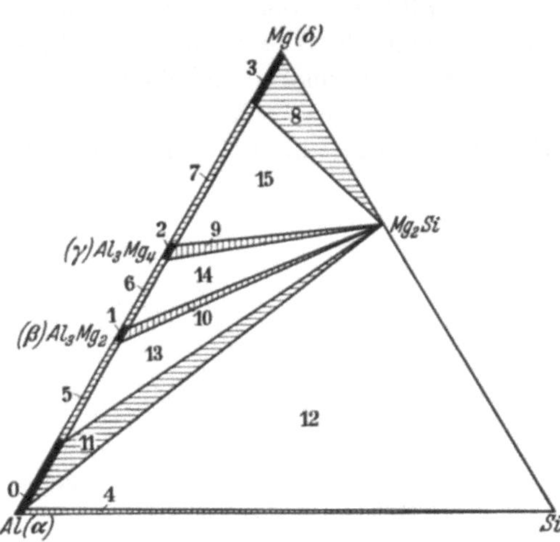

Abb. 18. Aufteilung in Ein-, Zwei- und Dreiphasengebiete. Einphasengebiete: 0: α, 1: β = feste Lösung von Mg und Si in Al_3Mg_2; 2: γ = feste Lösung von Mg und Si in Al_3Mg_4; 3: δ = feste Lösung von Al und Si in Mg. Zweiphasengebiete: 4: α + Si; 5: $\alpha + \beta$; 6: $\beta + \gamma$; 7: $\gamma + \delta$; 8: $Mg_2Si + \delta$; 9: $Mg_2Si + \gamma$; 10: $Mg_2Si + \beta$; 11: $Mg_2Si + \alpha$. Dreiphasengebiete: 12: α + Si + Mg_2Si; 13: $\alpha + \beta + Mg_2Si$; 14: $\beta + \gamma + Mg_2Si$; 15: $\gamma + \delta + Mg_2Si$.

Die Abb. 19a und 19b zeigen ein für die meisten Aluminiumdreistofflegierungen typisches Raumschaubild, etwa vom Typus der Al—Cu—Si-Legierungen. Es bedeutet Dreieck ABC das Grunddreieck (Konzentrationsdreieck). Die Schnitte V_1—C, V_2—C und V_3—C sollen als gültige quasibinäre Schnitte befunden worden sein. Es genügte also an sich zur Aufklärung der Konstitution der Legierungen des Stoffes A mit B und C, das räumliche Diagramm des ternären Teilsystems A—V_1—C kennenzulernen. Da die Verbindung V_1 aus V_2 und Schmelze, V_2 ihrerseits aus V_3 und Schmelze peritektisch entstehen, ist die Betrachtung auf das Teilsystem A—V_3—C ausgedehnt.

Auf der Grundfläche A—C—V_3 stehen begrenzend die binären Zustandsdiagramme A—C, A—V_3 und C—V_3. A und C bilden miteinander ein einfaches Eutektikum, desgleichen V_3 und C; A und V_3 bilden ein komplizierteres System, das zwei Peritektika (entsprechend den Reaktionen V_3 + Schmelze = V_2 und V_2 + Schmelze = V_1) und ein Eutektikum zwischen A und V_1 enthält.

Die Oberfläche des Raumdiagramms $V_{3\prime}$—P'_2—P'_1—E'_4—$A_\prime$—E'_5—$C_\prime$—E'_3—Q'_2—Q'_1—ET'—E'_5—ET'—E'_4 ist die Liquidusfläche. Über ihr sind sämtliche Legierungen flüssig. Kühlt man eine ab, so beginnt bei Durchstechung der Fläche durch die Kennlinie ihrer Zusammensetzung die Kristallisation. Bei fallender Temperatur besteht zunächst Zweiphasengleichgewicht: Ausscheidende Kristallart + Flüssigkeit. Je nach Lage der Ausgangskonzentration verläuft die sekundäre Kristallisation ganz verschieden.

Im Konzentrationsgebiet V_3—E_3—Q_2—P_2 (s. Grunddreieck) kristallisiert primär die Verbindung V_3 (Liquidusfläche $V_{3\prime}$—P'_2—Q'_2—E'_3). Dabei ändert sich die Zusammensetzung der Schmelzen in Richtung der von V_3 aus gezogenen Strahlen von V_3 weg. Die Sekundärkristallisation teilt das Gebiet der V_3-Primärkristallisation in die zwei Gebiete V_3—E_3—Q_2 und V_3—Q_2—P_2. In ersterem stoßen die Konzentrationsänderungsstrahlen auf die Eutektikale E_3—Q_2. Im Augenblick dieses Auftreffens verwandelt sich durch zusätzliche Kristallisation von C das Zweiphasengleichgewicht der Primärkristallisation in ein Dreiphasengleichgewicht $V_3 + C +$ Schmelze. Dies wird am klarsten bei Betrachtung des Raumdiagramms. Nach Durchbohrung der Liquidusfläche trifft die Kennlinie einer bestimmten Zusammensetzung auf die Schraubenfläche V'_3—E'_3—Q'_2—V'''_3. Diese ist ein Bestandteil des Schneepflugkörpers V'''_3—V'_3—C'—C'''—Q'_2—E'_3, der sich aus der binären Eutektikalen V'_3—C' entwickelt mit vorne liegender Schneide E'_3—Q'_2, und dessen Grundfläche das Dreieck V'''_3—C'''—Q'_2 ist. In Abb. 19b ist dieser Schneepflugkörper durch Horizontalschnitte deutlich gemacht. Die Umrisse der Abb. 19a decken sich mit denen der Abb. 19b, so daß die Schneepflugkörper in Abb. 19a hineingedacht werden können. Nach dem Auftreffen auf die eben erwähnte Schraubenfläche tritt die Kennlinie in den Schneepflugkörper ein. Legt man durch eine bestimmte Temperatur einen Horizontalschnitt, so schneidet er den Körper in einem Dreieck, dessen Ecken die bei dieser Temperatur miteinander im Gleichgewicht stehenden Phasen sind. Der Schneepflugkörper stellt also den Bereich des Dreiphasengleichgewichts V_3-Kristalle + C-Kristalle + Schmelze dar. Im Gebiet V_3—Q_2—P_2 trifft die Kennlinie einer bestimmten Zusammensetzung nach Durchbohrung der Liquidusfläche bald auf die Schraubenfläche V''_3—P'_2—Q'_2—V'''_3, welche dem Schneepflugkörper P'_2—V''_3—V'''_3—Q'_2—V''_2 angehört. Seine Kante V'_2—V''_2 liegt hinten (s. Abb. 19b). In dem Augenblick, in dem die Kennlinie ihn durchbohrt, tritt die peritektische Reaktion $V_3 +$ Schmelze $= V_2$ ein; aus dem Zweiphasengleichgewicht der Primärkristallisation ist ein Dreiphasengleichgewicht geworden. Legt man durch den Schneepflugkörper Horizontalschnitte, so geben die Ecken der entstandenen Schnittdreiecke die Zusammensetzung der bei der betreffenden Temperatur miteinander im Gleichgewicht befindlichen Phasen an. Er ist also der Bereich für das genannte Dreiphasengleichgewicht.

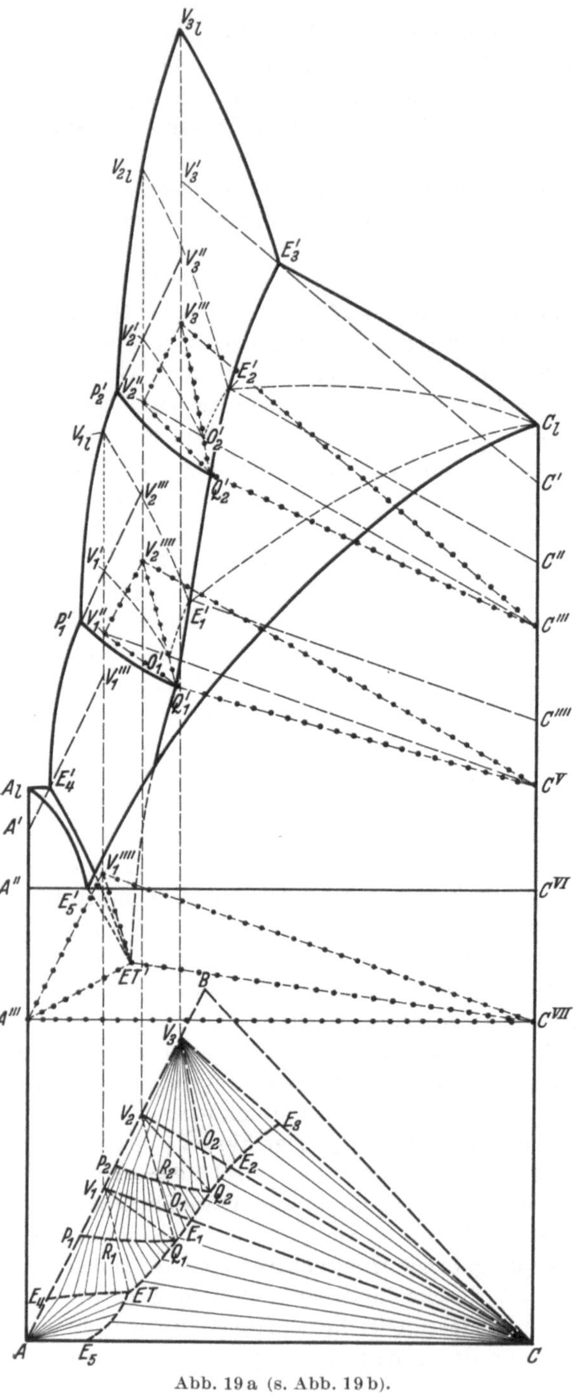

Abb. 19a (s. Abb. 19b).

Bei einer bestimmten Temperatur berühren die beiden besprochenen Schneepflugkörper einander in der Schnittgeraden V_3'''—Q_2'. Die zwei dieser Temperatur entsprechenden Schnittdreiecke ergänzen sich zu dem Viereck V_3'''—C'''—Q_2'—V_2''. In dieser Ebene besteht das Vierphasengleichgewicht $V_3 + V_2 + C +$ Schmelze Q_2'. Lag die Ausgangskonzentration rechts vom Schnitt C—V_2, so geht das Vierphasengleichgewicht durch völlige Aufzehrung der Schmelze in ein Gleichgewicht zwischen den drei kristallinen Phasen V_3, C und V_2 über. Für das Gleichgewicht unterhalb der Vierphasenebene ist nicht mehr die Diagonale V_3'''—Q_2', sondern die Diagonale V_2''—C''' maßgebend.

Lag die Ausgangskonzentration links vom Schnitt C—V_2, so geht das Vierphasengleichgewicht durch völlige Aufzehrung der festen Phase V_3 in ein Gleichgewicht zwischen den drei Phasen V_2, C und Schmelze Q_2' über. Die beiden Schneepflugkörper hören auf der Vierphasenebene auf. Es entstehen zwei neue, die nicht mehr von der Diagonale V_3'''—Q_2', sondern der Diagonale V_2''—C''' ausgehen. Der eine stellt ein Prisma dar mit der Deckfläche V_2''—V_3'''—C''' und der Grundfläche V_2—V_3—C. Es ist der Raum des Gleichgewichts der drei festen Phasen V_3, V_2 und C. Der andere entwickelt sich aus der Dreiecksfläche V_2''—C'''—Q_2' und endigt in der Dreiecksfläche V_2''''—C^V—Q_1'. Die sekundären Kristallisationsvorgänge, wie sie eben für das Konzentrationsgebiet V_3—Q_2—P_2 beschrieben wurden, gelten vollständig nur für das Teilgebiet V_3—V_2—Q_2. Im Restgebiet V_2—P_2—Q_2 durchwandern die Schmelzen bei der sekundären Kristallisation anfänglich zwar auch den Schneepflugkörper des Dreiphasengleichgewichtes $V_3 + V_2 +$ Schmelze. Sie verlassen ihn aber, bevor die Schmelze entlang der Kurve P_2'—Q_2' die Zusammensetzung Q_2' hätte erreichen können, sobald die Phase V_3 aufgezehrt ist, und verhalten sich dann weiter wie Schmelzen aus dem Konzentrationsgebiet P_2—Q_2—Q_1—P_1, d. h. sie scheiden jetzt die Verbindung V_2 aus, stellen also ein neues Zweiphasensystem $V_2 +$ Schmelze dar.

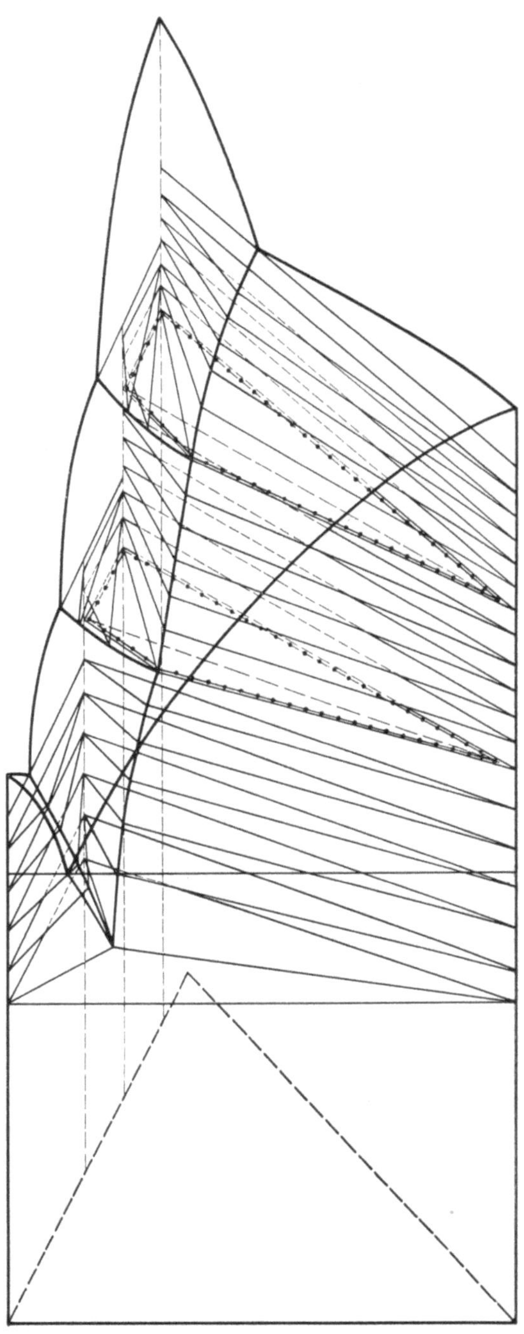

Abb. 19b. Darstellung des Überganges der (monovarianten) Dreiphasengleichgewichte durch (nonvariante) Vierphasengleichgewichte in neue (monovariante) Dreiphasengleichgewichte.

Im Grunddreieck ist die Konzentrationsänderung der Schmelzen während des Durchganges durch den Dreiphasenschneepflugkörper durch die Peritektikale P_2—Q_2 sichtbar gemacht. Die peritektische Reaktion entlang dieser Kurve hört in dem Punkte auf, der mit der Verbindungslinie von Ausgangskonzentration und Punkt V_2 auf einer Geraden liegt.

Im Gebiet P_2—Q_2—Q_1—P_1 kristallisiert primär die Verbindung V_2 aus. Diesem Kristallisationsbeginn entspricht die Liquidusfläche P_2'—Q_2'—Q_1'—P_1'. Das Gebiet zerfällt nach der Sekundärkristallisation in die zwei Teilgebiete R_2—Q_2—Q_1 und P_2—R_2—Q_1—P_1.

Wir haben hier den vorbeschriebenen ganz ähnliche Verhältnisse. Im ersteren Gebiete durchwandern die Schmelzen bei Abkühlung den Schneepflugkörper V_2''—C'''—Q_2'—Q_1'—C^{V}—V_2''''. Es bestehen während dieser Zeit Dreiphasengleichgewichte $V_2 + C +$ Schmelze. Im zweiten Gebiet durchwandert die Schmelze bei Abkühlung den Schneepflugkörper P_1'—V_2'''—V_2''''—Q_1'—V_1''. Es bestehen während dieser Zeit Dreiphasengleichgewichte $V_2 + V_1 +$ Schmelze. Bei der dem Punkte Q_1' entsprechenden Temperatur stoßen die beiden Schneepflugkörper mit ihren Grunddreieecken in der Diagonale Q_1'—V_2'''' zusammen und bilden das Viereck V_1''—V_2''''—C^{V}—Q_1'. Die beiden Dreiphasengleichgewichte gehen für eine gewisse Zeit in ein Vierphasengleichgewicht über. Die Temperatur kann erst fallen, wenn durch das Verschwinden einer Phase die Diagonale V_2''''—Q_1' nicht mehr maßgebend ist. Es gehen jetzt von der anderen Diagonalen V_1''—C^{V} der Vierphasengleichgewichtsebene zwei neue Schneepflugkörper aus. Der eine, ein Prisma mit der Deckfläche V_1''—V_2''''—C^{V} und der Bodenfläche V_1—V_2—C, ist der Gleichgewichtskörper der drei festen Phasen V_2, V_1, und C. Der andere mit der Deckfläche V_1''—C^{V}—Q_1' und der Bodenfläche V_1''''—ET'—C^{VII} der Körper des Dreiphasengleichgewichtes $V_1 + C +$ Schmelze. Auch in dem eben beschriebenen Gebiet P_2—R_2—Q_1—P_1 erreichen nicht alle Schmelzen das Vierphasengleichgewicht. Die im Teilgebiet P_1—V_1—Q_1 liegenden verlassen den Schneepflugkörper P_1'—V_2'''—V_2''''—Q_1'—V_1'' schon vorher, und zwar sobald die Kristallart V_2 völlig aufgezehrt ist. Im Grunddreieck ist der Punkt der Reaktionsbeendigung leicht zu finden; man braucht nur die Ausgangszusammensetzung mit Punkt V_1 zu verbinden und diese Gerade bis zur Peritektikalen P_1—Q_1 zu verlängern. Der Schnittpunkt ist der Endpunkt der Reaktion. Von hier aus kristallisiert aus den Schmelzen weiter die Verbindung V_1 aus, wie dies bei allen Schmelzen der Fall ist, deren Ausgangskonzentration im Gebiet P_1—Q_1—ET—E_4 liegt. Von hier an sind die Kristallisationsverhältnisse sehr einfach. Die Schmelzen im Raume A—P_1—R_1—ET—A scheiden je nach Lage links oder rechts von Punkt E_4 primär Kristalle A oder V_1 aus. Dann kommen sie in das Gebiet des sich aus der Eutektikalen A'—E_4'—V_1''' entwickelnden Schneepflugkörpers, der das Gleichgewichtsgebiet der drei Phasen A, V_1 und Schmelze darstellt.

Im Gebiet V_1—Q_1—C—ET treten die Schmelzen nach Verlassen der Zweiphasengebiete V_1 + Schmelze bzw. C + Schmelze in den Schneepflugkörper V_1''—C^{V}—Q_1'—ET'—V_1''''—C^{VII} ein, der den Raum der Dreiphasengleichgewichte $C + V_1$ + Schmelze darstellt. Im Gebiet A—ET—C—E_5—A treten die Schmelzen nach Verlassen der Zweiphasengebiete A + Schmelze bzw. C + Schmelze in das Dreiphasengebiet $A + C$ + Schmelze ein, welches durch den sich aus der Eutektikalen A''—E_5'—C^{VI} entwickelnden Schneepflugkörper A''—E_5'—C^{VI}—C^{VII}—A'''—ET' dargestellt wird. Die drei zuletzt genannten Schneepflugkörper stoßen mit ihren Schneiden im ternär eutektischen Punkt zusammen. Die Fläche A'''—V_1''''—C^{VII} stellt die Fläche eines nonvarianten Gleichgewichtes der vier Phasen $A + V_1 + C$ + Schmelze dar. Die Temperatur kann erst fallen, wenn die flüssige Phase unter Bildung der drei festen verschwunden ist.

Nach dem Gesagten ergeben sich die Kristallisationsvorgänge für das Gebiet C—E_3—E_2—Q_2—Q_1 von selbst.

1. Gebiet C—E_3—E_2. Primärausscheidung von C (Liquidusfläche $C_{,}$—E_3'—E_2'). Durchgang durch den Schneepflugkörper der Dreiphasengleichgewichte $V_3 + C$ + Schmelze. Bei der Vierphasengleichgewichtsfläche V_3'''—C'''—Q_2'—V_2'' völlige Erstarrung als Dreiphasensystem $V_3 + V_2 + C$.

2. Gebiet C—E_2—Q_2. Vorgänge wie unter 1. Nach Überschreitung der Vierphasengleichgewichtsebene jedoch noch Schmelze übrig. Die Phase V_3 ist aufgezehrt. Es besteht ein neues Dreiphasengleichgewicht $V_2 + C$ + Schmelze Q_2'. Das System verhält sich weiter so wie unter 3 beschrieben.

3. Gebiet C—Q_2—E_1. Kristallisation von C und V_2, während der Schneepflugkörper V_2''—C'''—Q_2'—Q_1'—C^{V}—V_2'''' durchschritten wird. Bei Auftreffen auf die Fläche V_2''''—C^{V}—Q_1'—V_1'' tritt als vierte Phase die Kristallart V_1 auf. Es besteht Vierphasengleichgewicht bis zum Verschwinden der Schmelze und Erstarrung als Dreiphasensystem $V_2 + C + V_1$.

4. Gebiet C—E_1—Q_1. Vorgänge wie unter 3. Jedoch nach Überschreitung der Vierphasengleichgewichtsfläche bleibt noch Schmelze übrig, nachdem die Kristallart V_2 aufgezehrt ist. Es besteht ein neues Dreiphasengleichgewicht $V_1 + C$ + Schmelze, entsprechend dem Schneepflugkörper V_1''—C^{V}—Q_1'—ET'—V_1''''—C^{VII}, der auf der Fläche der ternär eutektischen Erstarrung sein Ende findet.

Bei der später folgenden Beschreibung der ternären Realsysteme sind lediglich die Grunddreiecke gegeben, aus welchen nach dem Ausgeführten die Kristallisationsvorgänge ersehen werden können. Die Übersichtstafel IV enthält die einfachen nach Phasen aufgeteilten Diagramme nach Abb. 18.

In Vierstoffsystemen braucht man zur Darstellung der Zusammensetzungen den Raum. Die vier ternären Systeme, aus welchen man sie sich gebildet denken kann, setzen mit ihren vier gleichseitigen Grunddreiecken ein Tetraeder zusammen, das diesen Zweck erfüllt.

Die Temperaturkonzentrationszusammenhänge sind nicht mehr so einfach wie im Dreistoffsystem darstellbar[1].

Auch im Vierstoffsystem ist das Klärschnittverfahren noch anwendbar. Die Verbindungsgeraden der Metallverbindungen durch den Tetraederraum hindurch sind zunächst daraufhin zu untersuchen, ob sie ein binäres System bilden. Zu gültigen Schnitten ist dann leicht die gültige quasiternäre Ebenen zu finden, die das Gesamttetraeder in Teiltetraeder zerlegt (in 218 a und b ist dies z. B. am System Al — Zn — Mg — Si durchgeführt). Nach dem Verfahren des Verfassers kann man die überhaupt in Frage kommenden Raumschnittgeraden in einfacher Weise ermitteln, indem man das Konzentrationstetraeder in drei Kanten aufschneidet und die drei Seitenflächen in die Grundebene aufklappt (s. Abb. 20). Trägt man auf den Dreieckseiten die binären Verbindungen ein, so können nur Linien, die Punkte auf gegenüberliegenden Rautenseiten miteinander verbinden, zu untersuchende Raumschnitte sein. Tritt infolge des Aufschneidens der Tetraederkanten eine Verbindung doppelt auf, so kommt der Raumschnitt spiegelbildlich noch einmal vor (s. Schnitt 1: AlZn—Mg_2Si). Kommen ternäre Verbindungen vor, so sind auch deren Verbindungslinien untereinander und mit der Reinmetallecke jenseits einer Rautendiagonale in Frage kommende Raumschnitte. Die als binär befundenen können in das Konzentrationstetraeder eingetragen werden. Dann sind mit Hilfe der in den begrenzenden Dreistoffsystemen gültigen quasibinären Schnitte die gültigen quasiternären Ebenen herauszusuchen. Ternäre Schnittebenen, die durch einen Raumschnitt durchstochen werden, können nicht quasiternär sein. Beim heutigen Stande der Aufbaukenntnis sind zu wenige Dreistoffsysteme hinreichend aufgeklärt, als daß eine rasche Aufklärung der wichtigeren Vierstoffsysteme möglich wäre.

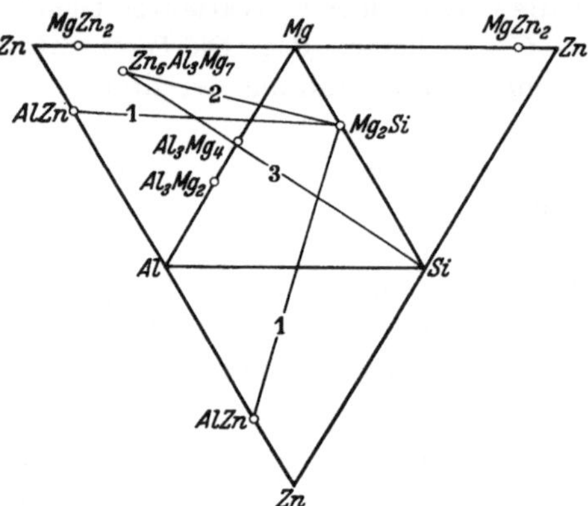

Abb. 20. Ermittlung möglicher Raumschnitte.

[1] Hommel (115) hat eine Darstellungsart ausgearbeitet, die zwar schwierig ist und viel Abstraktion erfordert, aber ihren Zweck noch zu erfüllen vermag. Eine Beschreibung hier würde zu weit führen.

B. Spezielle Metallographie des Aluminiums und seiner Legierungen.

1. Reinaluminium.

Der Schmelzpunkt des reinsten herstellbaren Aluminiums liegt bei 559,8° C (s. 72). Die Unterkühlbarkeit ist gering. Wird es nicht unter besonderen Vorsichtsmaßregeln vergossen, so neigt es zur Transkristallisation mit den Koordinaten des Würfels als bevorzugter Wachstumsrichtung. Die Abb. 21a und 21b zeigen makroskopische Schliffbilder von Aluminiumbarrenquerschnitten mit und ohne Transkristallisation. Abb. 22a zeigt eine Korngrenzenätzung von Gußaluminium, in

Abb. 21a*. Al-Gußbarren mit Transkristallisation. V = 0,5; HCl + HF.

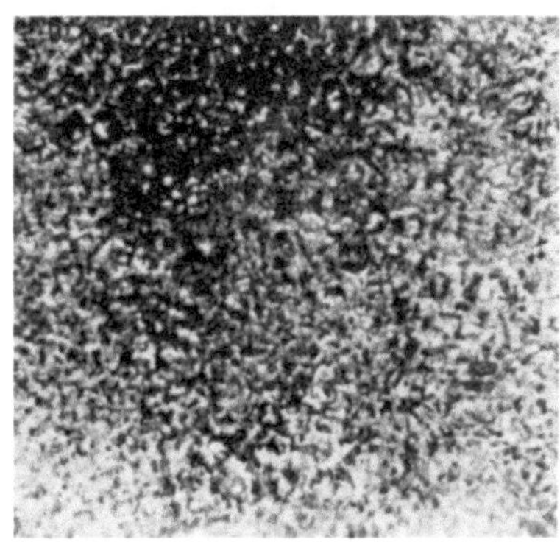

Abb. 21b*. Al-Gußbarren feinkörnig. V = 0,5; HCl + HF.

dem die metallischen Verunreinigungen Si und Al_3Fe in den Korngrenzen sitzen. Eigentlich sollten sie in Gestalt eines Eutektikums mit Aluminium zu sehen sein. Es liegt hier eine Erscheinung vor, die später noch bei vielen Aluminiumlegierungen angetroffen wird, deren Eutektika mit Aluminium überwiegend aus letzterem und nur einigen wenigen Prozenten an Zusätzen bestehen. Die Aluminiumkristalle, die primär erstarren, gliedern sich den Anteil an Aluminium, der nach dem eutektischen Gleichgewicht eigentlich in das Eutektikum gehört, selbst an und lassen die zweite kristalline Phase an den Korngrenzen allein zurück. Abb. 22a zeigt die Erscheinung deutlicher bei Aluminium handelsüblicher Reinheit an einer durch Seigerung an Si und Fe angereicherten Blockstelle. Andererseits reichen kleine Unterkühlungen des Aluminiums, besonders in der Nähe des bei 1,7% Fe liegenden Eutektikums mit Al_3Fe, dazu aus (s. Abb. 23), daß die Kennlinie der Zusammensetzung die gestrichelte Verlängerung der Al_3Fe-Ausscheidungskurve trifft, bevor Aluminiumkernbildung eingetreten ist. Es bilden sich dann anscheinend primär

Keime dieser kristallinen Phase, dann erst Al-Kristalle. Derartige Unterkühlungen sind an der ungestörten Ausbildung der fremden Phase erkennbar (s. Abb. 22b), die in die Al-Kristalle hineinragt und gewissermaßen als Kristallisationskeim für die Al-Kristalle wirkte. Hüttenaluminium mit Fe-Gehalten, die sich dem eutektischen auch nur

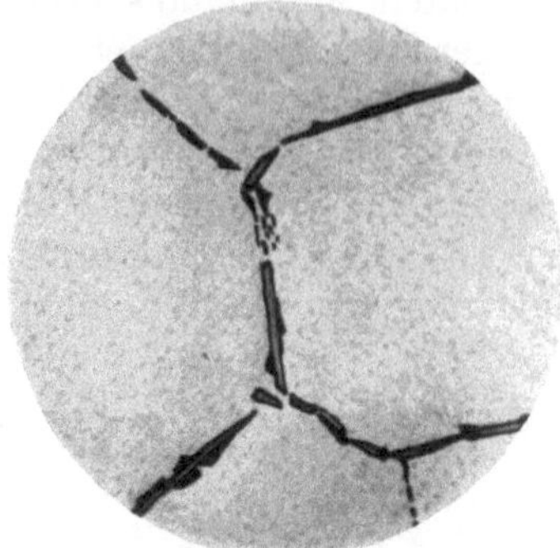

Abb. 22a. Einformung des Al. V = 500; Ätzung NaOH.

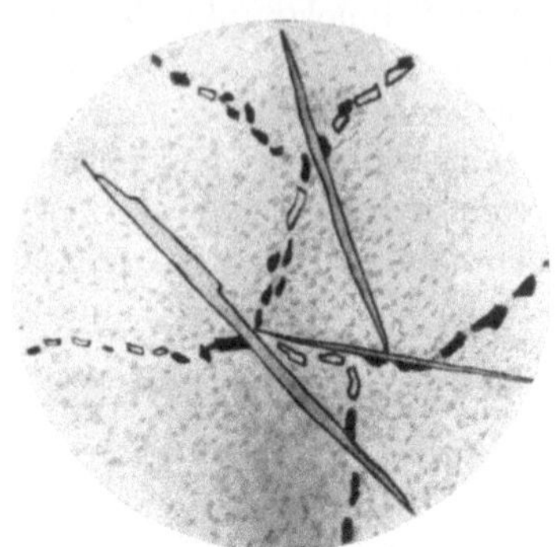

Abb. 22b. Quasiprimäre Ausscheidung von Al_3Fe. V = 500; Ätzung NaOH.

annähernd soweit zu bewegen, wird heute nicht mehr hergestellt, so daß die Erscheinung nur hin und wieder in Seigerungsstellen sehr schwerer Barren anzutreffen ist. Derartige Unterkühlungen können örtlicher Natur sein, so daß im gleichen Guß — insbesondere bei Vorliegen von Saigerungen — gleichzeitig Schliffbilder nach Abb. 22a und 22b anzutreffen sind. Geht man mit dem Fe-Gehalt absichtlich über den eutektischen Punkt hinaus, so tritt, wie später gezeigt wird, meist Unterkühlung des Al_3Fe und nicht des Aluminium ein.

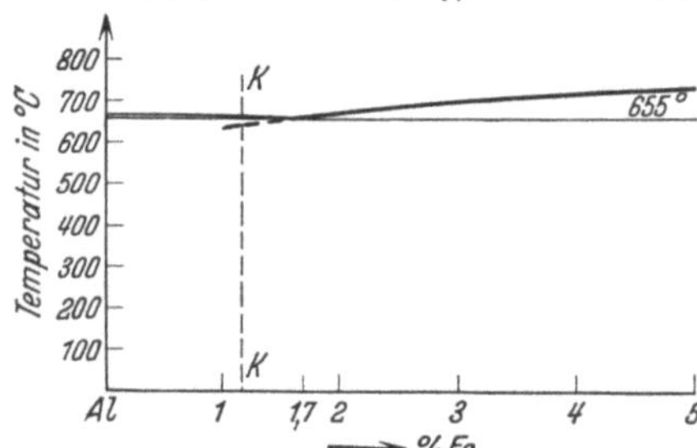

Abb. 23. Unterkühlung des Aluminiums.

Ist der Guß spannungsfrei, so behalten die Aluminiumkristalle die Größe bei, die sie mit vollendeter Erstarrung hatten. Auch durch längeres Glühen findet keine Einformung, d. h. Aufzehrung kleiner Aluminiumkristalle durch große Individuen, statt. — Lediglich die Verunreinigungen scheinen, wie beim System Al—Fe gezeigt werden wird, Einformungsvorgängen zu unterliegen. — Schreckt man von zwei unter völlig gleichen Bedingungen erstarrten Blöcken einen ab, während man den anderen langsam auskühlen läßt, so findet man bei der Kornfelderätzung lagengleicher Querschnitte keinen Korngrößenunterschied. Die Korngröße richtet sich also lediglich nach Kernzahl und Kristallisationsgeschwindigkeit beim Übergang vom flüssigen in den festen Zustand (s. 253a und c).

Nach Abb. 24 nimmt die Zahl der sich bildenden Kristallisationskerne mit fallender Temperatur zu. Mit fallender Temperatur wächst auch die Kristallisationsgeschwindigkeit, aber nicht in dem Maße wie die Kernbildung. Leitet man also die Abkühlung der Schmelze so, daß sich die Kristallisation im Gebiete großer Kernzahlen abspielt, so erhält man trotz gewachsener Kristallisationsgeschwindigkeit ein feines Korn. Hierzu gehört rasche Abkühlung zur Herbeiführung größtmöglicher Unterkühlung in das Gebiet der maximalen Kernzahl. Es liegt auf der Hand, daß dies um so besser gelingt, je weniger die Gießtemperatur über dem Schmelzpunkt liegt, weil dann nicht örtliche Wärmeübertragung aus überhöhten Temperaturniveaus zu örtlicher Temperatursteigerung und Verminderung der Kernzahl bei nur wenig verminderter Kristallisationsgeschwindigkeit führen kann.

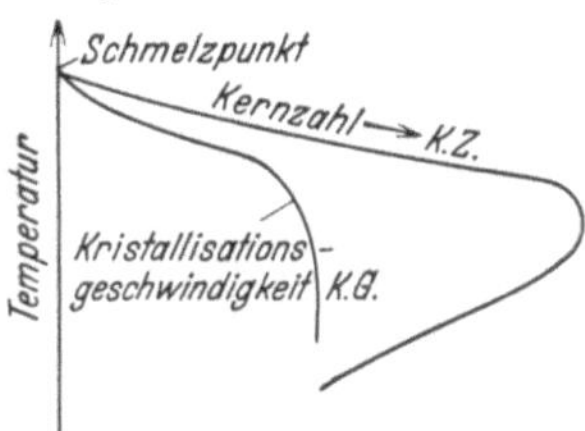

Abb. 24. Schematische Darstellung der Abhängigkeit von Kernzahl und Kristallisationsgeschwindigkeit von der Temperatur.

Dementsprechend steigt bei gleichem Reingehalt oder gleicher Zusammensetzung der Legierungen und gleicher Gießtemperatur die Kernzahl im allgemeinen in nachstehender Reihenfolge: Guß in getrockneten Sand, in grünen Sand, in Kokille, Spritzguß (s. 66 und 170).

Leitet man die Wärme einseitig, z. B. durch Kühlung des Bodens bei Warmhaltung der Wände der Gießform ab, wobei die Kühlung erst nach Beginn des Gießens einsetzt, so bilden sich nur am Boden Kristallkeime, die stengelartig nach Abb. 25 mit der Füllung der Form in die Höhe wachsen. Ähnliche Bedingungen liegen vor, wenn man reichlich warmes Metall rasch in eine Kokille gießt. An den Wänden setzt zunächst die Bildung zahlreicher Keime ein. Bald aber ist ein Temperaturbereich nur geringer Keimbildung bei wenig verminderter Kristallisationsgeschwindigkeit erreicht, und es setzt Stengelkristallbildung (Transkristallisation) ein. Die Struktur des erstarrten Blocks entspricht Abb. 21a. Durch langsames Gießen von wenig überhitztem Metall in starkwandige oder allseitig gut gekühlte Formen läßt sich die Transkristallisation weitgehend verhüten. Eine andere Möglichkeit liegt darin, die Form zunächst nur wenig zu füllen und das weitere Metall nur portionsweise zuzuführen[1].

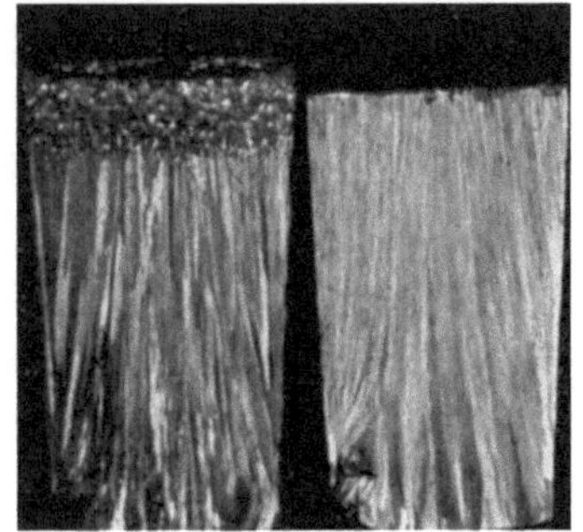

Abb. 25. Durch einseitigen Wärmeentzug (Boden) erzeugte Stengelkristalle. V = 0,38; Ätzung HCl + HF.

[1] Scheil (220) beschreibt den Einfluß von Gießtemperatur und Kokillenwandstärke bei kleinen Versuchsschmelzen.

Bei Aluminiumlegierungen kann es eintreten, daß die für die Bildung eines feinen Kornes geeigneten Bedingungen zu Unannehmlichkeiten auf anderem Gebiete, insbesondere der Verarbeitbarkeit, führen. Es müßten dann häufig für hohe Kernzahl je Zeiteinheit ungünstige aber nicht zu umgehende Gießbedingungen durch andere Kunstgriffe wettgemacht werden (z. B. Rühren oder Erschüttern während des Erstarrungsvorganges, Zusammenpressen der Blöcke während der Erstarrung u. a. m.).

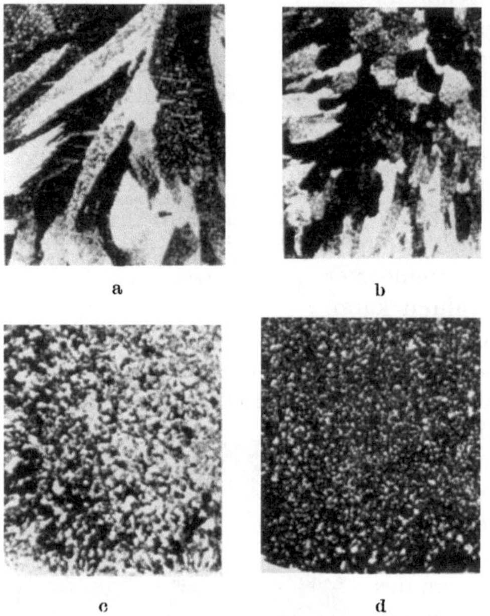

a b

c d

Abb. 26a—d*. V = 2,5; Ätzung HCl+HF. a) 99,6 % Al, 0,2 % Si, 0,2 % Fe; b) 99,2 % Al, 0,4 % Si, 0,4 % Fe; c) 98,9 % Al, 0,3 % Si, 0,8 % Fe; d) 98,2 % Al, 0,5 % Si, 1,3 % Fe.

Je nach der Größe und der Form der Blöcke steht der Gießereileiter hier immer wieder vor neuen Aufgaben, die aber bei gebührender Rücksichtnahme auf die geschilderten Hauptfaktoren des Erstarrungsmechanismus — Kernzahl und Kristallisationsgeschwindigkeit — zu lösen sein müssen (s. 253a und c, **163**a und 52).

Die Schwierigkeiten der Erzielung eines feinen Kornes wachsen mit dem Reinheitsgrad des Aluminiums. Unter gleichen Bedingungen wird also immer das reinere Aluminium das gröbere Korn aufweisen (s. Abb. 26a, b, c und d).

Das gewalzte oder sonstwie verformte Aluminium erfordert in bezug auf die Korngröße der erzielten Produkte gleichfalls die größte Aufmerksamkeit der erzeugenden und weiterverarbeitenden Betriebsleute, weil von einer ausreichend feinen Körnung die Gleichmäßigkeit der physikalischen und chemischen Eigenschaften und die Verarbeitbarkeit abhängen. Abb. 27 zeigt die Auswirkung des Körnungsgrades auf die Tiefziehfähigkeit. Unterhalb einer gewissen Anzahl Körner je Raumeinheit wird das Blech beim Ziehen oder Drücken narbig wie Leder. Entweder hält es den verlangten Tiefzug gar nicht aus und reißt, oder die daraus gezogenen Teile (z. B. Geschirr) erfordern zur Wiederherstellung einer ansehnlichen Oberfläche kostspielige Nacharbeit. Je dünner das Blech, desto feinkörniger muß es sein, um gleiche Tiefung aushalten zu können wie dickeres. Bei Blechstärken von 3 mm und mehr ist mit der bei bloßer Warmwalzung oder Kaltwalzung nach

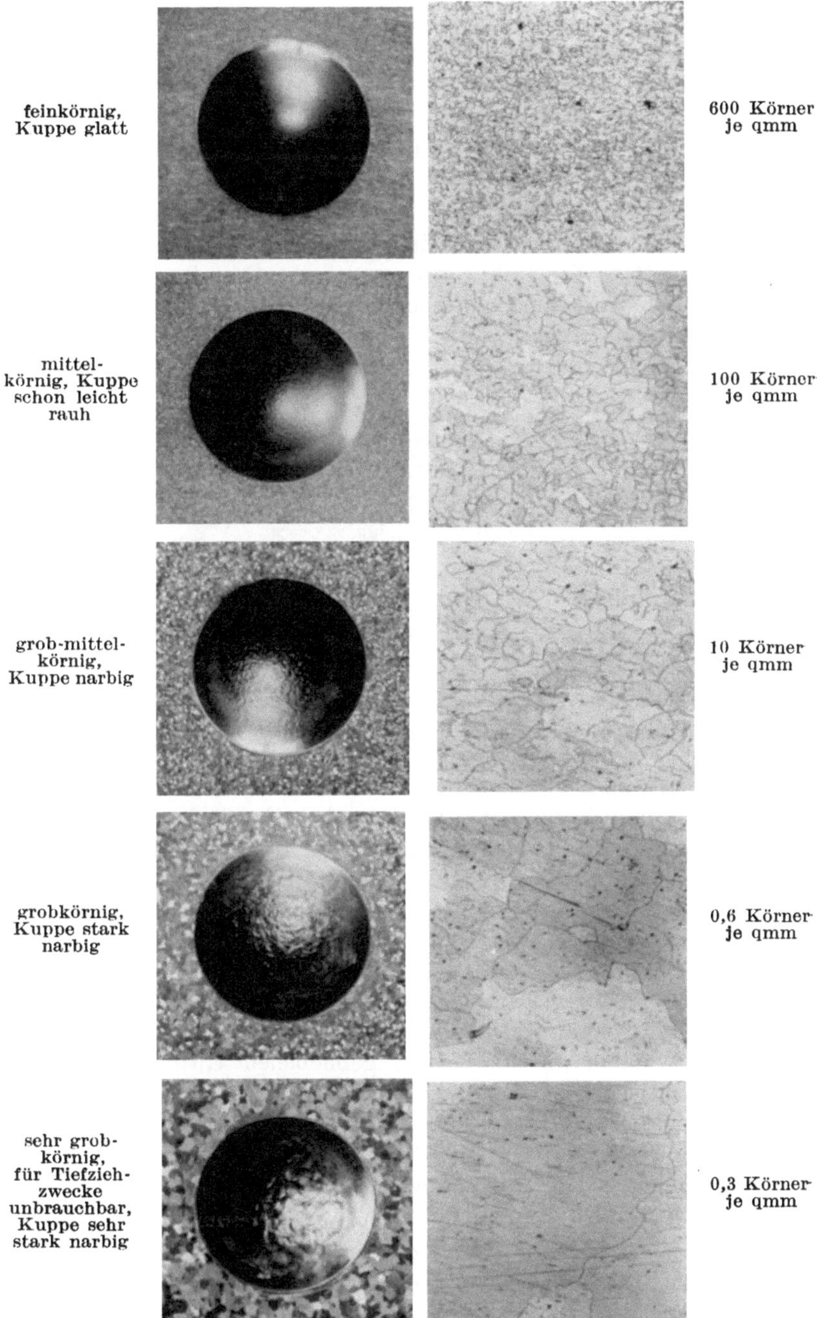

V = 1; Ätzung HCl + HF. V = 500; Ätzung verd. HF.

Abb. 27. Auswirkung des Körnungsgrades auf die Tiefziehfähigkeit.

vorausgegangener Warmwalzung und nachfolgender beliebiger Glühung erreichbaren Körnung meist auszukommen, trotzdem man auch hier die im folgenden beschriebenen Rekristallisationsvorgänge beachten muß. Dieser Beschreibung ist nicht das Verhalten allerreinsten Aluminiums, das in der Praxis ja nicht verwendet wird, sondern das handelsüblichen Reinaluminiums mit einem Gehalt von 99,5% zugrunde gelegt.

Durch Deformation wie Walzen, Ziehen, Pressen, Schmieden oder ähnliches werden die Gußkristalle in ihrem bis dahin spannungsfreien Gitteraufbau gestört. Die äußere Verformung der Gestalt, die sich durch Längung und Breitung sichtbar macht, ohne daß eine Zerstörung des Zusammenhaltes eintritt, wird erst ermöglicht durch Verschiebung kleiner Kristallgitterteile innerhalb der Kristalle. Solche Gleitlamellen

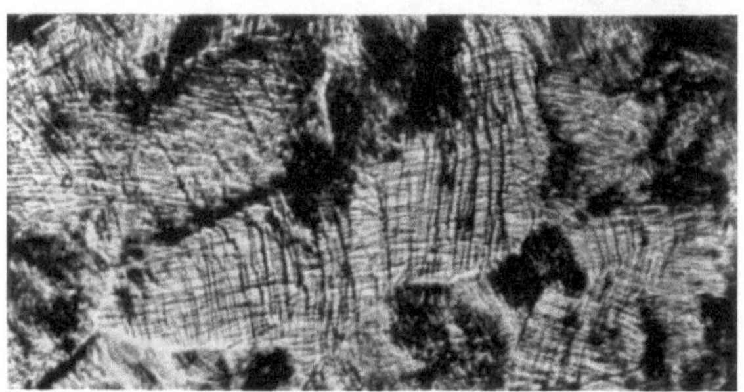

Abb. 28. Gleitlamellen in Aluminiumkristallen, erzeugt durch Recken eines hochglanz polierten Bleches um 10%. V = 130; ungeätzt.

schieben sich entlang bevorzugten Flächen, den Gleitflächen (s. Abb. 28), aneinander vorbei. Die Atome beiderseits der Ebenen, entlang welchen Gleitung stattfand, sind gegeneinander in ihrem Kohäsionskraftfeld außer Gleichgewicht, weisen ein erhöhtes Potential auf, während ausgedehnte Atombezirke zwischen je zwei Gleitebenen in unverspanntem Zustand bleiben (s. 253d, 55). Treten außer einfachen Gleitungen auch Verbiegungen auf — Biegegleitung —, so entsteht an diesen Stellen ein zwiefach erhöhter Spannungszustand. Am Ende des Vorganges der Verformung haben dabei die unversehrt gebliebenen Gitterbezirke eine bestimmte Orientierung zur Kraftrichtung einzunehmen versucht, die je nach dem Grade der Gesamtverformung in der Materialmitte ideal erreicht ist, während sie nach den Rändern hin noch mehr oder minder dazu geneigt blieb (s. 253b, f, 224a, 172b, 255, 67, 101f, 217g).

Bei diesen Vorgängen nehmen die Festigkeit, aber auch die Sprödigkeit des Aluminiums erheblich zu, so daß die Erzeugnisse für viele technische Zwecke unbrauchbar sind. Ätzung erzeugt infolge der Gleichrichtung der Kristallbezirke keine dislozierte Reflexion, die Schliffbilder weisen bei starker Verformung Fasertextur auf, die durch Ätzung nur schwer zu entwickeln ist. Eine erhebliche Verdeutlichung des faserigen Gefüges gelingt bei Anwendung polarisierten Lichtes (s. 231d).

Durch Erwärmung tritt eine Erholung der Kristalle, eine Wiederherstellung vieler verlorener Eigenschaften, vor allem der Dehnung, ein. Die Verfestigung ist aufgehoben. Bei Anätzung entsteht das gleiche Bild wie vor der Erholung (Faserstruktur). Man sieht des öfteren lediglich vereinzelt kleine, neugebildete Kristalle, Keime (s. Abb. 29), die in gewissem Umfange bei Erwärmung wachstumsfähig sind (s. 279, 217d, 52, 26a, 74, 28, 278a, 132, 128c, 255, 253d). Über die Natur der Kristallkeime ist sicheres nicht bekannt. Neben der Annahme, daß mit wachsendem Verspannungsgrad der Atome an den Rändern intakt gebliebener

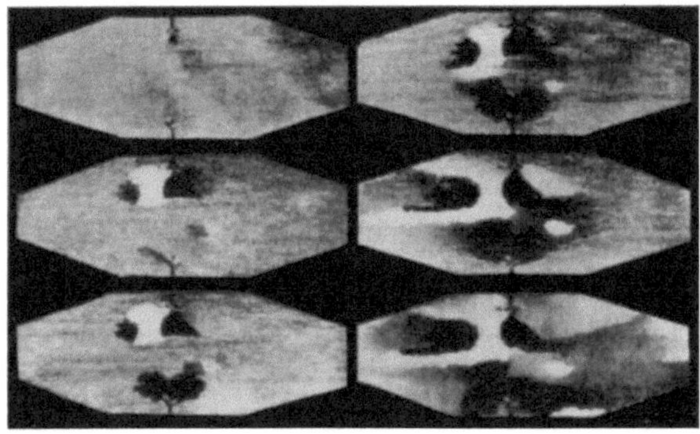

Abb. 29*. Kristallkeimbildung und Wachstum. Glühdauer 3, 6, 8, 17, 60 und 1200 Minuten. V = 1; Ätzung: HF, dann 3 Teile HCl + 1 Teil HNO_3.

Gitterbezirke einzelne der letzteren zusammenbrechen und so die Keime erzeugen (s. 163d), werden intakt gebliebene Gitterbezirke selbst mit bestimmter Orientierung als Keime angesehen (s. 55), weiteres Schrifttum 224b, 521 und Ann. Physik [5], Bd. 2 (1929) S. 749.

Erhöht man die Temperatur, so tritt neben dem Wachstum der Keime eine Vermehrung derselben auf. Bei einer bestimmten Temperatur setzt plötzlich eine rasch vollendete Rekristallisation des ganzen Materials ein. Es bilden sich zahlreiche neue Keime, die schnell wachsen, bis gegenseitige Behinderung diesem Vorgang ein Ende setzt. Diese Grenztemperatur bezeichnet man als die untere Rekristallisationstemperatur. Aus der Beobachtung der Korngrößen in verschieden stark kalt gewalzten Blechen und des Beginns der Kornbildung (untere Rekristallisationstemperatur) ergeben sich die technischen Rekristallisationsdiagramme. Abb. 30 gibt das von Rassow und Velde (203 und 261) aufgestellte Schaubild des Aluminiums. Es zeigt sich, daß bei steigendem Grade der Kaltverformung die untere Rekristallisationstemperatur sinkt, und daß auch die Größe der neugebildeten Körner abnimmt (s. 52 und 217).

Bei Erhöhung der Temperatur wächst eine Anzahl Körner auf Kosten der anderen, wodurch nach Aufzehrung der letzteren eine Erhöhung der

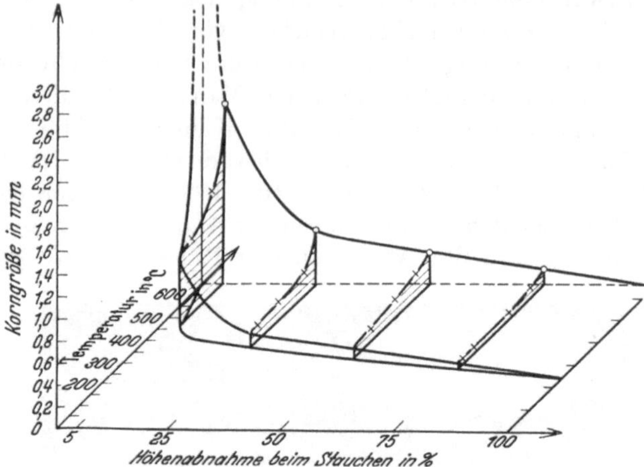

Abb. 30*. Rekristallisationsdiagramm des Aluminiums (nach Rassow-Velde).

durchschnittlichen Korngröße resultiert. Das gezeigte Rekristallisationsschaubild geht so weit, die absolute Größe der gebildeten Körner in Millimeter anzugeben. Das ist aber nur dann zulässig, wenn eine

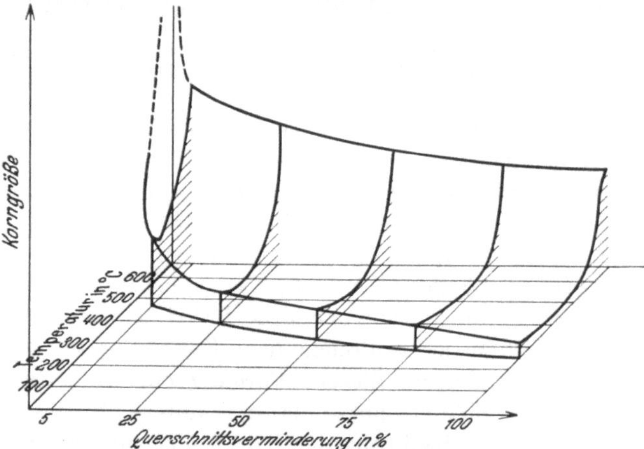

Abb. 31. Rekristallisationsdiagramm des Al für rasche Erhitzung.

bestimmte Größe der Gußkörner vorliegt und die Art der Verformung festliegt. Für die Anwendung des Rekristallisationsschaubildes muß noch eine weitere wichtige Einschränkung gemacht werden: Es gilt nur, wenn die Temperatur von einer unterhalb der unteren Rekristallisationstemperatur liegenden her langsam zunimmt. Würde man für eine bestimmte Verformung eine Glühtemperatur wählen, die oberhalb der aus dem Schaubild ersichtlichen unteren Rekristallisationstemperatur liegt, so würde man eine ganz andere Korngröße finden, wie sie das Schaubild angibt. Man kann z. B. an hart gewalztem Aluminiumblech beobachten, daß es durch Ausglühen bei 500° C, wobei die Erhitzung durch Eintauchen in ein Salpeterbad von dieser Temperatur, also plötzlich, vorgenommen wird, ein sehr feines Korn annimmt. Entgegen dem Rekristallisationsschaubild ist es feiner als das durch ebensolche Behandlung bei der unteren Rekristallisationstemperatur erzielbare. Wählt man erheblich höhere Ausglühtemperatur als 500° für das hartgewalzte Blech, so entsteht wieder ein grobes Korn. Hieraus ergibt sich, daß die Keimbildungszahl (Kernzahl) oberhalb der unteren Rekristallisationstemperatur mit steigender Temperatur zunimmt bis zu einem Maximum und von da ab wieder abnimmt.

Das vom Erzeuger von Blechen zu befragende Rekristallisationsdiagramm sollte eher die Korngrößen ersehen lassen, die bei rascher Erwärmung zustande kommen. In Abhängigkeit vom Walzgrad und der Rekristallisationstemperatur ergibt sich ein Schaubild nach Abb. 31, aus dem zwar nicht das Kornwachstum nach vollendeter Rekristallisation ersichtlich ist, aus dem aber entnommen werden kann, welche Temperatur bei rascher Erhitzung mit Sicherheit zu einem feinen Korn führt. Die untere Rekristallisationstemperatur bleibt ungefähr bestehen, desgleichen die Korngröße bei ihr; es ändern sich aber die Kurven für die Korngrößen in Abhängigkeit von der Temperatur. Sie fallen entsprechend der wachsenden Kernzahl ab bis zu einem Tiefpunkt, der dem Maximum der Kernzahl entspricht, und steigen von da ab entsprechend der Verringerung der Kernzahl an. Dieses Schaubild entspricht den Beobachtungen von Röhrig (209b, c, d). Er

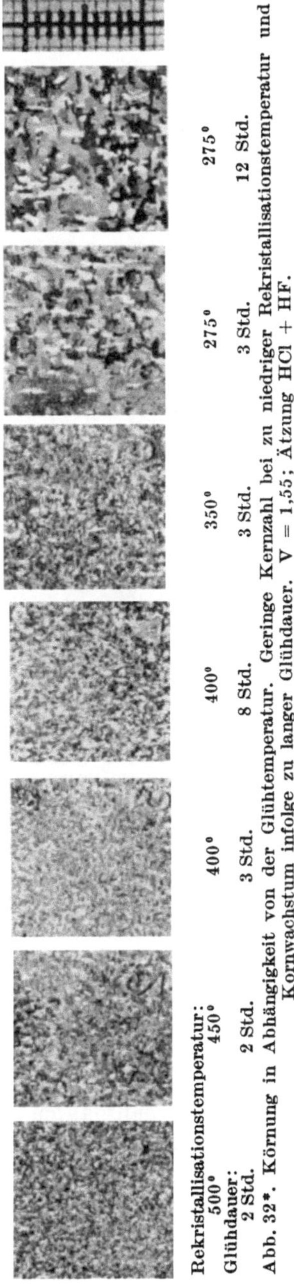

Rekristallisationstemperatur:	500°	450°	400°	400°	350°	275°	275°
Glühdauer:	2 Std.	2 Std.	3 Std.	8 Std.	3 Std.	3 Std.	12 Std.

Abb. 32*. Körnung in Abhängigkeit von der Glühtemperatur. Geringe Kernzahl bei zu niedriger Rekristallisationstemperatur und Kornwachstum infolge zu langer Glühdauer. V = 1,55; Ätzung HCl + HF.

fand, daß bei der in der Industrie üblichen Erwärmung der hartgewalzten Bleche in Muffelöfen geringer Wärmekapazität die Temperatur in den oft zu dicken Blechstapeln so langsam ansteigt, daß sich das Blech zu lange im Gebiet unterhalb der unteren Rekristallisationstemperatur (Keimstadium) befindet, wo die wenigen Keime beachtlich wachsen können, bevor das gewollte zweite Stadium der Rekristallisation, die plötzliche Gesamtrekristallisation über den ganzen Querschnitt, einsetzt. Diese Rekristallisation findet überdies in Temperaturbereichen statt, in denen die Kernzahl verhältnismäßig niedrig ist. Selbst wenn eine Glühtemperatur beabsichtigt ist, die bei plötzlicher Glühung (z. B. im Salzbad) ein feines Korn liefern würde, durchschreitet das Glühgut die Temperaturskala bis dahin zu langsam. Das erstrebte zweite Stadium der Rekristallisation tritt infolgedessen schon bei niedrigerer Temperatur und damit gröber ein. Die weitere Glühung hat nur noch den Erfolg, daß das Material dem dritten Stadium der Rekristallisation, dem Kornwachstum, verfällt, so daß das Gegenteil des beabsichtigten erreicht wird (s. auch 271b). Abb. 32 zeigt das Gefüge im Muffelofen geglühter Bleche. Die Rekristallisation bei zu niedriger Temperatur ist noch in anderer Hinsicht vom Übel: Sie verläuft gerichtet, d. h. die Kristalle bleiben nach den Walztexturlagen orientiert (s. 253f, 81, 224a). Es bleibt mit anderen Worten die Faserstruktur bestehen. Zum Ziehen von Gefäßen ist solches Aluminiumblech weniger geeignet. Es neigt, wie dies für Kupferblech beschrieben ist (131), zur Zipfelbildung und macht zum mindesten zur Vermeidung von Ausschußstücken größere Blechzuschnitte erforderlich, verteuert also die Produktion. Abb. 33 ist eine Mikroaufnahme derartigen Gefüges; sie zeigt am Rand der Probe (Blechoberfläche) außerdem eine infolge zu kurzer Glühdauer noch nicht rekristallisierte Zone (s. auch 23a, 224a).

Abb. 33*. Querschnitt durch ein Al-Blech, das 2 Std. 15 Min. bei 248° geglüht wurde. Nur teilweise rekristallisiert. Die neugebildeten Kristalle sind deutlich in der Walzrichtung orientiert. V = 90; Ätzung HCl + HF. Blechrand nicht rekristallisiert.

Die regellose und feinkörnige Rekristallisation, die der Blechverarbeiter braucht, wird erreicht durch möglichst plötzliche Glühung bei 450—500°, wobei, wie später gezeigt wird, auch zufällig höchste Korrosionsbeständigkeit gewonnen wird.

Bei der sog. zweiten Rekristallisation liegen die Verhältnisse ähnlich. Verformt man ein schon einmal rekristallisiertes Blech ein zweites Mal,

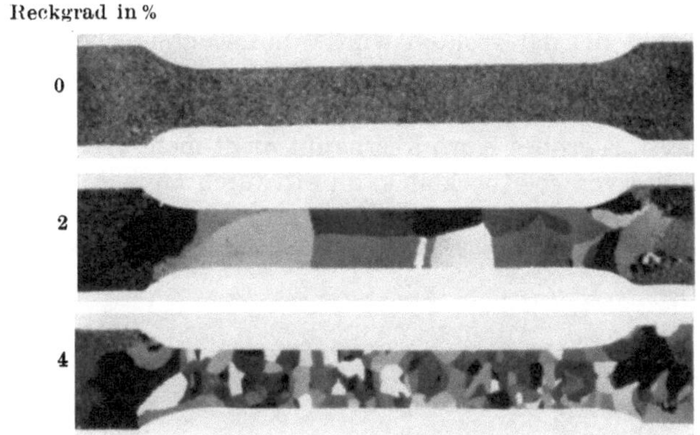

Reckgrad in %

0

2

4

Abb. 34*. Bildung grober Kristalle durch geringes Recken feinkristallinen Bleches und erneute Rekristallisation. V = 0,65; Ätzung HCl + HF.

so bilden sich bei der Glühung je nach dem Deformationsgrad und der Glühtemperatur wieder neue Kristalle; da es sich hier meist um geringere Querschnittsverminderungen handelt als bei der Erzeugung von Blech

Abb. 35*. Mit falscher und richtiger Zwischenglühung hergestellte Feldflaschen. Die linke Flasche wurde durch mangelhafte Befolgung der Rekristallisationsgesetze teilweise grobkörnig. V = etwa 0,3; Ätzung HCl + HF.

aus Gußbarren, sind die erzielten Körner verhältnismäßig groß (s. 271 b). Nach 39 a, b, 255 a und 52 kann man durch geringes Dehnen feinkörniger Zerreißstäbe erster Rekristallisation und hierauf vorgenommene neue Glühung Körner erzielen, die den ganzen Stabquerschnitt einnehmen (Einkristalle, s. Abb. 34). Aus diesem Grunde sind kleine Deformationen zwischen zwei Glühungen, wie sie bei der Gefäßfabrikation häufig vorkommen, so gefährlich. Abb. 35 zeigt das Gefüge zweier Flaschen, von welchen die linke aus dem geschilderten Grunde stellenweise grobkristallin wurde. Bei der rechten wurde durch entsprechend niedrigere Glühtemperatur der Fehler vermieden. In vielen Fällen erlaubt die Vorbehandlung gar keine Glühung mehr, die zu Rekristallisation führt, weil ein anderes als grobes Korn überhaupt nicht mehr erzielbar ist. Der Zweck der Weiterverarbeitbarkeit kann oft durch Glühen unterhalb der

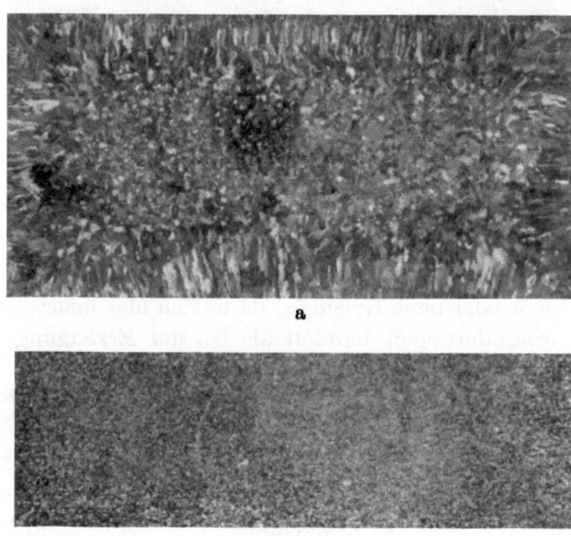

a

b

Abb. 36a bis b*. a Al-Gußbarren ungewalzt; b während des Warmwalzens entstandene neue Körnung. V = 0,38; HCl + HF.

Rekristallisationstemperatur erreicht werden, wobei es nur auf die weiter oben erwähnte Kristallerholung ankommt.

Mit dem Reinheitsgrad des Aluminiums wächst die Neigung zur Grobkörnigkeit (271b). Bei reinstem Al von 99,9% erzeugt schon eine Rekristallisationstemperatur von 400° C bei der ersten Rekristallisation die Grobkörnigkeit, die bei Al von 99,3% erst bei Glühtemperaturen von 550° und mehr infolge kleiner Kernzahl auftritt (s. 84).

Beim Warmwalzen und anderen Warmverformungen bilden sich in jedem Augenblick während des Verformungsvorganges neue Körner. Kornstreckung und Rekristallisation überdecken sich (s. Abb. 36). War das Gußkorn nicht allzu grob, so ergibt sich nach der Verformung eine mittlere Korngröße. Ein so feines Korn wie nach stärkster Kaltverformung und nachfolgender rascher Glühung ist nicht erreichbar. Die zu erzielende Körnung ist aber zur Gewährleistung gleichmäßiger Festigkeitswerte ausreichend (s. Abb. 37, die das Gefüge einer warm geschmiedeten rekristallisierten Stange wiedergibt). Lediglich bei der Verarbeitung von Gußbarren mit beabsichtigt grobstengeligem Gefüge, das durch Bodenkühlung der Kokille bei Warmhaltung der Wände erhalten worden war, konnte Verfasser keine befriedigende Verfeinerung der Körnung erzwingen. Die Verunreinigungen sitzen wie die Abb. 22a und

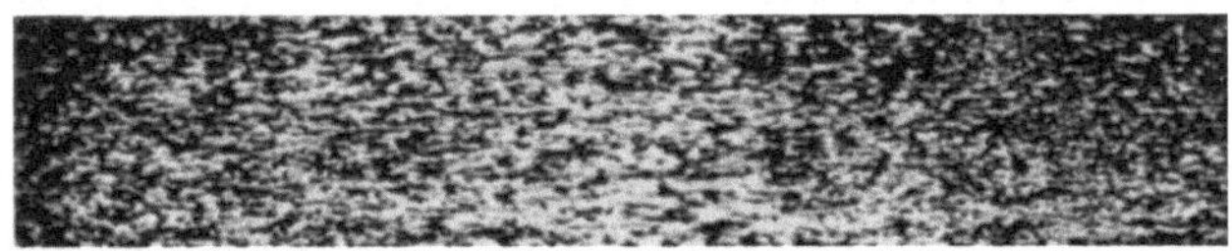

Abb. 37. Rekristallisationsgefüge einer warm geschmiedeten Stange. V = 1; HCl + HF.

22b zeigten, bei gegossenem Aluminium zwischen den Körnern; selbst im Falle der Quasiprimärkristallisation von Al_3Fe infolge von Unterkühlung sitzt ein großer Teil der Verunreinigungen zwischen den Korngrenzen. Beim Walzen werden die Körner unter Gleitung entlang der Gleitebenen gestreckt, wobei sich die Verunreinigungen zwischen den lang gezogenen Aluminiumkörnern in Zeilen anordnen. Bei der Rekristallisation vermögen die sich neu bildenden Körner im Gegensatz zu solchen, die in einer Schmelze schwimmend wachsen, natürlich nicht die Verunreinigungen vor sich herzuschieben. Sie bleiben ortsfest und die Rekristallisation der Aluminiumkörner erfolgt um sie herum. Das sichere Kennzeichen rekristallisierten Materials ist also zeilenförmige Anordnung der Verunreinigungen, und zwar nicht in den Korngrenzen des Aluminiums, sondern inmitten regellos daliegender Aluminiumpolygone. Bei hohen Vergrößerungen, die keine ganzen Zeilen erkennen lassen, bleibt als Kennzeichen die Lage der Verunreinigungspartikel innerhalb der Polygone (s. Abb. 38).

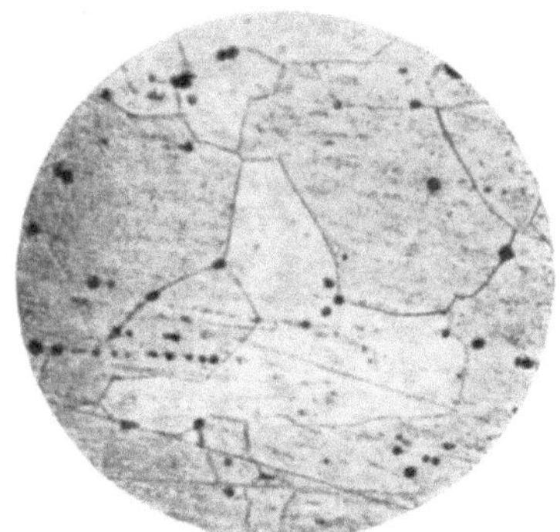

Abb. 38*. Verunreinigungszeilen inmitten rekristallisierter Al-Körner. V = 100; Ätzung HF.

2. Die Zustandsschaubilder der Aluminiumzweistoffsysteme nebst Anwendung der Gefügeerkenntnis auf die Technik.

Aluminium—Bor.

Zustandsschaubild s. Tafel I. Schrifttum: 89, 96, 171c.

Das Bor legiert sich mit dem Aluminium nicht leicht. Haenni (96) beschreibt in seiner Arbeit mit ausführlicher Angabe des Schrifttums eine ganze Reihe von Legierungsmethoden, die durchweg wenig Erfolg hatten. Am besten gelingt die direkte Legierung unter Wasserstoff bei 1150° oder unter aufgestreutem Borpulver bei 1400°. Durch dreimalige Wiederholung des letztgenannten Vorganges konnte der Borgehalt auf 18% gesteigert werden.

Er verfolgte die Konstitution des Systems bis zu 8,5 Gew.-% Bor. Eutektische Haltezeiten fand er von 1,7% B ab bei 565°. Hieraus ergibt sich, daß wahrscheinlich feste Lösung von B in Al bis zu ungefähr diesem Gehalt vorliegt. Röntgenuntersuchungen sind nicht bekannt. Eine Veränderung des Gitterparameters müßte sich bei dem unterschiedlichen Atomvolumen der beiden Elemente leicht ermitteln lassen. Die von Haenni berichteten Festigkeitssteigerungen an Guß von beinahe 100% bei Zusatz von 2,5 und 4% B deuten gleichfalls auf feste Lösung hin. Er gibt an, daß eine Extrapolation der Lage des Eutektikums aus dem festgelegten Astanfang der Al-Primärausscheidungskurve eine zwischen 15 und 18% B liegende Zusammensetzung ergeben würde. Ähnlich zusatzreiche Eutektika finden sich nur noch in den Legierungen des Aluminiums mit Si und Ge, was auf günstige technologische Eigenschaften schließen läßt, um so mehr als ein Teil des B noch in fester Lösung vorliegt. In den übereutektischen Zusammensetzungen kristallisiert primär AlB_2. Bei höheren Prozentsätzen bildet sich diese Verbindung peritektisch aus einer borreicheren (AlB_{12}) und Schmelze. Nach Haennis Angaben würde die peritektische Gleichgewichtsgerade bei rd. 1100° liegen. Abb. 39 zeigt das Gefüge einer untereutektischen Boraluminiumgußlegierung. Trotz zahlreicher Patente haben sich Aluminiumborlegierungen bislang nicht in die Technik eingeführt. Das schließt nicht aus, daß sich Borzusätze in ähnlicher Höhe wie Si in den Al—Si-Legierungen auf gußtechnischem Gebiet einmal lohnen werden, und daß kleinere Zusätze, insbesondere zu vergütbaren Legierungen, Verbesserungen hervorrufen können.

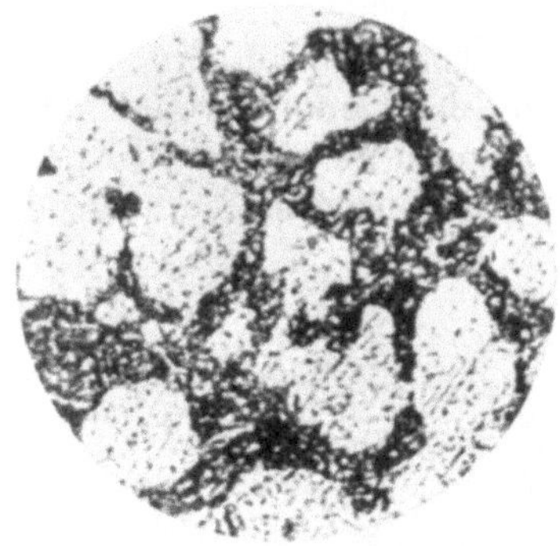

Abb. 39*. 8,5 % Bor. Primär Al-Mischkristalle (weiß). Sekundär feinkörniges Eutektikum Al—B_2Al. V = 420; Ätzung HF.

Haenni untersuchte auch die Wirkung des Zusatzes auf Al—Cu-, Al—Si-, Al—Zn-, Al—Cu—Zn- und andere Mehrstofflegierungen. Bei den Cu- und den Zn-haltigen konstatierte er eine Verbesserung der Festigkeit bei unregelmäßigem Verhalten der Dehnung. Al—Si-Legierungen verfolgte er bis zu 1,6% B und fand eine Verfeinerung des Al—Si-Eutektikums, ähnlich wie sie Verfasser (75, 75a) durch andere Zusätze beschrieb. Haenni knüpfte daran die Folgerung, daß B in diesen Legierungen wie das Na „raffinierend“ wirke. Wahrscheinlich beruht die Kornverfeinerung durch B auf der Anwesenheit relativ großer Mengen ternären Eutektikums. Erfahrungsgemäß nimmt die Feinkörnigkeit der Eutektika mit der Anzahl der darin im Gleichgewicht befindlichen Phasen zu. Aus diesem Grunde und in Anbetracht des niedrigen spezifischen Gewichtes des Bors wäre eine Verfolgung bis zum ternären Eutektikum interessant gewesen. Es muß sich ein verhältnismäßig Al-armes leichtes Eutektikum ergeben, das ohne besondere Kornfeinungsoperation ein wertvolles Gefüge darstellt. Bei entsprechender Härte übereutektischer ternärer Al—Si—B-Legierungen könnte sich u. a. ein brauchbares Kolbenmaterial ergeben, vorausgesetzt, daß die eutektische Temperatur nicht allzu tief unter 565° liegt. Durch Zusatz von Ge zum ternären Al—Si—B-Eutektikum kommt, falls keine Komplikation durch Verbindungsbildung eintritt, wahrscheinlich ein technisch beachtliches Vierstoffeutektikum zustande.

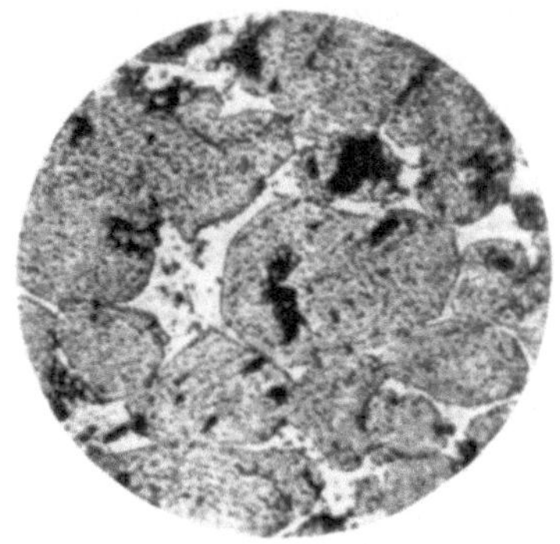

Abb. 40*. 16 % Ca. Primär Al_3Ca (weiß). Sekundär Eutektikum Al—$CaAl_3$ (schwarze Stellen: Löcher, herausgebranntes Ca). V = 81; Ätzung NaOH.

Korrosionsversuche wurden von Haenni mit Salpetersäure gemacht. Es ist nicht ausgeschlossen, daß auch die Seewasserbeständigkeit durch kleine Borzusätze günstig beeinflußt wird. Bei dem gegenüber den zurückliegenden Patenten und Arbeiten erheblich verbesserten heutigen Stande der Aluminiumlegierungs- und Verarbeitungstechnik wäre eine Wiederaufnahme der Arbeiten über Borzusätze aussichtsreich.

Aluminium—Calcium.

Zustandsschaubild s. Tafel I. Schrifttum: 59, 223, 166, 57, 31, 36.

Die aluminiumreichste Verbindung des Systems, $CaAl_3$, bildet mit Al ein bei 616° schmelzendes Eutektikum, das etwa 92% Al enthält. Die früher angenommene Mischungslücke im flüssigen Zustand wird durch das Vorkommen einer hochschmelzenden Verbindung vorgetäuscht. Die Verbindung $CaAl_3$ entsteht peritektisch aus Al_2Ca und Schmelze. Feste Lösung wird von etwa 0,5—1% im Al angenommen (57, 166).

Die Verbindung Al_3Ca ist spröde und weist starkes Kristallisationsvermögen auf. Primär ausgeschieden, bildet sie Platten und Nadeln (s. Abb. 40), die das Gefüge nur ungünstig beeinflussen können. Im Eutektikum teilt sie sich verhältnismäßig gut auf, so daß die eutektischen Legierungen und die mit Al-Primärkristallisation an sich ein brauchbares Gußgefüge liefern. Für die Gießerei unangenehm und störend ist das Herausbrennen von Calcium aus den Schmelzen und die Bildung einer zähen, blau anlaufenden Gußhaut. Die Korrosionsbeständigkeit binärer Al—Ca-Legierungen ist schlechter als die des reinen Aluminiums. Die Legierungen laufen an der Luft bräunlich an. Durch heißes Wasser werden sie nach (59) unter Wasserstoffbildung zersetzt und zerstört.

In der Technik findet sich für reine Al—Ca-Legierungen kein Beispiel. Verschiedentlich wurde Ca weniger reinem Hüttenaluminium zugesetzt (99,2% und weniger), um das Si an der die elektrische Leitfähigkeit stark reduzierenden Mischkristallbildung mit dem Al zu hindern (D.R.P. Karl Berg). Diese Legierungen haben sich in der Praxis nicht durchzusetzen vermocht. Eine fast binäre Legierung (8,6% Ca und 2% Fe) wird als „leicht spaltbar, unangreifbar in Luft und Wasser" genannt (89f). An gleicher Stelle eine ternäre Al—Cr—Ni-Legierung mit bis zu 1,5% Ca als „hart und leicht".

Unter den neuzeitlichen Legierungen für elektrische Hochspannungsleitungen hat die vergütbare Legierung Montegal (89d), die etwas Mg und Si im Verhältnis der Verbindung Mg_2Si enthält, einen Zusatz von 0,2% Ca. Letzterer hat die Aufgabe, ungewollten Si-Überschuß an der Mischkristallbildung mit Al zu hindern.

Endlich wird Ca-Zusatz bei Duralumin (in Amerika) gebraucht, um die Warmwalzbarkeit zu erhöhen (USA.-Patente und D.R.P. 416487). Die Benachteiligung der Seewasserbeständigkeit durch Ca wird demnach nicht allzu tragisch genommen. Der Duraluminvergütungsvorgang wird (nach 142a und 171e) durch Ca kaum beeinflußt.

Aluminium — Cer.

Zustandsschaubild s. Tafel I. Schrifttum: 16, 262, 93g, 89.

Bis zu etwa 12% Ce kristallisiert in diesem System primär Al aus. Die Angaben des Schrifttums über die Festlöslichkeit des Ce in Al schwanken zwischen 1 und 11% (262, 16, 229). Rechts von der Mischkristallgrenze enthalten die Legierungen das bei 638° C schmelzende Eutektikum von Al-Mischkristallen mit der Verbindung Al_4Ce. Zwischen 12 und 56% Ce scheidet sich primär Al_4Ce direkt aus den Schmelzen aus. Bei höheren Ce-Gehalten bildet es sich peritektisch aus Al_2Ce und 56%iger Schmelze. Das peritektische Gleichgewicht liegt bei 1250° C. Bei 1005° C findet eine kristallographische Umwandlung der Kristallart Al_4Ce statt. Das Eutektikum scheint mit seinen 12% Ce zunächst dem des Systems Al—Si vergleichbar. Bei Berücksichtigung des hohen Atomgewichtes des Cers aber ergibt sich, daß im Eutektikum verhältnismäßig geringe Cermassen neben großen von Aluminium liegen. Dies entspricht dem in (262) gegebenen Schliffbild einer Legierung mit 38,5% Ce (s. Abb. 41). Sie enthält neben den großen, weißen und ohne Ätzung sichtbaren Primärausscheidungen von Al_4Ce das Eutektikum, das nur wenige Al_4Ce-Lamellen und in der Hauptmasse Aluminium enthält.

Einformungsvorgänge können das Gesicht des Eutektikums so verändern, als ob es nur aus Al bestünde. Da man bei den Konstruktionslegierungen auf Aluminiumbasis außer günstigen Festigkeitseigenschaften ein geringes spezifisches Gewicht wünscht, kommen hohe Cerzusätze nicht in Frage. Binäre Al—Ce-Legierungen haben sich deshalb und infolge der mit dem Ce-Gehalt wachsenden Sprödigkeit nicht eingeführt. Bei höheren Gehalten haben sie ähnlich wie Cereisen pyrophore Eigenschaften. Ob geringe Zusätze das Al, wie behauptet (16), stark verbessern, bedarf einer gründlichen Nachprüfung.

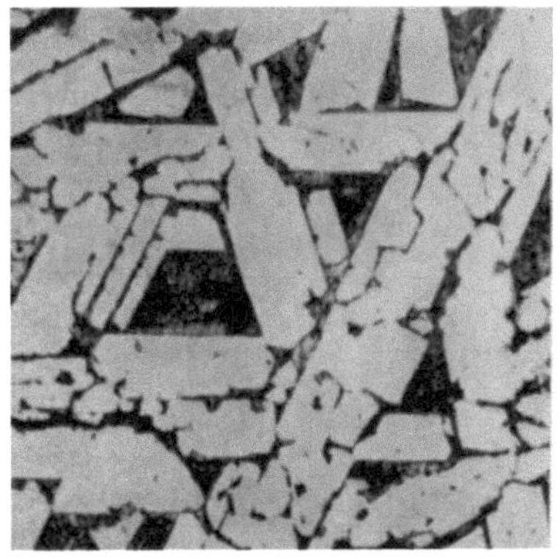

Abb. 41*. 38,5 % Ce. Primär Al_4Ce (helle Balken). Sekundär Eutektikum Al—Al_4Ce. V = 70; Ätzung konzentrierte KOH 10—30 Sek.

Nach (229) soll Ce raffinierend, insbesondere nitridvermindernd, wirken. Dies wird gefolgert aus der bei 0,19% Zusatz auf 34,1% gestiegenen Dehnung des ausgeglühten Materials und dem „reinen metallischen Klang" der Proben. Bei 3%igen Al—Cu- und 4%igen Al—Mg-Legierungen wird ein Dehnungsanstieg durch 0,33% Ce festgestellt.

In (142) wird über eine Verbesserung der Walzbarkeit des Duralumins durch geringe Ce-Zusätze berichtet, ähnlich derjenigen, die sich aus Ca-Zusätzen ergeben soll. Einfluß auf die Selbsthärtung vergütbarer Legierungen wird verneint; desgleichen eine weitere Steigerung ihrer Festigkeit. Damit ist aber nicht gesagt, daß in anderen Kombinationen, die Vergütung ergeben, aber heute noch nicht so aktuell sind wie Duralumin und ähnliche Legierungen auf Cu-Basis, eine günstige Wirkung des Cers ausgeschlossen wäre.

Aluminium—Beryllium.

Zustandsschaubild s. Tafel I. Schrifttum: 188, 48, 10a, 95d, 142c, d, e.

Aus Al—Be-Legierungen kristallisiert Al primär nur bis zu geringen Be-Gehalten. Das bei 644° C schmelzende Eutektikum zwischen Al und Be liegt (nach 188 und 95d) bei 1,4%, nach (10a) bei 0,87% Be. Erstere Zusammensetzung wurde dem Zustandsschaubild zugrunde gelegt. Die Grenze der Löslichkeit des Be im festen Aluminium ist gründlich studiert, besonders im Anschluß an das Bekanntwerden von starken Vergütungswirkungen des Be im Kupfer. Die genauesten Untersuchungsergebnisse dürften die nach (95d) sein; sie sind dem in Tafel II stehenden Teilschaubild der Aluminiumseite des Systems Al—Be, das die Ergebnisse der anderen Forscher mit enthält, zugrunde gelegt. Das im Verhältnis zu dem des Aluminiums große spezifische Volumen des Berylliums begünstigt eine feinkörnige Ausbildung des Eutektikums trotz des starken Gewichtsüberschusses an Aluminium darin. Die Abb. 42 zeigt die stäbchenähnliche Ausscheidungsform des Be und die günstige Struktur des Eutektikums. Hieraus ergeben sich, eine Reduktion des Berylliumpreises in wirtschaftliche Grenzen vorausgesetzt, günstige Aussichten für Gußlegierungskombinationen Al—Be, Al—Be—Si, Al—Be—Si—B und ähnliche.

Die Löslichkeit des Be im festen Al wird nach dilatometrischen Messungen (95d) unterhalb 200° stark eingeengt. Zusätze von 0,25—0,5% Be liefern nach Erwärmung auf 200° die höchste in der Al—Be-Reihe erreichbare Härte (163f).

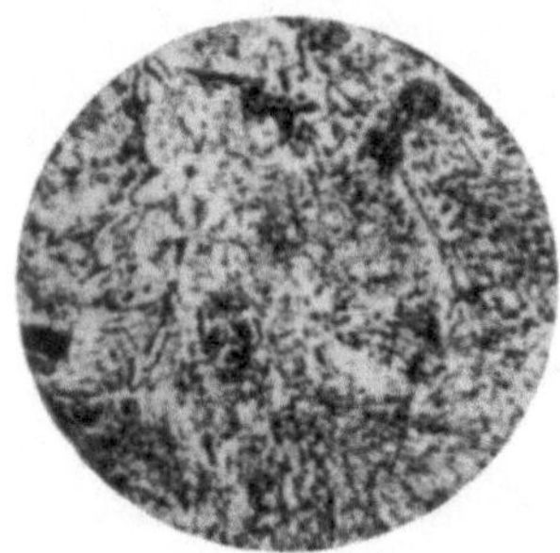

Abb. 42*. 1,38 % Be, gegossen, eutektisch. V = 100; Ätzung HF + HNO_3.

Übereutektische Al — Be-Legierungen könnten bei genügender Warmhärte infolge ihres hohen eutektischen Anschmelzungspunktes als Motorkolbenbaustoff in Frage kommen. Kleine Be-Zusätze sind vermutlich aussichtsreich für korrosionsbeständige Kombinationen.

In (142c, d, e) ist ohne systematische Konstitutionsforschung die Frage geprüft, ob Be das Si ersetzen kann, und ob in den Duraluminlegierungen durch Bildung eines Magnesiumberyllides eine ähnliche selbstvergütende Wirkung ausgeübt wird wie durch das Magnesiumsilizid, mit dem Ergebnis, daß das Be in binären Legierungen einen teueren Si-Ersatz von mäßiger Wirksamkeit darstelle. Ein Effekt des Be-Zusatzes bei Si-freien Al—Cu—Mg-Legierungen als Förderers der Selbsthärtung wird bejaht, wenn sie auch geringer bleibt als im normalen Duralumin. Wirkung des Be-Zusatzes zu Mg-freien Al—Cu—Si-Legierungen als Selbsthärtungserregers wird verneint; Be könne Mg nicht ersetzen. Endlich wird dem Be-Zusatz zu Al—Cu—Si- und Al—Mg—Si-Legierungen eine verbessernde Wirkung auf die durch Vergütung zu erreichenden Festigkeitswerte zugesprochen.

Durch (163f) sind die Systeme Al—Si—Be und Al—Mg—Be konstitutionell soweit geklärt, als darin das Vorkommen neuer Verbindungen verneint ist.

Obwohl (in 119 u. a.) den Al—Be-Legierungen eine Zukunft zugesprochen wird, haben sie sich bis heute noch nicht eingeführt. Wohl bestehen amerikanische und deutsche Patente (s. 142c, d, e), die aber mehr als vorsorgliche, möglicht weit gefaßte Abwarteerfindungen anzusehen sind.

Aluminium—Natrium.

Zustandsschaubild s. Tafel I. Schrifttum: 165.

Aluminium und Natrium sind im flüssigen Zustande kaum mischbar. Na hat für Al gar kein Lösungsvermögen, während Na im Al in geringfügigem Grade löslich ist. Mit steigender Temperatur wächst das gegenseitige Lösungsvermögen, ohne daß jedoch eine Schließung der Mischungslücke einträte. Bei Abkühlung von Schmelzen aus den schmalen Einheitsschmelzbereichen zerfallen sie, sobald die Kennlinie der Zusammensetzung die gestrichelten Kurven erreicht, in zwei Schmelzen auseinander, die aus natriumhaltigem Aluminium und aluminiumhaltigem Natrium bestehen. Bei Abkühlung auf 657^0 C besteht letztere nur noch aus reinem Natrium, während die andere einen dem monotektischen Punkte entsprechenden Na-Gehalt in Aluminium aufweist. Infolge des Unterschiedes im spezifischen Gewicht trennen sich die beiden Schmelzen vollkommen. Aus der unteren Schmelze kristallisiert Al aus, bis alles Al fest geworden ist; das übrig bleibende Natrium hat sich mit dem darüberstehenden vereinigt. Jetzt fällt die Temperatur bis zum Erstarrungspunkt des Natriums bei 97,5^0 C, wo es kristallisiert. Links vom monotektischen Punkt kristallisiert primär reines Aluminium, wobei sich die Schmelze an Natrium bis zur monotektischen Konzentration anreichert und die Temperatur bis zur Monotektikalen sinkt. Bei gleich bleibender Temperatur kristallisiert nun alles Aluminium, während das Natrium flüssig an die Oberfläche steigt. Kühlt man derartige Schmelzen rasch ab, so bleiben Spuren von Natrium im Aluminium.

Bekanntlich wird bei der elektrolytischen Erzeugung des Aluminiums Natrium in Freiheit gesetzt, das sich zum kleinen Teil im Aluminium löst. Daß es beim Gießen des Rohaluminiums nicht restlos entweicht, wird dadurch bewiesen, daß sich beim Umschmelzen und Umgießen auf den Barren kleine Krater bilden, welche angefeuchtet mit einem Indikator alkalische Reaktion ergeben. Bei genügend langem Abstehen der Schmelze vor dem Vergießen und langsamer Vornahme des Gießens selbst entweicht das Na bis auf geringe Spuren. Durch Zusammentreffen unglücklicher Umstände kann es geschehen, daß Natrium durch nichtmetallische Verunreinigungen wie Tonerdeflocken festgehalten und mit ins Blech verwalzt wird. Arbeitet sich beim Gebrauch der daraus hergestellten Geschirre Wasser bzw. Dampf durch Kapillaren zwischen den Körnern bis zu den Natriumherden vor, so entstehen bei der energischen Reaktion von Natrium mit Wasser Aufblähungen nach Abb. 43, die sich bei der Öffnung als mit Korrosionsprodukten angefüllt erweisen. Nicht alle Korrosionsfälle von derartigem Aussehen sind aber auf Natrium zurückzuführen. Bei Angriff des Aluminiums durch hartes Wasser oder durch Sodareinigungsrückstände ergibt sich dasselbe Bild. Infolge der Vorsichtsmaßregeln, die die Aluminiumhütten beim Umschmelzen und Gießen anwenden, ist Korrosion durch zurückgebliebenes Na sehr selten.

Bei der „Paczveredelung“ des Silumins, der Aluminiumsiliziumlegierung mit rd. 13% Si, spielt das Na eine wichtige Rolle. (A.P. 1387900, s. ternäres System Al—Na—Si.) Es entsteht dabei durch Umsetzung eines kleinen Teiles des Aluminiums mit auf die Schmelze aufgestreutem oder eingerührtem Natriumfluorid unter Bildung eines Doppelfluorids: $Al + 6\,NaF = AlF_3 \cdot 3\,NaF + 3\,Na$. Ähnliche Fluoridumsetzungen können (nach 142) benützt werden zum Legieren der Alkali-, Erdalkali- und Erdmetalle mit Aluminium. Auch deren Fluoride reagieren mit Aluminium bei starker Wärmeentwicklung unter Bildung von Doppelfluoriden und Freisetzung der Metalle, die sich mit der Hauptmenge des Aluminiums zu Legierungen vereinigen. Man kann endlich die Oxyde all dieser Metalle zunächst in flüssigem Natrium-Aluminium-Fluorid lösen und diese Lösung mit flüssigem Aluminium zusammenbringen. Sie werden bei der dann erfolgenden Aluminium-Doppelfluoridbildung reduziert, wobei entsprechende Mengen Aluminium zu Tonerde oxydiert werden. Die Reaktion spielt sich auch bei der hüttenmäßigen Erzeugung des Aluminiums im elektrischen Ofen ab. Im flüssigen Kryolith, einem Natrium-Aluminium-Doppelfluorid wird Tonerde (Aluminiumoxyd) gelöst. Durch die Wirkung des Gleichstroms und der Reduktionskohle werden Na und Al in Freiheit gesetzt und reagieren mit überschüssigem Kryolith nach obiger Gleichung, die umkehrbar ist, bis zu einem gewissen Gleichgewicht. Die Rückbildung von Tonerde wird durch die Reduktionskohle verhindert (s. 280).

Abb. 43. Aufblähungen, hervorgerufen durch korrosive Reaktion.

Aluminium — Kalium.

Zustandsschaubild s. Tafel I. Schrifttum: 242.

Dieses System deckt sich fast völlig mit dem vorstehenden. Das monotektische Gleichgewicht bildet sich ebenfalls bei 657° C. Die Erstarrung des restlichen Kaliums erfolgt natürlich entsprechend dem tieferen Schmelzpunkt desselben bei 62,5° C. Auch Kalium liefert die Fluoridreaktionen.

Binäre Legierungen des Aluminiums mit Rubidium, Caesium, Barium [1], Strontium, Yttrium, Lanthan und Thorium.

Die sechs ersten wurden (142) mit Hilfe der Fluorid- bzw. Karbonatumsetzung bis zu kleinen Gehalten erzeugt, und zwar Rb und Cs weit unter 1%, Ba 7,5%, Sr 6,8%, Y 8,1% und La 9,3%. Rb und Cs, mit welchen das Arbeiten infolge der leichten Entzündlichkeit als sehr beschwerlich geschildert wird, verhalten sich wie Na und K, sind also im festen Aluminium nur in Spuren enthalten. Über die Mikrographie der erzeugten binären Legierungen ist nichts ausgesagt. Sie dienten als Vorlegierungen, die vergütbaren Al-Legierungen zugesetzt wurden, um die Wirkung kleiner Zusätze auf die Vergütbarkeit und die Selbstvergütung zu ermitteln. Für Rb- und Cs-haltige Al—Si-Mischkristalle wurde ein geringfügiger Härtungseffekt bei 160° gefunden. Einen Selbsthärtungseffekt ruft keines der sechs Metalle in Al—Cu—Si-Legierungen hervor. Bei Versuchen in derartig kleinem Maßstab kommt meist nicht viel Verläßliches heraus, so daß die mitgeteilten Ergebnisse noch nachprüfungsbedürftig erscheinen.

Von der Mikrographie der Thoriumlegierungen [2] ist nichts bekannt. Eine Verbindung Al_3Th wird genannt (113), ohne Aussage, ob es noch aluminiumreichere gibt oder nicht.

Aluminium—Nickel.

Zustandsschaubild s. Tafel I. Schrifttum: 94a, 89.

Das Aluminium vermag bis zu 0,25% Ni in fester Lösung zu halten (α). Bei höheren Zusätzen bis zu 4,25% Ni kristallisiert primär α, sekundär ein Eutektikum $\alpha + Al_3Ni$ (β). Bei 4,25% erstarren die Schmelzen rein eutektisch ($\alpha + \beta$). Von 4,25 bis etwa 26,0% Ni kristallisiert primär β, sekundär Eutektikum $\alpha + \beta$ (s. Abb. 44). Von etwa 26,0 bis etwa 42% Ni kristallisiert primär Al_2Ni (γ), das sich bei 835° C mit der Schmelze von 26% Ni peritektisch in β umsetzt. Von 42 bis 68,5% Ni kristallisiert primär AlNi (δ), das sich bei 1130° C mit der 42%igen Schmelze peritektisch zu γ umsetzt. In den Al—Ni-Legierungen bis zu 42% kommt das Ni demnach als Al_3Ni vor. Zwischen 26 und 42% Ni kann es vorkommen, daß infolge nicht vollkommener Umsetzung von γ mit Schmelze zu β in den erstarrten Legierungen nicht nur α und β, sondern auch γ

---

[1] Während der Drucklegung erschien über das System Aluminium—Barium die (mit guten Schliffbildern versehene) Arbeit (297). Nach ihr bildet eine Ba—Al-Verbindung mit mehr als 50% Ba mit dem Al ein einfach eutektisches System. Schmelztemperatur 651°, Zusammensetzung des Eutektikums 2% Ba, 98% Al. Infolge des Übergewichts an Al erscheint die Ba-Kristallart quasiprimär statt eutektisch. Feste Lösung von Ba in Al wurde nicht festgestellt. Nach dem Gefüge lassen die Legierungen in technischer Hinsicht nichts besonderes erwarten.

[2] Über die Wirkung des Th-Zerfallsproduktes, der Bleiisotope ThB, s. Abschnitt: Aluminium—Blei.

zu finden sind, letzteres als von β umhüllter Kern. Infolge seines hohen Aluminiumgehaltes und des verhältnismäßig geringen spezifischen Volumens von β ist das Eutektikum nicht sonderlich feinkörnig.

Ätzmittel für Al—Ni-Legierungen K_4FeCy_6, 10% in Wasser, Al_2Ni wird bräunlich gefärbt, dunkler als Al_3Ni.

Nach (56d) Wirkung auf Al_3Ni:

	0,5%	HF:	umrissen, blau bis braun.
	1%	NaOH:	umrissen, dunkler, keine Färbung.
70°	10%	NaOH:	blau bis tiefbraun.
70°	20%	H_2SO_4:	umrissen, dunkler, keine Färbung.
70°	25%	HNO_3:	umrissen, weder Angriff noch Färbung.

Nach (222a) wächst die Zugfestigkeit mit dem Ni-Zusatz bis zu einer gewissen Grenze, um dann wieder abzufallen, während Härte und Sprödigkeit weiter zunehmen. Die Legierungen konnten bis zu rd. 12% Ni noch gut gewalzt werden. Im weichgeglühten Blech ergab sich bei 10% Ni eine Festigkeit von 17,8 kg/mm² bei 9% Dehnung und 50—55 Brinelleinheiten Härte. Dieses Festigkeitsmaximum ist aber bei 4% Ni, also der ungefähren eutektischen Konzentration, mit 15 kg/mm² schon fast erreicht. Die Dehnung beträgt noch 15% und die Härte schon 45. Wie auch in (121) wird ein Zurückgehen der Schwindung und Lunkerung mit steigendem Ni-Gehalt festgestellt. Von 10% Ni ab machen diese Erscheinungen einem Treiben des Gusses Platz. Das Bruchgefüge wird mit wachsendem Ni-Gehalt immer gröber. Der Ni-Zusatz hat (nach 222a) keine Beeinträchtigung der Korrosionsbeständigkeit zur Folge. Legierungen mit 10—12% Ni werden als brauchbares Gußmaterial angesprochen.

Abb. 44*. 25 % Ni. Primär Al_3Ni (hell). Sekundär Eutektikum Al—Al_3Ni. V = 24; Ätzung $FeCl_3$.

Die Kristallart β soll die Warmfestigkeit erhöhen. Die englische „Y"-Legierung, ein Duralumin mit Ni-Zusatz, wird von den Erzeugern als besonders warmfest angepriesen.

Binäre Al—Ni-Legierungen sind als Walzlegierungen nicht und als Gußlegierungen nur vereinzelt in der Praxis anzutreffen.

Aluminium — Cobalt.

Zustandsschaubild s. Tafel I. Schrifttum: 94a, 89.

Das Diagramm dieses Systems ist dem der Al—Ni-Legierungen sehr ähnlich. Das Lösungsvermögen der Al-Kristalle für Co ist nicht nennenswert. Bei 1 bis 2% Co liegt ein Eutektikum zwischen Al und Al_4Co, das infolge seines überwiegenden Al-Gehaltes und des geringen spezifischen

Volumens der Verbindung kaum als solches zu erkennen ist. Beide erscheinen primär (Einformung). Bis zu etwa 33% Co sollten die Legierungen theoretisch nur Al und Al_4Co enthalten. Zwischen etwa 20 und 33% Co sind aber infolge unvollkommener peritektischer Umsetzung zwischen 20%iger Schmelze und der Verbindung Al_5CO_2 zu Al_4Co immer noch Kerne der ersteren, umhüllt von der letzteren, zu erkennen. Von etwa 2 bis 20% Co kristallisiert Al_4Co direkt aus den Schmelzen (s. Abb. 45). Mit steigendem Co-Gehalt nimmt die Zugfestigkeit bis zu einem Höchstpunkt zu, um dann wieder abzufallen, während Härte und Sprödigkeit weiter wachsen. Nach (222a) sind die Legierungen bis 12% Co walzbar. Die Festigkeit des gewalzten und (bei 300 bis 350° C) geglühten Materials mit 12% Co ist 18—19 kg/mm², bei rd. 14% Dehnung und rd. 60 Brinelleinheiten Härte. Dieses Festigkeitsmaximum ist aber bei 7% Co schon fast erreicht (16 bis 17 kg/mm²), bei noch 15% Dehnung und schon 50 Brinelleinheiten Härte. Lunkerung und Schwindung hören bei 7—8% Co-Zusatz auf, worauf Treiben einsetzt. Das Bruchgefüge ist bei niedrigen Zusätzen mittel bis grob und bei höheren fein. Die Wetterbeständigkeit wird als gut bezeichnet.

Abb. 45*. 15 % Co. Primär Al_4Co (hell). Sekundär Eutektikum Al_4Co—Al. V = 22; ungeätzt.

Binäre Al—Co-Legierungen sind in der Praxis weder als Walz- noch als Guß-Legierungen anzutreffen. Auch in Aluminiummehrstofflegierungen ist Co als Zusatz nicht üblich. Borchers und Schirmeister nahmen 1911 ein D.R.P. 242313 auf Al-Legierungen mit etwa 10% Co und kleinen W- bzw. Mo-Zusätzen. Letztere sollen das Gefüge verfeinern, Co hauptsächlich den Guß blasenfrei machen. Co-reiche Legierungen sollen für Guß-, Co-arme für Walzzwecke geeignet sein.

Aluminium—Eisen.

Zustandsschaubild s. Tafel I. Schrifttum: 94a, 94c, 143a, 122, 2, 89, 212i, 93d, 161, 56, 75d.

Dieses System ist in Anbetracht seiner Bedeutung für die Konstitution des Hüttenaluminiums eingehend bearbeitet worden. Das Aluminium vermag nicht, Eisen in nennenswerter Menge in fester Lösung zu behalten. Nach genauen Untersuchungen (s. 56) mit reinstem Aluminium als Ausgangsmaterial bildet Aluminium mit der Verbindung Al_3Fe ein Eutektikum, das 1,7% Fe enthält und bei 655° C schmilzt (s. Abb. 50a). Von 1,7 bis rd. 39% Fe kristallisiert aus den Schmelzen primär Al_3Fe (β)

in Gestalt von flachen Platten, die bei geringeren Gehalten im Querschliff das Aussehen von Nadeln haben. Parallel zur Oberfläche angeschliffen findet man sie seltener, weil sie infolge ihres mangelhaften Haltes leicht ausbrechen (s. Abb. 46—48).

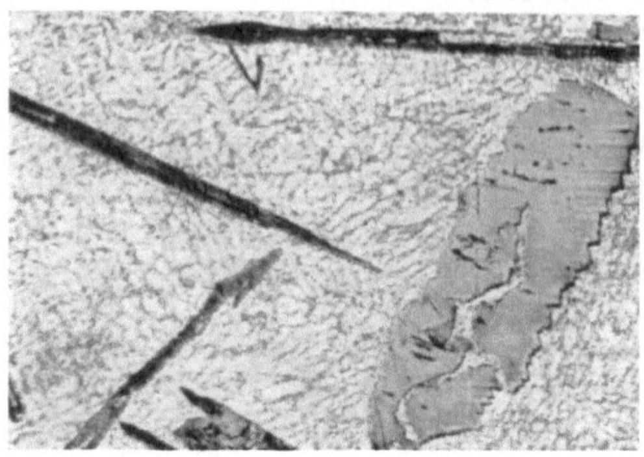

Abb. 46*. 12 % Fe. Primär parallel- und quergeschnittene Al_3Fe-Platten. Sekundär Eutektikum Al + Al_3Fe. V = 170; Ätzung HF.

In dem engen Konzentrationsbereich von 39 bis 44% Fe bildet sich β peritektisch aus γ und 39%iger Schmelze. γ ist imstande, etwas β in fester Lösung zu behalten. Da sich die peritektische Reaktion infolge Blockierung der Kristallart γ durch die umhüllende Kristallart β nicht vollkommen vollzieht, findet man im Schliffbild der Legierungen von etwa 42 bis 44% Fe stets beide Kristallarten (s. Abb. 49).

Im siliziumfreien Reinaluminium kommt demnach das Eisen als Al_3Fe vor. Die Ausscheidungsform hängt nicht nur von der Höhe des Fe-Gehaltes, sondern auch von den Abkühlungsbedingungen ab. Bei langsamer Abkühlung ist das Eutektikum entsprechend dem überwiegenden Al-Gehalt und dem verhältnismäßig kleinen spezifischen Volumen von β nicht fein. Man findet beide Kristallarten sozusagen primär (Abb. 50a). Bei rascher Abkühlung ist die Aufteilung bedeutend feiner. Im übereutektischen Gebiet findet durch Unterkühlung der Schmelzen scheinbar eine Verschiebung der eutektischen Konzentration nach rechts statt (56) (Abb. 51). Das Eutektikum enthält nicht nur mehr Eisen, sondern ist auch gleichzeitig bedeutend feiner (s. Abb. 50b und c). Unter Einhaltung geeigneter Gießbedingungen und Wahl nicht zu großer Gußquerschnitte lassen sich also feine Verteilungen des Eisens erzielen, wodurch die sonst beschränkte Verwendbarkeit der Al—Fe-

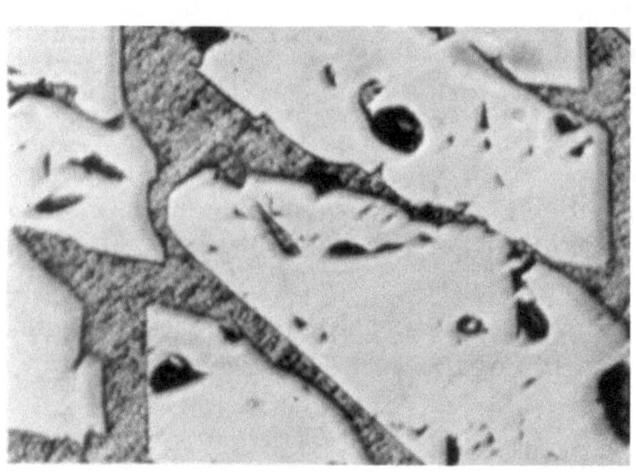

Abb. 47*. 35 % Fe. Primär große Al_3Fe-Platten. Sekundär Eutektikum Al + Al_3Fe. V = 150; Ätzung NaOH.

Legierungen beträchtlich erweitert werden kann. Abb. 52 zeigt das Gefüge unterkühlten Gusses mit fast 8% Fe mit feiner Al_3Fe-Aufteilung.

Nach (56) koagulieren bei 7tägiger Glühung zwischen 640 und 645° C die stäbchenförmigen eutektischen β-Anteile zu rundlichen Körnern. Eine Auflösung in den Al-Kristallen wurde nicht gefunden (s. Abb. 53).

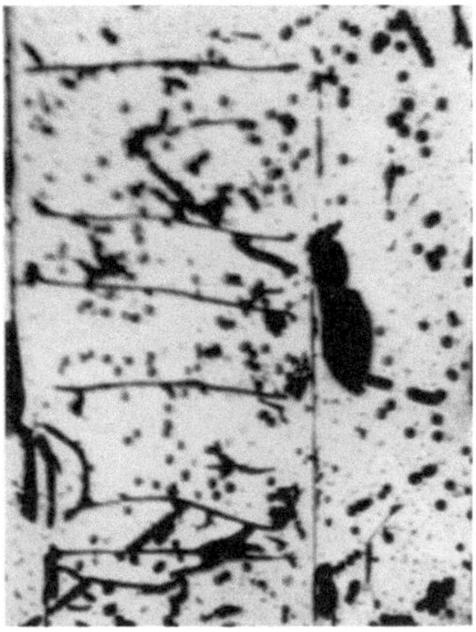

Ätzmittel:

üblich 20% H_2SO_4 von 70° C, Braun- bis Schwarzfärbung und Anfressung von β.
HCl, Anfressung, bei längerer Dauer Herauslösung von β.

nach (56): 0,5% HF, β nicht gefärbt, braune Flecken.
1% NaOH, β blasser, Abschwächung des rötlichen Schimmers.
10% NaOH, β umrissen, tiefbraun.
25% HNO_3, β umrissen, kein Angriff.

Abb. 48*. 41% Fe. Reines Al_3Fe, 2 große Individuen mit Löchern, Querbrüchen und Ätzgrübchen. V = 150; Ätzung HCl.

Die Zugfestigkeit des Aluminiums wird durch Eisen bis zu einer gewissen Grenze, deren Höhe von der mehr oder minder feinen Aufteilung des Eisens abhängt, vergrößert; bei weiterem Zusatz fällt sie, während Härte und Sprödigkeit weiter wachsen. Nach (222a) liegt bei gewalztem und 300—350° geglühtem 4%igem Material ein Festigkeitsmaximum von rd. 13 kg/mm² vor; Dehnung 19% und Härte 36 Brinell. Infolge der besonderen Sprödigkeit von β ist die erreichte Festigkeitssteigerung weit geringer als bei den entsprechenden Ni- oder Co-Zusätzen. Durch die in (222a) noch nicht berücksichtigte feinere Aufteilungsmöglichkeit von β ergibt sich bei entsprechend behandelter Legierung sicher ein erheblich höheres Festigkeitsmaximum. Nach (222a) ist das Bruchgefüge bis zu rd. 5% Fe zunächst grob, dann fein und oberhalb 5% wieder gröber. Nach dem oben geschilderten metallographischen Befund kann man annehmen, daß mit zunehmendem

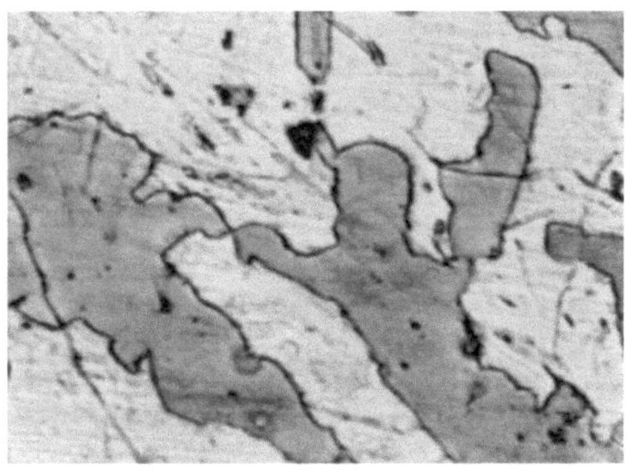

Abb. 49*. γ (dunkel) umhüllt von Al_3Fe (hell). V = 300; Ätzung HF.

Gehalt an feinkörnigem Eutektikum feines Bruchgefüge und mit wachsendem Anteil der groben β-Primärplatten grobes auftritt. Eine Verminderung der Wetterbeständigkeit wird (in 222a) nicht festgestellt (s. darüber den Abschnitt Al—Fe—Si).

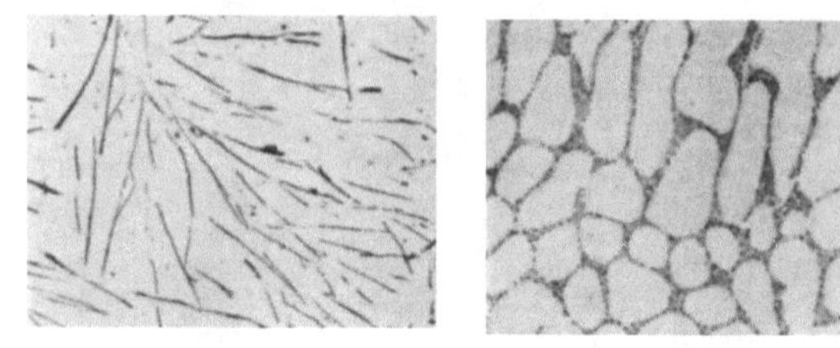
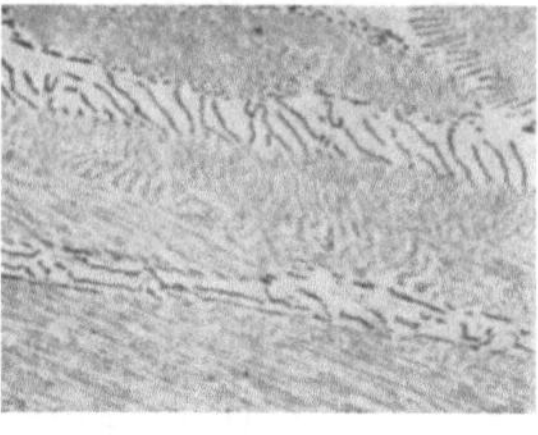

a b c

Abb. 50*. Einfluß der Abkühlungsgeschwindigkeit auf die scheinbare Zusammensetzung des Eutektikums Al/Al_3Fe.

Abb. 50a*. 1,69 % Fe von 700° langsam, 2° C je Min., abgekühlt. Wahres Eutektikum gemäß thermischer Analyse. V = 73; Ätzung 1 % HF.

Abb. 50b*. 1,54 % Fe, von 1100° in Graphitkokille gegossen, „untereutektisch". Verschiebung des Eutektikums durch Unterkühlung. V = 730; Ätzung 1 % HF.

Abb. 50c*. 3,48 % Fe, von 1100° C in Eisenkokille gegossen; noch stärkere Verschiebung des Euktektikums durch Unterkühlung. V = 365; Ätzung 0,1 % HF.

Bei grober Aufteilung des Al_3Fe, wie sie in langsam erstarrenden schweren Platten zuweilen vorliegt, sind kleine Eisengehalte schon gefährlich. Die spröden Kristalle werden beim Walzen zerbrochen.

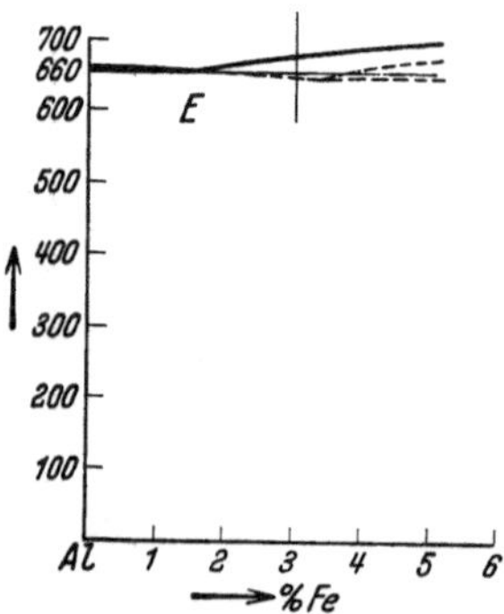

Abb. 51. „Verschiebung" des Eutektikums nach rechts durch Unterkühlung des Al_3Fe.

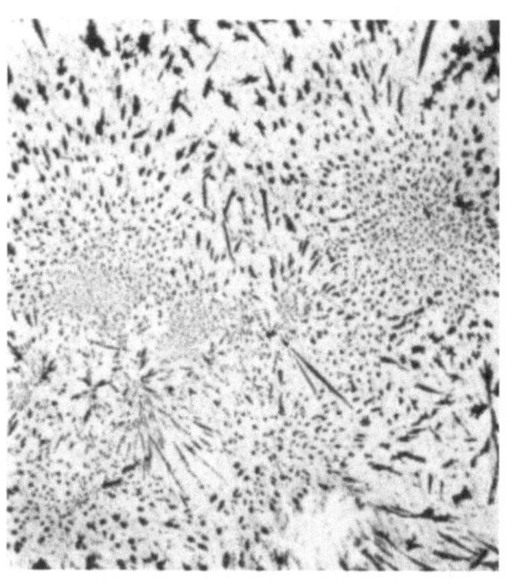

Abb. 52. 7,45 % Fe. V = 75; Ätzung 10 % H_2SO_4 heiß.

Infolge ihrer Härte drücken sie sich durch das umgebende Aluminium hindurch, so daß sie auf einer oder bei dünnen Blechen und Folien auf beiden Seiten an die Oberfläche treten können (Perforation). Dies kann bis zur Durchlöcherung des dünnen Materials gehen (s. Abb. 54a und b). Es liegt auf der Hand, daß mancher Korrosionsfall an

Aluminiumgeschirr auf diesen Umstand zurückzuführen ist. Korrosionsfälle durch an sich zu hohen Fe-Gehalt des Hüttenaluminiums sind

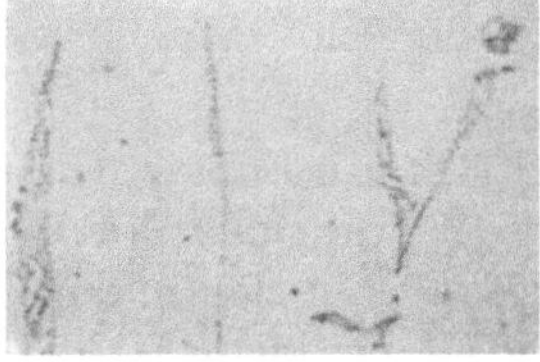

a

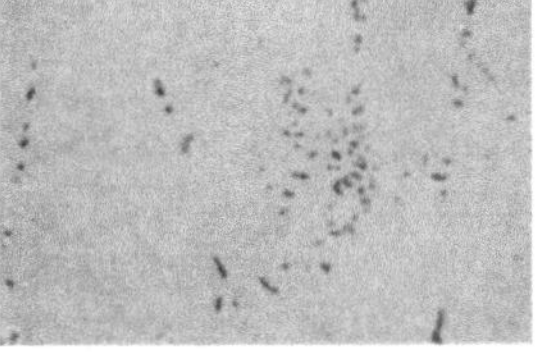

b

Abb. 53*. Koagulation des Al_3Fe im Eutektikum durch längeres Glühen.

Abb. 53a*. 0,27 % Fe in Eisenkokille gegossen. V = 365; Ätzung 0,01 % HF.

Abb. 53b*. Zusätzlich 7 Tage bei 640 bis 650° C geglüht. V = 365; Ätzung 1 % HF.

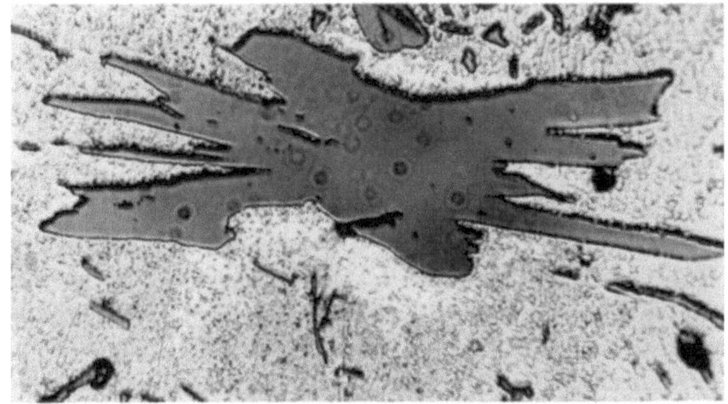

Abb. 54a. 4 % Fe, gegossen, großer Al_3Fe-Primärkristall. V = 800; Ätzung NaOH.

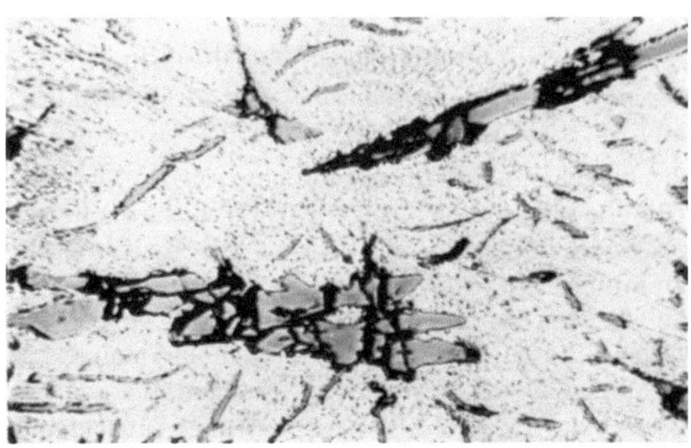

Abb. 54b. 4 % Fe, um 53 % gewalzte Primärkristalle infolge ihrer Sprödigkeit zerbrochen. V = 800; Ätzung NaOH.

durch die ständige Kontrolle der Rohmetallzusammensetzung fast unmöglich.

Aus der Furcht vor Eisenaufnahme erwuchs wahrscheinlich die Praxis, das Aluminium in stark ausgemauerten Herden einzuschmelzen. Bei dem niedrigen Schmelzpunkt des Aluminiums berührt dieser Aufwand an Vorsicht, der beim Stahl- oder Kupferschmelzen angebracht ist, seltsam.

Nach (120, 210 und 6) löst sich kohlenstoffhaltiges Eisen kaum im Aluminium. Die in (225) beschriebene Fe-Absorbierung aus Eisenkokillen während des Gießvorganges ist irrtümlich. Es handelt sich in den Blockoberflächen um Saigerungsanreicherung von Fe aus dem Blockinneren (s. Abschnitt Al—Fe—Si). Es könnte viel Wärmeaufwand gespart werden, wenn man das Aluminium einfach in eisernen Kesseln oder Wannen schmelzen würde. Außerdem fiele die Verunreinigung durch Bruchstücke und Abrieb von Mauerwerk, die infolge des zu geringfügigen Unterschiedes im spezifischen Gewicht im Metall bleiben, weg. Voraussetzung ist natürlich die Vermeidung der Überhitzung des Metalls. In Amerika ist das Schmelzen in Eisenkesseln üblicher (7, 121c).

Binäre Eisenlegierungen sind in der Walzpraxis nicht, in der Gießerei kaum anzutreffen. Al mit 2% Fe wurde gelegentlich als Material für Aluminiummünzen benützt. In Mehrstofflegierungen findet es sich mehrfach, offensichtlich als heterogener Härtungszusatz.

Im Duralumin erhöht es (nach 171i) deutlich die Festigkeit und wirkt (nach 141a) günstig im Sinne einer leichten Herabminderung der „interkristallinen“ Korrosion, d. h. der Ausfressung der Zwischensubstanz in den Korngrenzen, während es mit steigendem Gehalt die Festigkeitswerte beeinträchtigt. In vergütbaren Legierungen auf reiner Al—Cu-Basis wirkt Fe störend und die Festigkeit vermindernd (171i).

Aluminium—Mangan.

Zustandsschaubild s. Tafel I, Teilschaubild des Mischkristallgebietes s. Tafel II. Schrifttum: 112, 203b, 123, 56b, c, 93d, 89.

Nach sehr eingehenden Untersuchungen (56b, c) vermag das Aluminium bei 657° C bis zu 0,65% Mn in fester Lösung aufzunehmen; bei 550° noch 0,23 und bei 230° noch 0,14%. Die Mischkristalle (α) bilden mit der aluminiumreichsten Verbindung β (= Al_7Mn nach 203b) ein bei 657° schmelzendes Eutektikum, das 2,2% Mn enthält. Die in (112) noch enthaltene Biliquidale erwies sich (nach 203b und 123) als Peritektikale, so daß eine Mischungslücke im flüssigen Zustand nicht vorliegt.

Von 2,2—13,5% Mn kristallisiert β primär aus den Schmelzen, sekundär das Eutektikum $\alpha + \beta$. Von 12,5 Mn bis zur Konzentration von β bildet sich letzteres nicht direkt aus den Schmelzen, sondern die aluminiumärmere Kristallart Al_3Mn (γ), die ihrerseits beträchtliche Mengen von Al in fester Lösung zu halten vermag. Bei 820° C setzt sich diese Kristallart mit der rd. 13,5% Mn enthaltenden Schmelze zu

β um, wobei diese nicht ganz aufgebraucht wird. Bei weiterer Abkühlung scheidet sich aus ihr β direkt aus unter Konzentrationsänderung auf die eutektische Zusammensetzung zu. Bei 670° C erfolgt allotrope Umwandlung von β bei gleich bleibender Zusammensetzung der Verbindung. Deshalb ist im Zustandsschaubild β oberhalb dieser Temperatur als β' bezeichnet. Bis zur Zusammensetzung der Verbindung β sollten die erkalteten Legierungen nur α und β enthalten. Da aber die peritektische Reaktion infolge der Abriegelung der Schmelze von der aufzuzehrenden Kristallart (γ) durch die neugebildete (β) nicht vollständig erfolgen kann, sind zwischen 13,5% Mn und der Zusammensetzung β im nicht homogenisierten Schliffbild außer α und β noch Kerne von γ inmitten von β zu sehen (vgl. Abb. 55a und b).

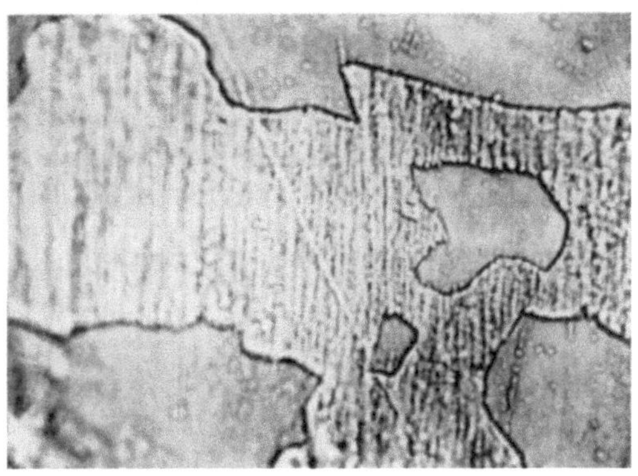

Abb. 55a*. 32 % Mn bei 800° homogenisiert zeigt nur noch γ (dunkler) umhüllt von β (heller). V = 1000; Ätzung 10 % NaOH.

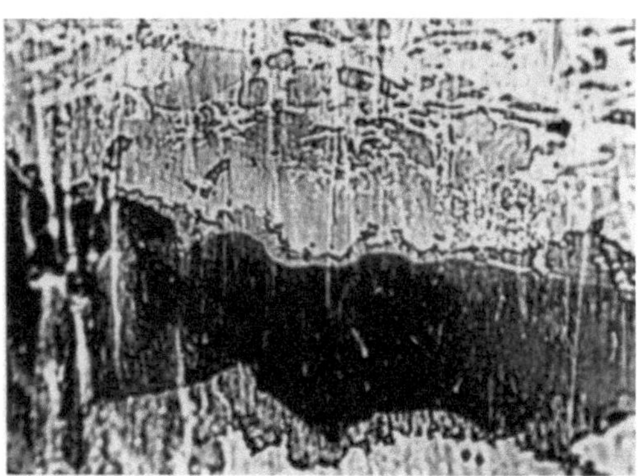

Abb. 55b*. 32 % Mn. Gußzustand. Primär γ (dunkel) umhüllt von β (Halbton). Sekundär Eutektikum $\alpha + \beta$. V = 1000; Ätzung 10 % NaOH.

Daß das Peritektikum früher übersehen wurde, liegt daran, daß in den grauen, spröden Kristallarten der Farbenunterschied zwischen Kern und Umhüllung schlecht zutage tritt. Bei der älteren noch unvollkommen entwickelten Schleiftechnik spröder Aluminiumlegierungen kam derartiges häufiger vor. So sind bei neueren Untersuchungen in einer ganzen Reihe von Aluminiumlegierungen ehedem übersehene Peritektika gefunden worden. Da bei diesen Kristallarten das Diffusionsvermögen gering ist, hört die peritektische Reaktion bald auf, so daß in der thermischen Analyse der Haltepunkt des nonvarianten Gleichgewichtes wegen zu kurzer Dauer leicht übersehen werden kann.

Bei langsamer Abkühlung ist das Eutektikum von 2,2% Mn infolge des Übergewichtes an Aluminium und des verhältnismäßig kleinen spezifischen Volumens von β grob. Nach (56b, c) gelingt es, wie zuvor im System Al—Fe beschrieben, übereutektische Legierungen zu unterkühlen, so daß β zunächst nicht auskristallisiert. Sobald die Kennlinie der Zusammensetzung auf die Verlängerung des Kurvenastes der α-Kristallisation stößt, kristallisiert dieses zunächst und gibt den Anstoß zu rascher Kristallisation von β. Weil sich diese nun in einem Temperaturgebiet höchster Kernzahl abspielt, entsteht eine so feine β-Aufteilung, daß der Eindruck eines Eutektikums zustande kommt (s. Abb. 56). (Scheinbare Verschiebung des Eutektikums zu höheren Mn-Gehalten.) Die Kristalle können sich, wie Abb. 56 zeigt, zu Karrees gruppieren, als ob sie das Bestreben gehabt hätten, sich zu großen Quadern zusammenzufügen, wie dies bei langsamer Abkühlung und höheren Mn-Konzentrationen geschieht. Über die Verfeinerung im System Al—Fe hinaus zeigt sich im System Al—Mn die Erscheinung (56b, c), daß die Ausscheidung von β im Eutektikum und auch primär so fein sein kann, daß man sie im Mikroskop zunächst gar nicht findet. Erst bei längerem Ausglühen dicht unterhalb der eutektischen Temperatur koagulieren die β-Teilchen zu mikroskopisch auffindbaren Körpern. Dix (56b, c) schlägt für das wahrscheinlich auf enorm hohe Kernzahl und niedrige Kristallisationsgeschwindigkeit zurückführende Gefüge den Namen „Dispersoid“ vor.

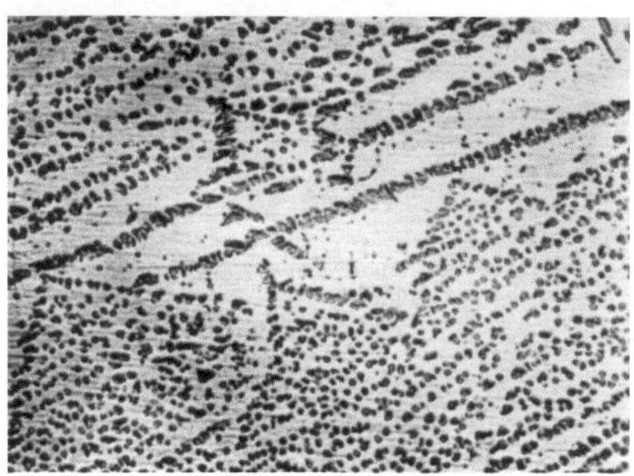

Abb. 56*. 4 % Mn. V = 1000; Ätzung NaOH.

Ätzmittel (56d):

0,5% HF, umrissen, nicht gefärbt.
1% NaOH, β angegriffen, ungleichmäßig bläulich bis bräunlich gefärbt.
70° 10% NaOH, β blau bis braun gefärbt.
70° 20% H_2SO_4, β umrissen, nicht angegriffen, nicht gefärbt.
70° 25% HNO_3, β nicht umrissen, nicht angegriffen, nicht gefärbt.

In der Praxis werden binäre Al—Mn-Legierungen als Gußmaterial kaum verwendet. Die Ergebnisse (in 56b und c) lassen jedoch bei Gehalten von 2—8% Mn günstige Eigenschaften erwarten, wenn nach obigen Ausführungen geeignete Gießbedingungen eingehalten werden.

Bis 5% Mn besteht (nach 222a) hinreichende Walzbarkeit. Bei 2,5% Mn ergab sich am bei 300—350° geglühten Blech ein Festigkeitshöchstwert von 13,5—14 kg/mm² bei rd. 18% Dehnung und einer Härte von 45 Brinelleinheiten. Bei Gießbedingungen wie in (56b, c) würden sich Festigkeitshöchstwert und Mn-Gehalt für denselben erhöht haben. Nach (222a) findet zunächst eine Zunahme der Lunkerung und Schwindung durch Mn-Zusatz statt, dann Abnahme bis etwa 5%, von da ab Treiben des Gusses. Diese Beobachtungen werden durch die Praxis bestätigt. Aus Walzbarren vergütbarer Mn-haltiger Legierungen tritt bei der Erstarrung des Blockinneren eine starke β-Saigerung an die Barrenoberfläche, die filigranartig zusammenhängt und sich abziehen läßt.

Als Walzlegierungen sind rein binäre Al—Mn-Legierungen mit bis zu 2% Mn heute sehr verbreitet. Zuerst in USA. und später in Europa wurden sie ihrer hohen Korrosionsbeständigkeit wegen in steigendem Maße in der Geschirrerzeugung und im Apparatebau an Stelle des weicheren und nicht so zugfesten Reinaluminiums verwendet. Die Kaltbildsamkeit ist durch den Mn-Gehalt kaum beeinträchtigt.

Der erste, der Mn in Mehrstofflegierungen (Duralumin) verwandte und auch gleich die günstige Wirkung auf die Korrosionsbeständigkeit erkannte, war Wilm (275), der Erfinder des Duralumins. Da er den Mn-Zusatz nicht allgemein unter Schutz stellen ließ, findet man fast in jeder der später gefundenen vergütbaren Legierungen Mangan. Erst auf Grund der guten Erfahrungen in Mehrstofflegierungen ging man auf die Untersuchung des Korrosionsverhaltens der reinen Al—Mn-Legierungen zurück und kam zu den oben genannten Geschirrlegierungen.

In den vergütbaren Mehrstofflegierungen übt das Mangan außerdem (nach 171i und 141) einen günstigen Einfluß auf die Festigkeit aus, wenn sein Gehalt in bestimmten Grenzen bleibt.

Mn setzt die Wärmeleitfähigkeit herab; Al—Cu—Mn-Kolben werden (nach 53) zur Wiederherstellung derselben geglüht.

Nach (121) übt Mn einen verstärkenden Einfluß auf die Gußschwindung von Al-, Al—Cu- und Al—Zn-Legierungen aus.

Aluminium—Molybdän.

Zustandsschaubild s. Tafel I. Schrifttum: 206, 89, 93a.

Die in Al—Mo-Legierungen, welche (nach 206) durch Reaktion von Molybdänglanz mit Al dargestellt wurden, gefundene spröde Kristallart wurde durch Rückstandsanalyse als Al_3Mo bzw. Al_4Mo bestimmt (hier β). Aluminium vermag nicht, Molybdän in fester Lösung aufzunehmen. Auch ein binäres Eutektikum kann nur ganz nahe bei 100% Al liegen. Schmelzpunkt 658° C. Mit dem Mo-Zusatz steigt die Liquiduskurve mächtig an. Von 0 bis rd. 2,5% Mo bildet sich β primär aus den Schmelzen. Bei höheren Gehalten bis 10% Mo kristallisiert primär eine Mo-reichere Verbindung γ aus, die sich bei 735° C peritektisch mit 2,5%iger Schmelze zu β umsetzt. Bei Mo-Gehalten von mehr als 10% scheidet sich primär eine noch Mo-reichere Kristallart δ aus, die bei 1130° C mit 10%iger Schmelze unter Bildung von γ reagiert. Abb. 57 zeigt das Schliffbild einer 12%igen Al—Mo-Legierung. Da sich primär nur ganz wenig δ bildete, wurde es bei 1130° völlig zur Bildung von γ verbraucht. Diese Kristallart schied sich dann primär aus [im Schliffbild (Abb. 57) die langgestreckte dunkle]. Bei 735° C umhüllte sie sich mit β (im Schliffbild die halbgetönte, um die dunklen Kerne gelagerte Kristallart). Nach dem Zustandsschaubild müßte der Kern durch die peritektische Reaktion völlig aufgezehrt werden, was aber durch die bekannte blockierende Wirkung der umhüllenden Kristallart verhindert wurde. Die Grundmasse ist das zuletzt erstarrte Eutektikum Al/β, das praktisch nur aus Aluminium besteht. Aus der Umhüllung ergibt sich die Unmöglichkeit der genauen Rückstandsanalyse der Verbindungen.

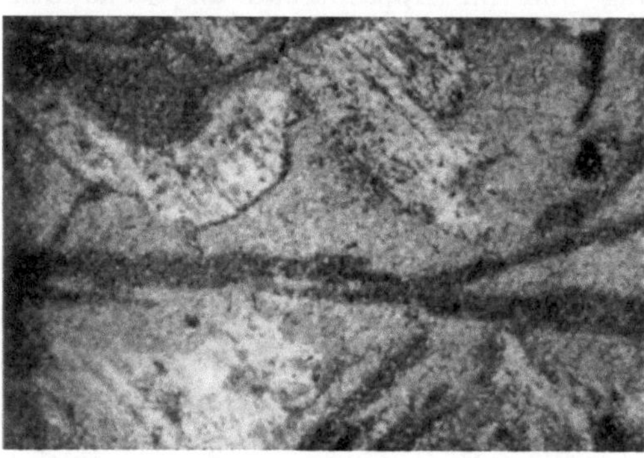

Abb. 57*. 12 % Mo. Primär γ (dunkel) umhüllt von β (Halbton). Sekundär Eutektikum $\alpha + \beta$ (helle Grundmasse). V = 910; Ätzung alkoholische HCl.

Ätzmittel:

Alkoholische HCl oder H_2SO_4, Umrisse der Verbindung β. γ ist an sich dunkler als β und darin unschwer zu erkennen.

Binäre Al—Mo-Legierungen dürften für die Praxis keine Vorteile bieten. In (206) findet sich das Ergebnis einer Prüfung der Wirkung kleiner, steigender Mo-Gehalte in anderen Al-Legierungen (Mg, Cu, Zn, Ni) auf Gießbarkeit, Bearbeitbarkeit, Härte, Lagerlaufeigenschaften, Kerbzähigkeit, Walzbarkeit, Zugfestigkeit, elektrische Leitfähigkeit und Gefügeausbildung. Auch hier ergaben sich keine Vorteile durch Mo-Zusatz.

Auffallend ist, daß bei 1% Mo-Zusatz zum Teil schon peritektisches Gefüge auftritt. Entweder wurde 12%iges Mo—Al als Vorlegierung nicht völlig gelöst, oder es entstanden neue ternäre Kristallarten peritektisch, deren Peritektikalen sich bis tief in die Aluminiumecke vorschieben.

Nach (222a) lassen sich Al—Mo-Legierungen mit bis zu 5% Mo-Zusatz walzen. Bei 0,8% Mo wurde am gewalzten und bei 300—350° geglühten Blech der Festigkeitshöchstwert von 12 kg/mm² bei 35% Dehnung und einer Härte von 35 Brinell gefunden. Bis zu 4% Mo wurde abnehmende Lunkerung und Schwindung, von da ab Treiben des Gusses beobachtet.

Aluminium—Chrom.

Schrifttum: 47, 89, 112, 180, 56n, 69a.

Das Zustandsschaubild in (112) enthält eine breite Mischungslücke im flüssigen Zustand. Nach den Erfahrungen neuerlicher Durchforschungen ähnlicher Systeme dürfte die Biliquidale zweifelhafter Natur und eher eine Peritektikale sein. Von der Wiedergabe des Zustandsschaubildes wurde deshalb abgesehen. Untersuchungen des Verfassers an Al—Cr-Legierungen aus dem Jahre 1924 (unveröffentlicht), ergaben den Al—Mn- und den Al—Mo-Schliffbildern ähnliche.

Festlösung von Cr in Al liegt nach der Literatur nicht vor. Die verhältnismäßig große Festigkeitssteigerung bei kleinen Cr-Zusätzen läßt aber solche in geringem Umfange vermuten[1]. Das Eutektikum zwischen Al und der aluminiumreichsten Chromverbindung Al_3Cr liegt, wie diejenigen aller hochschmelzenden Metalle mit Al, nahe bei Al. Zusätze von Cr über das Eutektikum hinaus beeinflussen die Festigkeit zunächst weiter günstig, dann verschlechternd, während Härte und Sprödigkeit steigen.

Nach (222a) liegt bei gewalztem und dann bei 300—350° C geglühtem Blech einer 1%igen Al—Cr-Legierung ein Höchstwert der Festigkeit von 15—16 kg/mm² vor, bei einer Dehnung von 16% und einer Härte von 45 Brinell. Bis zu 5% Cr enthaltendes Al konnte noch gut gewalzt werden. Schmelz- und Gießtemperatur steigen mit dem Cr-Gehalt rasch an. Lunkern und Schwinden nehmen ab und hören bei 3% Cr auf. Bis dahin ist (nach 222a) das Bruchgefüge feinkörnig und von da ab mit wachsendem Cr-Gehalt wieder grobkristallin.

In der Technik sind binäre Al—Cr-Legierungen weder für Guß- noch für Walzzwecke in nennenswerter Anwendung.

Quaternäre Al—Cr—Ni—Cu-Legierungen wurden 1894 Karl Berg unter D.R.P. 90723 als „hart, fest und schmiedbar" patentiert. Sonstige Anwendungen Cr-haltiger Mehrstofflegierungen bei (89f). In die Praxis sind sie kaum eingegangen.

In kleinen Zusätzen wird Cr häufig in Mehrstofflegierungen, verschiedentlich auch in vergütbaren Al-Legierungen, gebraucht.

Aluminium—Vanadin.

Das Zustandsschaubild der Al—V-Legierungen ist nicht aufgestellt. Nach (51) bestehen die Verbindungen Al_3V und AlV_3. Arbeiten des Verfassers aus dem Jahre 1924 (unveröffentlicht) ergaben den Al—Mo-, Al—Mn- oder Al—Fe-Schliffbildern durchaus ähnliche. Feste Lösung von V in Al ist kaum vorhanden. Das binäre Eutektikum liegt wieder dicht bei Al.

Nach (222a) und eigener Erfahrung ist V schwer zu Al legierbar. Bei 3% kommen Schwindung und Lunkerung zum Stillstand; bei höheren Zusätzen tritt Treiben ein. Das Bruchgefüge ist (nach 222a) bis 4% feinkristallin. Bis dorthin ließen sich die Legierungen walzen.

[1] Diese Vermutung wurde bestätigt durch die neuesten Arbeiten (56n und 69a), die auch ein Zustandsschaubild enthalten, welches feste Lösung von Cr in Al bis 0.3% erkennen läßt.

Das bei 300—350° geglühte Blech erreichte bei rd. 2% V 12—13 kg/mm² bei 27—28% Dehnung und einer Härte von 35 Brinell. Demnach ist die verfestigende Wirkung des V nicht bedeutend.

In die Praxis haben Al—V-Legierungen keinen Eingang gefunden. Verschiedentlich wurden Zusätze zu vergütbaren Legierungen versucht, jedoch ohne besonders günstige Wirkung.

Aluminium—Wolfram.

In (93) sind Al—W-Legierungen ohne Wiedergabe des Zustandsschaubildes beschrieben. Verfasser untersuchte 1924 (unveröffentlicht) den Einfluß von W auf das Gefüge. Er fand wie bei Mo, V, Mn, Fe und ähnlichem eine nadelförmige Verbindung primär. Ein Eutektikum zwischen ihr und Al liegt ganz nahe bei Al. Feste Lösung von W in Al findet kaum statt. Nach (222a) liegt im gewalzten und bei 300—350° geglühten Blech das Festigkeitsmaximum bei rd. 1% W mit 11 bis 12 kg/mm² bei 35—36% Dehnung und einer Härte von 35 Brinell. Lunkerung und Schwindung bleiben durch W unbeeinflußt. Das Bruchgefüge ist zunächst mittelkristallin und wird dann fein.

Binäre Al—W-Legierungen bieten demnach nichts Hervorstechendes. In der Praxis sind sie nicht zu finden. Kleine Zusätze zu vergütbaren Aluminiumlegierungen wurden verschiedentlich gemacht, ohne daß bedeutende Vorteile erzielt worden wären. In (89f) sind einige W-haltige Legierungen genannt, die sich in der Praxis jedoch nicht mehr vorfinden.

Aluminium—Tantal.

Das Zustandsschaubild dieser Legierungen wurde nicht aufgestellt.

In (222a) sind die Festigkeits-, Gieß- und Walzeigenschaften beschrieben. Für das bei 300—350° geglühte Blech liegt ein geringfügiges Maximum der Festigkeit bei 0,8% Ta vor. Schwindung und Lunkerung werden kaum beeinflußt. Das Bruchgefüge ist feinkörnig.

Aluminium—Titan.

Zustandsschaubild s. Tafel I. Schrifttum: 157a, b, 68, 267.

Nach (157a, b) bildet das Titan mit dem Al bestimmt die Verbindung Al_3Ti. Die Legierungen wurden hergestellt durch Zusammengeben von flüssigem Al und ebensolchem Kaliumtitanfluorid (K_2TiF_6), wobei sich das gemäß der Fluoridreaktion (s. S. 40) abgeschiedene Ti im statu nascendi mit dem Al legiert. In (68) ist die Darstellung von Al—Ti-Legierungen durch aluminothermische Reduktion von TiO nach besonderem Verfahren (85) geschildert. Al_3Ti ist immer primär ausgeschieden. Ein Eutektikum kann nur ganz unmittelbar bei 100% Al liegen. Die Verbindung kristallisiert bei größeren Zusätzen in großen, spröden Balken, bei kleinen in Gestalt von Plättchen, die durchschnitten das Aussehen von Stäbchen haben (Abb. 58). In fester Lösung vermag Al nach dem Schrifttum kein Ti aufzunehmen, die starke Erniedrigung der elektrischen Leitfähigkeit durch ganz geringe Ti-Mengen deutet aber auf solche hin. Bei dem an sich enormen Widerstand des Ti muß schon nach der Mischungsregel eine Herabsetzung der Leitfähigkeit bei beachtlicherem Ti-Gehalt eintreten.

Bis vor wenigen Jahren noch waren Al—Ti-Legierungen ohne technisches Interesse. Zwar ist (in 68) schon mit Zahlenangaben auf die große Verbesserung der Haltbarkeit des Al mit kleinem Ti-Zusatz gegenüber Kochsalzlösung hingewiesen. Heute aber erst nehmen Al—Ti-Legierungen eine beachtlichere Stellung ein. Bei der andauernden Steigerung des Leichtbaustoffbedarfes der Marinen allerwärts besann man sich einerseits auf die Ergebnisse von (68) (Brit. Pat. 277701, Al — Mg — Ti - Legierung). Andererseits zwang das Vorkommen von Ti in Al, das aus nach neueren Verfahren (Haglund) hergestellter Tonerde gewonnen wird, zu eingehenderen Untersuchungen. Hierbei fand sich (209h), daß Ti eine starke kornfeinende Wirkung, sowohl auf das Guß- als auch auf das Rekristallisationsgefüge des Al aufweist, zum mindesten wenn die Legierung im statu nascendi erfolgte, wie dies im Al-Erzeugungsofen der Fall ist. Abb. 59a zeigt die Wirkung an Guß, Abb. 59b an Blechstreifen mit ungefähr gleichbleibendem Fe- und Si-, aber verschieden hohen Ti-Zusätzen, die zunächst feinkörnig waren und dann um 2% gereckt wurden, einen Betrag, der bei erneuter Rekristallisation grobes Gefüge zur Folge hat. Wie zu sehen, wurde die Probe mit dem höchsten Ti-Zusatz am wenigsten grobkörnig.

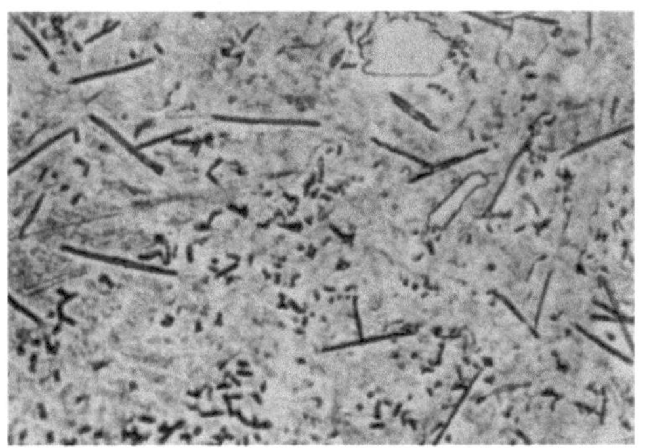

Abb. 58*. 3% Ti. Primär Al_3Ti. Sekundär Eutektikum $Al_3Ti + Al$. V = 165; ungeätzt.

Die Kornfeinung an Guß wurde anderwärts (258a, 212k) beobachtet beim Versuch, Al-Schmelzen durch Verblasen mit Chlor- oder Fluorgas zu raffinieren, das aus durch flüssiges Al leicht zersetzbaren Chloriden, Fluoriden und anderen Salzen erzeugt wurde, als man dazu überging, Titansalze wie Titantetrachlorid und Titanfluorid zu verwenden.

Nach (68) bewirkt Ti bis zu 5% bei Guß eine Steigerung der Festigkeit auf etwa 12,8 kg/mm², zugleich eine Steigerung der Dehnung. Bei mehr als 1,6% Ti hört die Walzbarkeit auf.

In (222a) ist eine starke Verminderung des Schwindens und Lunkerns, von 2% ab Treiben des Gusses festgestellt; bei geringeren Zusätzen ferner ein feines Bruchgefüge, das sich ab 2% kristallin vergröbert. Bis zu 6% Ti seien die Legierungen walzbar. Die Festigkeit bei 300—350° geglühter Bleche zeige soweit steigende Tendenz (14 kg/mm² bei 15% Dehnung und rd. 42 Brinell Härte). Nach (209h) ist die Festigkeit bei geringen Ti-Gehalten (bis zu 0,19%) im hartgewalzten Blech 16,7 bis 18,7 kg/mm² bei 6,8—5,4% Dehnung, im weichgeglühten etwa 10 kg/mm²

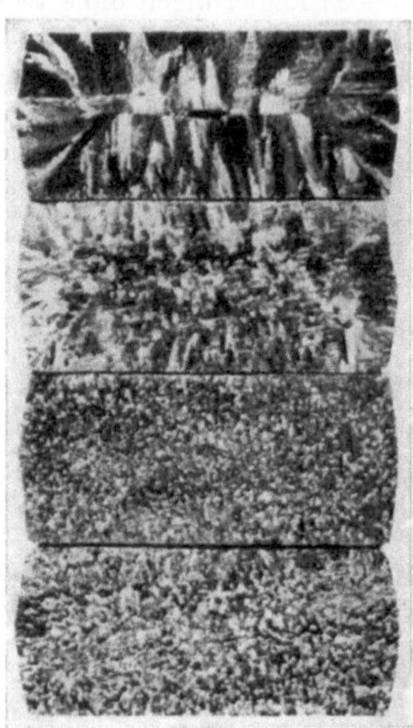

Abb. 59a*. Kornfeinung einer Al—Si—Mg-Legierung durch Ti. Von oben nach unten 0,00, 0,01, 0,02, 0,03% Ti. V = 0,75; Ätzung HCl + HF.

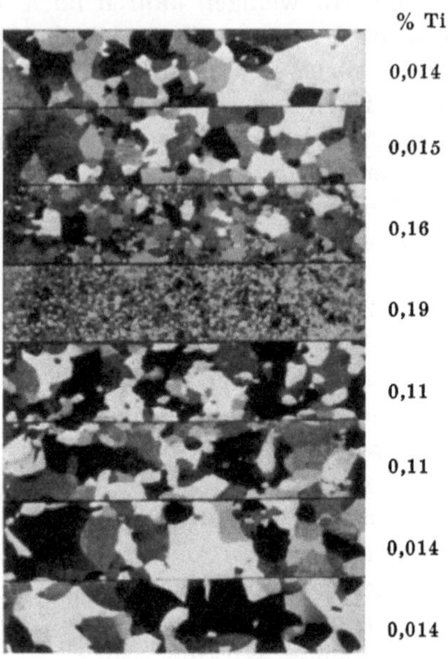

Abb. 59b*. Ti-haltige Bleche, 1 Std. bei 500° geglüht; dann 2% kalt gereckt und hierauf 45 Min. bei 600° geglüht. V = 0,29; Ätzung HCl + HF.

bei 32,8—37,2% Dehnung. Bemerkenswert ist, daß bei rascher Glüherwärmung die Erichsentiefung das Soll für 99,5%iges Al erreicht, so daß die Verwendbarkeit solchen Materials für die Geschirrerzeugung sichersteht.

Da sich die kornfeinende Wirkung des Ti auch auf Al-Legierungen erstreckt, werden sich, wie in England schon geschehen (s. 291), eine Reihe brauchbarer Gußlegierungen entwickeln lassen. D.R.P. 154485 nennt eine Legierung mit 2% Ti und 3,5% Ni „sehr zäh, fest, dicht und porenfrei".

Nach Schweiz. Pat. 140781 übt Ti auf vergütbare Al—Cu-Legierung günstigen Einfluß aus durch Erhöhung des Effektes und Abkürzung der Warmvergütungsdauer.

Der einzige Nachteil des Ti-haltigen Al liegt in der geringen Leitfähigkeit, so daß aus Haglund-Tonerde gewonnenes Al als Leitungsbaustoff unwirtschaftlich bliebe. Liegt die Minderung an Mischkristallbildung, so ist Abhilfe zu suchen durch ternäre Legierung, derart, daß der dritte Stoff mit dem Ti ein nicht festlösliches Titanid bildet.

Aluminium—Zirkon.

Das Zustandsschaubild dieses Systems ist nicht aufgestellt.

Das in (222a) geschilderte Verhalten des Zr-haltigen Al ist — entsprechend der Nachbarschaft des Zr zu Ti im periodischen System — dem des Ti-haltigen durchaus ähnlich. Die Schmelzpunktserhöhung mit wachsendem Zr-Zusatz verläuft noch steiler. Lunkerung und Schwindung werden bis zu Gehalten von 3% vermindert, von wo ab Treiben eintritt. Das Bruchgefüge ist bei niedrigen Zuschlägen feinkörnig, bei höheren mittel- bis grobkristallin.

Bis 6% waren die Legierungen (nach 222a) gut zu walzen. Bei dieser Zusammensetzung ist die Festigkeit des bei 300—350° geglühten Bleches rd. 13 kg/mm² bei 25% Dehnung und 37 Brinell Härte.

Al—Zr-Legierungen dürften hinsichtlich Körnung und Korrosion mit hoher Wahrscheinlichkeit den Al—Ti-Legierungen ähnlich sein.

Aluminium—Uran.

Kein Zustandsschaubild. Schrifttum: 89, 103.

Nach (89) bestehen die Verbindungen Al_3U und Al_3U_2 bzw. Al_2U_3. In (103) ist über die Herstellung von Al—U-Legierungen, jedoch nichts über die Metallographie derselben berichtet. Bei dem sehr hohen spezifischen Gewicht des U dürfte es als Zusatz zu technischen Al-Legierungen nicht in Frage kommen.

Aluminium—Wismut.

Zustandsschaubild s. Tafel I. Schrifttum: 94, 227, 192, 27, 283.

Wismut ist im flüssigen Al nur beschränkt löslich. Nur wenig unterhalb 657° beginnt die monotektische Reaktion. Bis zu rd. 3,7% Bi bildet die sich absondernde Bi-reiche Schmelze eine Emulsion in der Al-reichen. Bei höheren Gehalten tritt eine Trennung in zwei Schichten ein. Die erstarrte untere enthält fast nur Bi mit vereinzelten Al-Kristallen, die obere Al mit wenigen Bi-Kristallen. Es ergibt sich ein dem Gefüge in Abb. 12 durchaus ähnliches.

Bis rd. 4% Bi ist (nach 94) kein sekundärer Haltepunkt vorhanden, so daß geringe Mischkristallbildung als nicht ausgeschlossen erscheint. Dieser metallographische Befund läßt wenig für die technische Anwendung der Al—Bi-Legierungen erhoffen. Das hohe spezifische Gewicht des Bi macht sie vollends illusorisch. Nach (222a) ist die „Lunkerung“ der Legierungen beträchtlich. Die Bruchkörnung wird mit steigendem Bi-Gehalt feiner. Nach dem metallographischen Befund können diese Angaben nur für die Gehalte an Bi gelten, welche noch eine einigermaßen einheitliche Legierung zulassen. Naturgemäß wird mit steigendem Bi-Zusatz die Warm- und Kaltverarbeitbarkeit schlechter. Bei etwa 1% Bi ergab sich für bei 300—350° geglühtes Blech ein geringfügiges Festigkeits- und Dehnungsmaximum. Beim Liegen an der Luft überzog es sich mit einer schmierigen, schwärzlichen Schicht.

Merkwürdigerweise sind Patente auf binäre Al—Bi-Legierungen, mit Glaszusätzen verschmolzen, als „harte und feste" Stoffe erteilt (D.R.P.P. 268515 und 277121, 1913). In die Praxis sind sie nicht eingegangen.

In Mehrstofflegierungen (Al—Ni—Si, D.R.P. 244550 und Al—Ni—Fe, D.R.P. 133910, 1910) soll Bi „Säurefestigkeit" hervorrufen. D.R.P. 244550, 1919 schützt eine Argilit benannte Al—Bi—Cu—Si-Legierung als „widerstandsfähig gegen Druck und Korrosion". In einer der früher geschaffenen „Magnalium"-Legierungen (s. 292) ist neben Mg, Cu und Sn 0,7% Bi enthalten.

Schließlich kommt Bi noch in einigen Phantasielegierungen vor, die viel Sn, Cu und Pb enthalten und seewasserbeständig sein sollen.

Aluminium—Blei.

Zustandsschaubild s. Tafel I. Schrifttum: 94b, 192, 277, 27, 110, 283.

Al und Pb sind im flüssigen Zustand nur wenig ineinander löslich. Bis rd. 5% Pb ist die Pb-reiche Schmelze in der Al-reichen emulgiert. Darüber hinaus tritt Trennung in zwei Schichten ein. Es ergeben sich Schliffbilder ähnlich Abb. 12. Ist nach (253g) das Blei nicht inaktiv, sondern als Zerfallsprodukt des Thorium (als ThB) vorhanden, so ist das emulgierte Blei in der Lage, durch radioaktive Strahlung die photographische Platte entwicklungsfähig und damit sich selbst nach der Entwicklung sichtbar zu machen. Es sammelt sich gerne an vorhandenen Tonerdehäutchen an, wodurch diese deutlich erkennbar werden. Beim Schütteln flüssigen Aluminiums mit Blei werden die Tonerdehäutchen zusammengeballt und von dem aus der Emulsion austretenden Blei an der Tiegelwandung abgesetzt. Die auf flüssigem Al befindliche Tonerdedeckhaut wird von Blei ergriffen und entfernt, und es entsteht, sofern das Schütteln in H_2-Atmosphäre erfolgte, eine blanke Badoberfläche. Der metallographische Befund und das hohe spezifische Gewicht des Pb machen es als Legierungsbildner mit Al uninteressant. Nach (222a) geht die Festigkeit bei 300—350° geglühter Bleche mit steigendem Pb-Gehalt zurück, während die Dehnung bis 0,5% Pb sichtlich steigt, um dann wieder auf die Werte für reines Al zu fallen.

Eigenartigerweise benennt D.R.P. 265924 11%ige Al—Pb-Legierungen als „hart und fest". In älteren Mehrstofflegierungen kommt Pb häufiger vor. So enthält eine Magnaliumsorte (s. 292) neben Mg, Cu und Zn 0,7% Pb. D.R.P. 45051 schützte eine Legierung, die neben Mn,

Zn, Sn und P 1,4% Pb enthält als „widerstandsfähig gegen Sand und Feuchtigkeit“.

Aluminium mit 0—20% Pb, außer Sn und Sb, wird als Lagermetall genannt (89f). Es ist nicht ausgeschlossen, daß sich Lagermetalle auf Al—Pb-Basis finden lassen. Nach dem Zustandsdiagramm aber ist Voraussetzung, daß sich der Pb-Zusatz in Grenzen hält, die noch eine tropfenförmige Emulsion im Al gewährleisten; in Mehrstofflegierungen, daß durch andere Zusätze die Mischungslücke im flüssigen Zustand eingeengt wird, so daß etwas größere Mengen Pb im Al verteilt bleiben können. Dazu müssen selbstverständlich auch Metalle oder Kristallarten treten, die das für ein Lagermetall notwendige harte Element liefern.

Schließlich kommt Pb noch in vielen sog. Schmierloten für Aluminiumguß vor. Wie der Name sagt, werden derartige Lote mit niedrigem Schmelzpunkt zum Zuschmieren von Fehlstellen verwendet. Da Legierbarkeit mit dem Al bei Pb kaum besteht, können derartige Lote einen höheren Zweck nicht erfüllen.

Aluminium—Thallium.

Zustandsschaubild s. Tafel I. Schrifttum: 58.

Schliffbilder sind der genannten Arbeit nicht beigegeben. Ähnlich wie in den Systemen Al—Bi und Al—Pb ist die Löslichkeit von Al und Tl ineinander im flüssigen Zustand gering. Bei der Erstarrung tritt Trennung in zwei Schmelzen ein. Bis zu einigen Prozenten Tl erfolgt die Ausscheidung der Tl-reichen Schmelze in tropfenförmiger Emulsion. Bei höheren Gehalten tritt Trennung in zwei Schichten ein. Die technische Verwendbarkeit ist beschränkt wie die der Pb- und Bi-Legierungen.

Aluminium—Cadmium.

Zustandsschaubild s. Tafel I. Schrifttum: 152b, 94b, 277a, 27, 32, 283.

In (152b) wird ein schmales Gebiet fester Lösung von Cd in Al konstatiert. Bei höheren Cd-Gehalten besteht Mischungslücke sowohl im festen als auch im flüssigen Zustande (Zweischichtensystem).

Die Wirkung der Mischkristallbildung auf die Festigkeit ist gering, während bei der Härte deutliche Vergütungseffekte wahrzunehmen sind. Nach (222a) besteht in bei 300—350^0 geglühtem Blech kein Festigkeits-, wohl aber ein Dehnungsmaximum bei 2% Cd. Das Bruchgefüge ist mit steigendem Cd-Zusatz verfeinert, Schwindung und Lunkerung bleiben unvermindert.

Die technische Bedeutung der Al—Cd-Legierungen ist noch in der Entwicklung. Vergütbare Zwei- und Mehrstofflegierungen sind denkbar, vielleicht auch korrosionsbeständige Kombinationen.

Unter den schon bei Al—Pb gemachten Vorbehalten können die Al—Cd-Legierungen eine Basis für Lagermetall abgeben.

In Schmierloten ist häufig Cd zu finden. Aus dem Zustandsschaubild ergibt sich, daß bei niedrigen Temperaturen die Löslichkeit des Cd im Aluminium stark fällt. Nach Abb. 60, die eine Lötung mit Rein-Cd bei niedriger Temperatur zeigt, scheint Diffusion des Cd in das Al kaum stattgefunden zu haben, sondern lediglich eine Verklebung der Ränder. Nach den in (213b, c) aufgestellten Gesichtspunkten für Al-Lötungen müssen derartige Lote, lediglich warm eingerieben, ohne großen Wert bleiben. Anders liegen die Dinge, wenn man Cd-Lote bei höherer Temperatur (nach dem Zustandsdiagramm zwischen 500 und 600°) anwendet oder die Lötstellen bei dieser Temperatur nachglüht. Das Lösungs- und auch das Diffusionsbestreben sind dann so groß, daß eine feste Verbindung eintreten kann. Erhitzt man so hoch, daß der Kornverband des Aluminiums sich lockert, so kann das Cd zudem entlang den Korngrenzen einlaufen. Die Verästelung, verbunden mit der Diffusion in das Al hinein, liefert eine erheblich verbesserte Lötnaht. Nach (243) ist die Korrosionsbeständigkeit einer so vorgenommenen Aluminiumlötung mit Cd erheblich besser als die einer bloßen Reiblotverbindung oder einer mit infolge zu niedriger Temperatur nur seichten Korngrenzendurchsetzung. Nach den Gesichtspunkten in (213b, c) wären Cd-Lote neuerdings eher zu den „Hartloten“ zu rechnen, die durch eine hohe Löttemperatur charakterisiert sind, immerhin aber etwa 100—150° C unterhalb der Schweißtemperatur des Aluminiums schon mit Erfolg angewendet werden können.

Abb. 60*. Cd-Lötstelle (Cd dunkel). V = 100; Ätzung NaOH.

Ein Lot, bestehend aus 75% Zn und 25% Cd bei Chlorzink mit Kochsalz als Flußmittel, erhielt beim Preisausschreiben der Deutschen Gesellschaft für Metallkunde 1923 (s. 293) den 2. Preis.

Als Zusatz in Mehrstofflegierungen wird Cd häufiger genannt; z. B. neben Ni auch Zn oder Ni (Co) und Sn in Solbiskys Legierungen [D.R.P. 66937 (89f)].

Als Zusatz zu vergütbaren Legierungen wurde Cd auch versucht. Bei Härteprüfungen, insbesondere in Kombination mit Lithium, ergaben sich deutliche Effekte. Bei Zugfestigkeitsuntersuchungen haben sie sich aber in wesentlich schwächerem Maße bestätigt, so daß den vergütbaren Al-Legierungen mit Cd-Zusatz, der zudem die Warmverarbeitbarkeit zu verschlechtern scheint, der Weg in die Praxis vorerst noch nicht geebnet ist.

Aluminium — Zinn.

Zustandsschaubild s. Tafel I. Schrifttum: 94, 237a, 38, 93c, 110, 153, 192, 7c, 27, 76, 271, 111a.

Aluminium ist mit Zinn gut legierbar. Der eutektische Schmelzpunkt liegt mit 229° C recht tief. Fast über das ganze Schaubild kristallisiert primär Aluminium, sekundär das Eutektikum mit rd. 99,5% Sn und nur 0,5% Al. Infolge des überwiegenden Gehaltes an Sn kristallisiert das hineingehörige wenige Al an die Primärkristallmasse an und läßt das Sn quasiprimär zurück (s. Abb. 61). Die (nach 38) 10% ausmachende Festlöslichkeit des Sn im Al kann nach den Daten in (94) höchstens 5% betragen. Genauere Kenntnis wäre wesentlich zur Beurteilung der Eignung der Sn—Al-Legierungen als Lote. Ist die Aufnahme in fester Lösung gering, so ist der Wert beschränkt, weil nur niedrige Temperaturen ohne Anschmelzung ertragen werden. Ist sie dagegen groß, so ergeben sich (nach 213, 213a und 243) wertvolle Anwendungsmöglichkeiten. Die Lote würden dann oberhalb 400°, bei welcher Temperatur überhaupt erst ein Eindringen in die Korngrenzen stattfindet, verwendbar sein und in die Al-Kristalle selbst eindringen. Nach (243) ist der Angriff des Sn auf die Aluminiumkristalle nicht sonderlich stark, worauf auch die schlechte Verzinnbarkeit des Al zurückzuführen ist. Sie verbessert sich sofort, wenn dem Sn Zn zugesetzt wird, in erheblichem Maße ab 20% Zn.

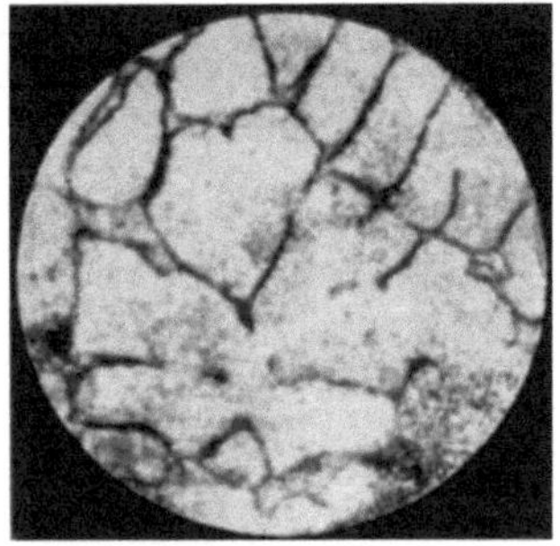

Abb. 61*. 18,7 % Sn. Primär Al (hell). Sekundär Eutektikum Sn + Al. (Durch Einformung fast reines Sn.) V = 50; ungeätzt.

An der Luft, nicht aber in Kochsalzlösung, ist die Haltbarkeit der Al-reichen Al — Sn-Legierungen befriedigend (271). Der niedrigen Gießtemperatur und der Dünnflüssigkeit wegen sind sie vielfach als Spritzgußmaterial in Anwendung.

Nach (222a) sind Al — Sn-Legierungen nur kalt walzbar. Selbst bei niedrigen Sn-Gehalten zeigte sich ab 200° C Aufblättern und Brüchigkeit. Vermutlich hängt dies mit der Nähe des eutektischen Anschmelzungspunktes zusammen. Bei der in dieser Versuchsreihe üblichen Ausglühung bei 300—350° C trat das Eutektikum in Tropfen aus den Blechen hervor. Allerdings geschah das nur bei mehr als 5% Sn, was die Annahme eines bis dahin reichenden Grades der festen Lösung von Sn im Al zu bestätigen scheint. Zugfestigkeit und Härte wurden bei Sn-Zusätzen bis 5% nicht verbessert befunden, während die Dehnung abfiel. Die Schwindung und Lunkerung wird durch Sn kaum vermindert. Das Gußbruchgefüge war durchweg strahlig und mittelkristallin.

Abgesehen von der Verwendung als Spritzguß und Schmierlot ist die technische Bedeutung der Al—Sn-Legierungen gering. Weitere rein binäre Legierungen sind in der Praxis nicht bekannt. Als solche könnte man allenfalls das Letternmetall (D.R.P. 101020), das außer 23% Sn noch 2% Cu enthält, und die Legierungen von Minet, 1902 (s. 89f), die außer 10—15% Sn noch 2—4% Ni enthalten, ansehen.

In Mehrstofflegierungen kommt Sn häufiger vor, so neben Pb, Cu und Mg in Magnalium (s. 292), neben Cu in Lagermetallen, in „Partinium" und anderen (89f). Die meisten sind nicht in den dauernden Bestand der Technik eingegangen. Die vom D.R.P. 266423 als „widerstandsfähig gegen Verwitterung, Meerwasser und saure Lösungen" genannte 1—14% Sn bei 0,1—0,15% P enthaltende Legierung verdankt diese Eigenschaften jedenfalls eher den außerdem darin enthaltenen 3,5—4,5% Mg. Nach (55) erhöhen geringe Sn-Zusätze in Al—Cu-Kolbenlegierungen Dichte und Bearbeitbarkeit.

Aluminium—Antimon.

Zustandsschaubild s. Tafel I. Schrifttum: 277, 76a, 164, 192, 192a, 253a, 38a, 259, 56h, 152.

Aluminium bildet mit dem Antimon die Verbindung AlSb. Nach Tammann entsteht sie bei 700° C kaum, jedoch bei 1100° C sehr schnell. Mit Al liefert sie ein Eutektikum, das bei rd. 1% Sb (1,1% nach 56h) liegt und bei 650° C schmilzt. Mischkristallbildung von Sb in Al ist nicht nachgewiesen, scheint aber in geringfügigem Grade vorzuliegen. Der Bestandteil AlSb erscheint in frischen Schliffen hellgrau und wird an der Luft dunkelgrau bis braun. Das Eutektikum zeigt infolge seiner engen Nachbarschaft zum Aluminium die bekannte Einformungserscheinung, die die AlSb-Kristalle in den Korngrenzen häufig alleine zurückläßt (s. Abb. 62). Entsprechend der Sprödigkeit und der mit steigendem Sb-Gehalt zunehmenden Größen der Al—Sb-Kristalle ist die technische Verwendbarkeit der Al—Sb-Legierungen gering. Nach (222a) findet sich in den bei 300—350° C geglühten Blechen eine Steigerung der Dehnung bis zum Gehalt von 1% Sb, während Festigkeit und Härte unverändert bleiben. Lunkerung und Schwindung hören bei 12% Sb auf; das Bruchgefüge ist durchweg feinkörnig. Die chemische Beständigkeit ist (nach 222a) „recht mäßig". Bekanntlich stellt Sb einen wichtigen Zusatz in der seewasserbeständigen Legierung „KS-Seewasser" dar (244a). Nach (244c) ist bei sehr geringen

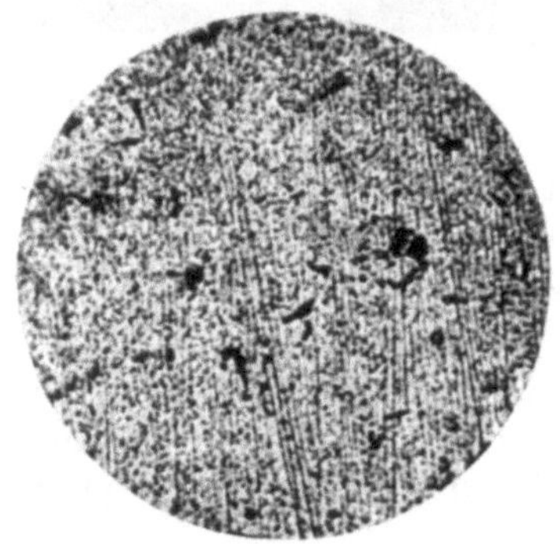

Abb. 62*. 1% Sb. Eutektikum Al + Sb. V = 400; ungeätzt.

Sb-Gehalten, wahrscheinlich denjenigen, die der Festlöslichkeit entsprechen (bis rd. 0,2%), eine deutliche Steigerung der Seewasserfestigkeit unverkennbar. Darüber hinaus tritt wieder eine Verschlechterung unter die des reinen Al ein, wodurch sich das Urteil in (222a) erklärt.

Die Legierung „KS-Seewasser" ist eine Mehrstofflegierung, die als weitere wichtige Bestandteile Mg, Mn und Si enthält (s. ternäres System Al—Mg—Sb).

Reine Al—Sb-Legierungen sind in der Technik nicht zu finden. In (89f) sind einige Mehrstofflegierungen mit geringen Sb-Gehalten und einige Lagermetalle mit etwa 10% Sb außer Sn und Cu angegeben.

Aluminium—Arsen.

Das Zustandsschaubild dieser Legierungen ist nicht bekannt. Nach (159) besteht eine oberhalb 1600° C schmelzende Verbindung Al_3As_2. Wahrscheinlich sind die Legierungen in Gefüge und Verhalten den Al—Sb-Legierungen ähnlich.

Aluminium—Tellur.

Nach (42a) legieren sich die beiden Metalle unter Explosionen, so daß nacheinander immer nur kleine Mengen Te zugegeben werden dürfen, bis die gewünschte Zusammensetzung erreicht ist (Arbeiten unter H-Atmosphäre). Das System weist die Verbindungen Al_3Te und $AlTe_3$ auf. Erstere, die peritektisch aus der zweiten und Schmelze entsteht, bildet mit Al ein bei 621° schmelzendes Eutektikum, das 3% Te enthält. Die Legierungen werden durch Wasser unter Bildung von Tellurwasserstoff und Tonerde zersetzt.

Aluminium—Selen.

Nach (42) besteht die bei 950° schmelzende Verbindung Al_3Se_4, die mit Al ein ganz nahe bei ihm liegendes Eutektikum bildet. Sie ist weich und von brauner Farbe. Bei langsamer Abkühlung sinkt sie zu Boden, so daß der durchschnittene Regulus den Eindruck eines Zweischichtensystems erweckt. Auch in diesem System geht die Legierungsbildung sehr heftig vor sich. Durch Wasser werden die Legierungen unter Bildung von Selenwasserstoff und Tonerde zersetzt. Nach (181) kommt der Verbindung die Formel Al_2Se_3 zu; sie wurde erzeugt durch Reaktion von Se-Dampf mit Al-Pulver.

Aluminium—Lithium.

Zustandsschaubild s. Tafel II. Schrifttum: 12, 52, 182a.

Al und Li bilden die Verbindung AlLi. Al vermag bis zu rd. 5% Li in fester Lösung aufzunehmen. Der gesättigte Mischkristall und AlLi liefern ein bei 7,3% Li liegendes Eutektikum. Das leicht verbrennende

Li wird durch Untertauchen bis zur erfolgten Lösung im Al zulegiert (s. auch 163h). Selbst aus den flüssigen Legierungen brennt dauernd Li in kleinen Mengen heraus. Deshalb bildet sich während des Gießens auf der Barrenoberfläche eine pelzige Li-Oxydhaut, die sie unansehnlich macht. Abb. 63 zeigt das Gefüge einer fast eutektischen Legierung. Das AlLi darin ist dunkel gefärbt. Es ist durch Luftfeuchtigkeit zersetzlich [man schleift und poliert die Legierungen nach (182a) deshalb besser unter Öl statt Wasser]. Die Mischkristalle hingegen sind in Wasser fast ebenso beständig wie Al.

Bei normaler Abkühlung des Gusses treten auch bei Legierungen, die theoretisch nur aus Mischkristallen bestehen sollten, infolge Kornsaigerung eutektische Anteile mit dem angreifbaren AlLi auf und verringern die Beständigkeit. Ähnlich dürfte auch das Auftreten von AlLi-Segregaten in Mischkristallegierungen wirken.

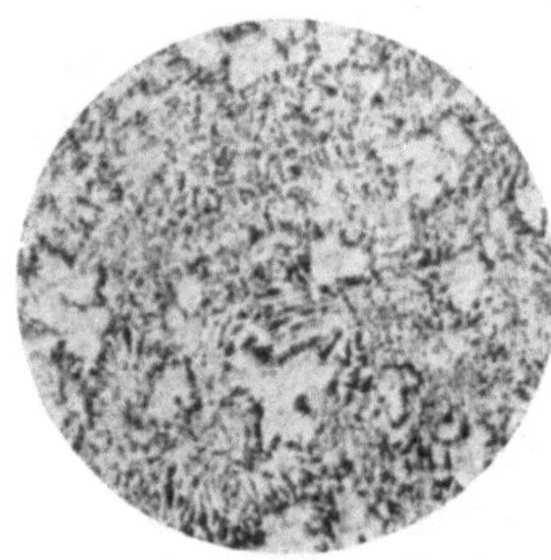

Abb. 63*. 7,2 % Li. Eutektikum Al + AlLi. V = 40; ungeätzt, nur Lufteinwirkung.

Ätzmittel: NaOH, Wasser, Feuchte Luft. (Entwicklung des Gefüges durch Anlaufen.)

Das in fester Lösung aufgenommene Li bewirkt eine Härtung des Al. Sie erreicht beim gesättigten Mischkristall etwa das dreifache der Rein-Al-Härte. Oberhalb der Sättigungsgrenze tritt noch eine weitere erhebliche Erhöhung der Härte ein (130 Brinell bei 12% Li), die auf die Anwesenheit des feinkörnigen Eutektikums mit dem harten AlLi-Bestandteil zurückzuführen ist. (Bei gleichen Zusätzen an Mg oder Li bewirkt letzteres die größere Härte.) Bei der durch thermische Vergütung erzielbaren Verfestigung bleiben die Li-Legierungen hinter denen des Mg zurück.

Binäre Al—Li-Legierungen sind nicht in die Technik eingeführt. Bei weiterem Zusatz von Mg, Zn oder Be ergeben sich besondere Wirkungen, die durch diese Metalle allein nicht zu erreichen sind.

Binäre Al—Li-Legierungen mit mehr als 20,4% Li, die aus den Komponenten AlLi und elementarem Li bestehen, sind pyrophor, ähnlich Cer-reichen AlCe-Legierungen oder Cereisen.

Aluminium — Silizium.

Zustandsschaubild s. Tafel II. Schrifttum: 71, 203a, 64, 64a, 18, 52g, i, 56a, 54, 93h, i, 116b, 136, 143, 157, 163g, 179, 207, 209, 271c, 271a, 268d, 101b, 10g, 200b, 95a, b, 89g, 94c, 295.

Das Al bildet mit dem Si ein einfaches eutektisches System. Die eutektische Zusammensetzung wurde durch eingehende Untersuchungen (94c, 56a) als bei 11,6—11,7% Si liegend befunden. — Die bekannte

Zusammensetzung von etwa 13% Si (203a) gilt für die „veredelte“ eutektische Legierung (s. System Al—Si—Na).

Nach (71) vermag das Al rd. 2% Si fest zu lösen. Die Löslichkeitsgrenze ist in Anbetracht der Bedeutung für die vergütbaren Legierungen und die elektrische Leitfähigkeit des Reinaluminiums von zahlreichen Forschern ergründet worden (52g, i, 93h, i, 116b, 157, 207, 271a, 200b, 89g), am eingehendsten wohl von (56a) und (101b) auf mikrographischem Wege, von (95a, b) dilatometrisch und von (136) chemisch-analytisch. Die letztgenannte Methode fußt auf der Beobachtung (157, 271a, 54), daß das festgelöste Si bei Aufschluß durch Säuren zu SiO_2 oxydiert wird, während das überschüssige elementare Si als dunkler Rückstand übrig bleibt. In Anlehnung an das ähnliche Verhalten von in Eisen festgelöstem Kohlenstoff (Karbidkohle) und des ungelösten elementaren Kohlenstoffs (Graphit) im stabilen System Fe—C nennt man das elementare, bei der Säurelösung als dunkler Rückstand verbleibende Si „graphitisch“. In Übereinstimmung mit (56a) und (101b) ergab die chemische Methode (136), daß die Löslichkeitsgrenze des Si und Al bei der eutektischen Temperatur von 578° rd. 1,6% beträgt, während sie bei Zimmertemperatur auf ungefähr 0,1% gesunken ist.

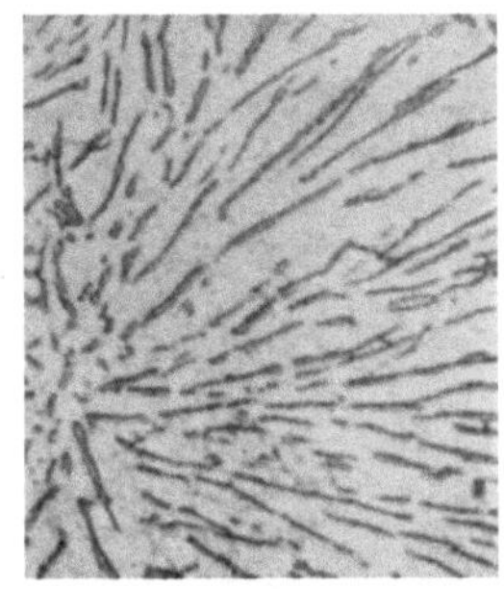

Abb. 64a*. 12 % Si. Grobes Eutektikum Al + Si. V = 160; ungeätzt.

Glüht man Si-haltiges Al, das von der eutektischen Temperatur abgeschreckt wurde, also die größtmögliche Menge an festgelöstem Si enthält, bei 300° aus, so segregiert das Si unter Volumenvergrößerung aus (116b, 95a, b, 200b, 89g).

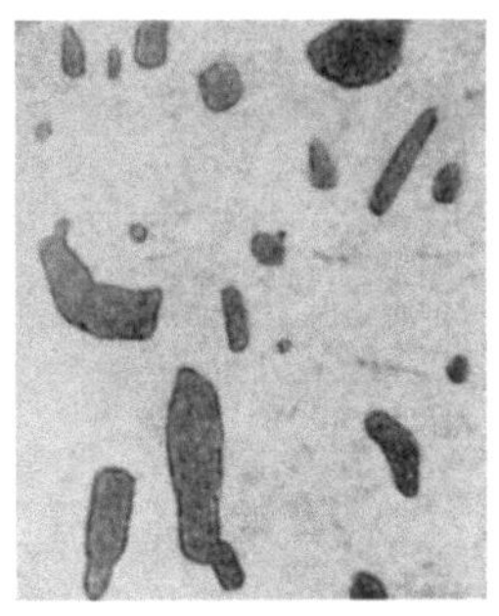

Abb. 64b*. 12% Si. Langsam gekühlt. Durch Glühung bei 550° ist Si koaguliert. V = 160; ungeätzt.

Die abweichenden Angaben über die Lage des eutektischen Punktes erklären sich aus der Gießmethode. Wendet man keinerlei Kornfeinungsverfahren an und läßt die Schmelze langsam abkühlen, so ergibt sich ein grobkörniges Eutektikum, das bei hoher Vergrößerung gar nicht den Eindruck eines solchen macht (s. Abb. 64a). Wenn nicht die thermische Analyse nur einen Haltepunkt aufwiese, möchte man die Si-Nadeln im Eutektikum eher für Primärkristalle halten. Wie Abb. 64b zeigt, tritt (nach 136) bei längerem Glühen bei hinreichend hoher Temperatur Koagulation der Si-Teilchen zu rundlichen Gebilden ein.

Verflüssigt man solch grobes Eutektikum wieder und schreckt es aus dem flüssigen Zustande ab, so findet man eine ganz bedeutende Verfeinerung und stellt zugleich fest, daß die Legierung nicht mehr zu 100% eutektisch ist, sondern Al-Primärdendriten enthält (s. Abb. 65a). Das Eutektikum ist so fein, daß erst bei der hohen Vergrößerung (s. Abb. 65b) die Auflösung beginnt. Durch weiteren Si-Zusatz erhält man bei der gleichen Abschreckbehandlung wieder rein eutektisches Gefüge. Durch Unterkühlung wird also offensichtlich, wie bei den Systemen Al—Fe und Al—Mn geschildert, die Si-Kristallisation in das Temperaturgebiet maximaler Kernzahl gedrückt, wodurch eine so feine Si-Aufteilung zustande kommt, daß der Eindruck eines Eutektikums entsteht. Die eutektische Zusammensetzung scheint nach rechts verschoben.

Abb. 65a*. 12 % Si. Aus dem flüssigen Zustand in Wasser abgeschreckt. V = 180; ungeätzt.

Auch bei der sog. ,,Pacz-Veredelung" (s. System Al—Na—Si) tritt eine Verschiebung zu höherem Si-Gehalt ein (203a).

Das gleiche stellt schließlich (268d) bei langsamer Erstarrung, aber Anwendung des hohen Druckes von 2000 at fest.

Ätzmittel (nach 56d):

0,5% HF,	Si umrissen, nicht angegriffen, heller
1% NaOH,	Si umrissen, nicht angegriffen, heller
70° 10% NaOH,	Si umrissen, nicht angegriffen, heller
70° 20% H_2SO_4,	Si umrissen, nicht angegriffen, heller
70° 25% HNO_3,	Si umrissen, nicht angegriffen, heller.

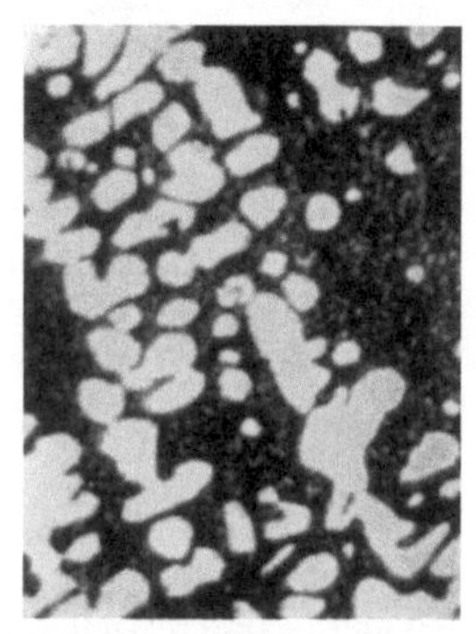

Abb. 65b*. Wie Abb. 65a. V = 900; ungeätzt.

Die Härtung des Al durch Si-Aufnahme in feste Lösung ist nicht bedeutend, die durch eutektische Al—Si-Inseln feiner Aufteilung jedoch ganz beträchtlich. Nach (136) nimmt die Härte mit dem Gehalt an Eutektikum zu und ist um so größer, je feiner die eutektische Körnung ist (s. auch 143).

Im Rein-Al sinkt mit steigendem Gehalt an festgelöstem Si die elektrische Leitfähigkeit, während die Festigkeit zunimmt (18, 93h, i, 136, 179, 209, 101b). Diese Tatsachen müssen bei der Herstellung von Leitungsdraht berücksichtigt werden. Gelegentlich umfangreicher Untersuchungen, die vom Verfasser zur Einführung eines Drahtherstellungsverfahrens gemacht wurden, das eine Erreichung der hochgeschraubten amerikanischen Leitfähigkeitsnorm von 35—35,5 $\frac{m}{Ohm \cdot mm^2}$ unter Beibehaltung der höheren deutschen Festigkeitsnorm gewährleistet, erwies sich ein Si-Gehalt unter 0,16 als erforderlich. Ist der Si-Gehalt höher, so gelingt es zwar leicht, durch Zwischenglühung bei 300°, die die Ausscheidung des Si aus der festen Lösung bewirkt, die genannte Leitfähigkeit zu erreichen. Hierdurch fällt aber die Zugfestigkeit unter die deutsche Norm von 19 kg/mm². Da sie durch Kaltnachziehen nicht mehr mit Sicherheit erreicht werden kann, wurde folgendes Verfahren entwickelt:

Die sonst übliche Walztemperatur wird auf 300° C herabgesetzt. Beim Anwärmen der Blöcke darf diese Temperatur nicht überschritten werden. Hierdurch wird in den Walzbarren schon das niedrigste Maß an festgelöstem Si erreicht, je länger die Glühdauer, desto vollkommener. Da die hohe Leitfähigkeit so ohne Zwischenglühung erreicht wird, ist mit Leichtigkeit auf die Mindestfestigkeit von 19 kg/mm² zu kommen. Je nach der Abschreckwirkung der Walzen kann sie sogar unerwünscht hoch werden, so daß die Biegefähigkeit des erzeugten Drahtes leidet. Durch geeignete von Fall zu Fall verschiedene Maßnahmen ist auch diesem Übel abzuhelfen [s. auch (26) und (294)]. Über die Rolle, die dem im Hüttenaluminium enthaltenen Eisen in diesem Zusammenhang zukommt, ist im Abschnitt Al — Fe — Si die Rede (s. auch 28).

Ist im Interesse einer hohen Leitfähigkeit geringstes Maß an festgelöstem Si erwünscht, so verlangt dagegen gute Korrosionsbeständigkeit möglichst vollkommene Lösung und Abwesenheit von überschüssigem Si. Nach (209a) ist die Verbesserung der Korrosionsbeständigkeit hierdurch so beträchtlich, daß man Geschirrbleche grundsätzlich bei etwa 500° C glühen und abschrecken sollte. Geschieht die Erwärmung rasch (Salzbad oder Durchziehofen), so hat man nach dem im Abschnitt Rekristallisation Gesagten nebenbei noch den Erfolg eines feinen Kornes und damit bester Tiefziehfähigkeit. Daß die Bleche durch Glühen im Salzbad und Abschrecken etwas unansehnlicher werden und nicht mehr ganz plan liegen, ist kein Grund zur Ablehnung. Die Qualität ist ganz erheblich besser; beim Zieh- oder Drückvorgang entstehen genau so ansehnliche Stücke wie aus blankem Blech üblicher Herstellung.

Al—Si-Legierungen sind in der Technik weit verbreitet. Schon 1887 und 1891 nennen (281) und (179) solche; in (73) ist über im Jahre 1911 aus Tonerde und Kieselsäure hergestellte berichtet. Nach (222a) soll die Korrosionsbeständigkeit der Al—Si-Legierungen gegen Leitungswasser besser als die des Rein-Al sein. Hierbei ist aber wohl zu berücksichtigen, daß das Rein-Al des Jahres 1915 noch erhebliche

Verunreinigungen enthalten konnte. Mit steigendem Si-Gehalt nimmt nach (222a) die Lunkerung ab (s. auch 121b, c) und hört bei 11% auf. Das Bruchgefüge wird mit dem Si-Zusatz feiner. Die Legierungen konnten bis zu Gehalten von 20% Si gewalzt werden. Das dürfte allerdings nur bei den kleinen Versuchsblöcken der Fall gewesen sein. Bei schweren Walzplatten ergeben sich bei viel niedrigeren Gehalten schon große Schwierigkeiten.

Bei 12% Si liegt (nach 222a) im bei 300—350° geglühten Blech ein Festigkeitsmaximum von 16 kg/mm² vor, während die Dehnung 15—23% und die Härte 45 Brinell betragen. Im walzharten Blech und im Guß sind die Brinellhärten erheblich höher. In übereutektischen Gußlegierungen kommt infolge der Zunahme der an sich sehr harten Si-Kristalle eine weitere Härtesteigerung zustande. Derartige Legierungen haben gute Gleiteigenschaften und finden als Auto- und Flugmotorenkolbenmaterial Verwendung, z. B. „Alusil“, um so mehr als der Wärmeausdehnungskoeffizient mit steigendem Si-Gehalt fällt und sich dem des gußeisernen Kolbens nähert (245a und 231c). Abb. 66 zeigt das Gefüge einer solchen Legierung.

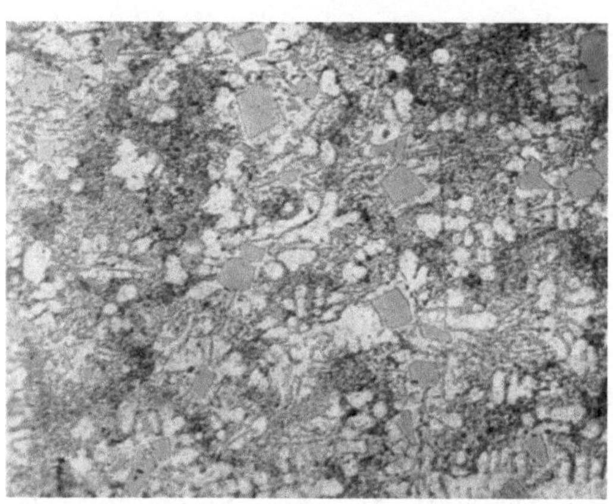

Abb. 66. Al—Si-Kolbenlegierung mit etwa 20% Si. Primär Si (graue Polygone), infolge Unterkühlung stellenweise auch α (hell). Sekundär Eutektikum α + Si. V = 100; Ätzung NaOH.

Auch als Lagermetall kommen höherprozentige Al—Si-Legierungen in Betracht, insbesondere bei Cu-Zusätzen, die die Grundmasse soweit härten, daß bei Aussetzen der Schmierung nicht gleich „Fressen“ des Materials eintritt.

Die eutektischen Al—Si-Legierungen haben unter dem Namen Silumin oder Alpax als Gußlegierungen ein weites Anwendungsfeld erobert. Bei diesen Legierungen ist das Gefüge des Eutektikums durch gewisse Operationen „veredelt“. Hierüber ist im Abschnitt Al—Si—Na das Wissenswerte berichtet. Sie sind auch als Walzlegierungen in die Praxis eingegangen.

Die Leichtflüssigkeit der eutektischen Al—Si-Legierungen sowie das Diffusionsvermögen von Si in Al machen sie zu einem brauchbaren Hartlötmittel bzw. zur Basis von Mehrstoffloten, die sich noch besser eignen. Sie lösen bei den für Hartlötung in Frage kommenden Temperaturen von etwa 500° C aufwärts Aluminium gut auf und dringen den Korngrenzen entlang genügend tief ein. Die Festigkeit und die Korrosionsbeständigkeit derartiger Hartlötungen sind recht gut. Abb. 67 zeigt die gute Bindung eines solchen Lotes mit Aluminium, das etwa 4% Cu enthält. Bei dem durch Lötung wieder instand gesetzten Stück handelt es sich zwar um eine vergütete Legierung, die besser mit Draht ihrer eigenen Zusammensetzung geschweißt worden wäre im Interesse einer höheren als der durch die Lötung erzielten Festigkeit. Das Bild läßt aber immerhin die gute Verwendbarkeit des Lotes an sich erkennen. Zur Reparatur von Gußstücken wäre es durchaus am Platze gewesen.

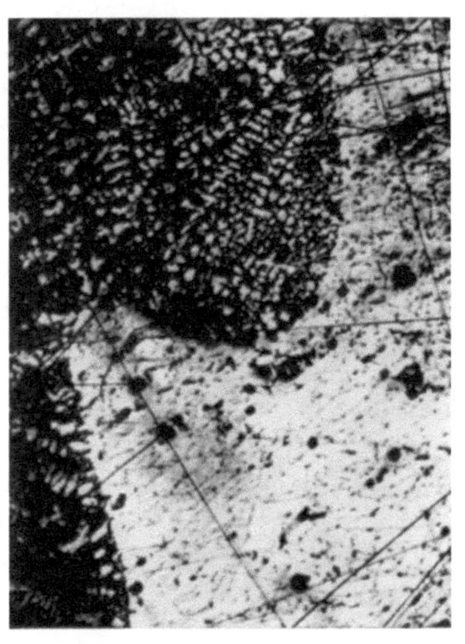

Abb. 67. Mit Silumin geschweißtes Lautal. Lautal hell, Silumineutektikum dunkel mit hellen Al-Dendriten. V = 100; Ätzung NaOH + HNO_3.

Will man in Gußstücken eutektischer Al—Si-Struktur den Vorteil der zusätzlichen Härtung durch Sättigung der Mischkristalle mit Si genießen, so darf man die Dauer der hierzu erforderlichen Glühung vor dem Abschrecken nicht zu lang werden lassen, weil sonst die dann eintretende Koagulation der Si-Partikel des Eutektikums die gegenteilige Folge haben würde (10 g).

In den vergütbaren Mehrstofflegierungen des Aluminiums spielt das Si eine mehr oder minder bedeutsame Rolle, z. B. in Lautal (Al — Cu — Si — Mn), Duralumin (Al — Cu — Si — Mg — Mn), Telektal (Al—Li—Si), Aludur (Al—Mg—Si) und anderen.

Aluminium — Germanium.

Zustandsschaubild s. Tafel II. Schrifttum: 142c, f, g.

Ge löst sich leicht im flüssigen Al, Schutzmaßnahmen gegen Oxydation sind unnötig. Die beiden Metalle bilden wie Al—Si und Al—Be ein einfaches eutektisches System. Der eutektische Punkt liegt bei 55% Ge und 423° C. Nach den in (142) gegebenen Daten darf bis etwa 3,5% Ge Mischkristallbildung angenommen werden (Abb. 68).

Die eutektische Legierung (Abb. 69 gibt das Gefüge einer leicht übereutektischen mit einem Ge-Primärkristall wieder) hat Ähnlichkeit mit der entsprechenden Al—Si-Legierung. Das Gefüge wird bei langsamer Abkühlung grob, so daß Ge primär neben ebensolchem Al zu liegen scheint. Durch Abschrecken — nach dem Vorgange bei den Al—Si-Legierungen — wird ebenfalls eine feinere Aufteilung der eutektischen Bestandteile erreicht. In (142) wird vermutet, daß sich durch Na oder Na-Salze „Veredelungs"-Wirkung erzielen läßt wie bei Al—Si (s. Al—Na—Si).

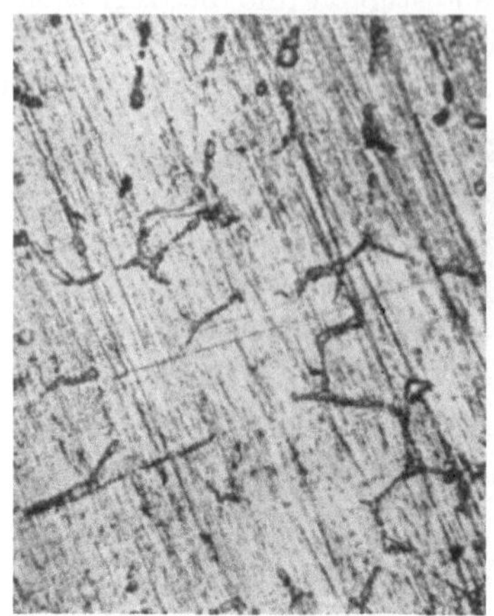

Abb. 68*. 3,75 % Ge. Langsam gekühlt, nur wenig Eutektikum, α Grundmasse (hell). V = 62; ungeätzt.

Ätzmittel: unnötig.

Einen Anhalt für die härtende Wirkung des Ge gibt die Mitteilung (142), daß bei 20% Zusatz die Härte der eutektischen Al—Si-Legierung mit rd. 55 Brinell erreicht ist.

Der tiefe Schmelzpunkt des Eutektikums bei vorhandener Diffusionsfähigkeit des Ge in Al deutet (nach 142) auf die technische Verwendbarkeit als Lötmittel.

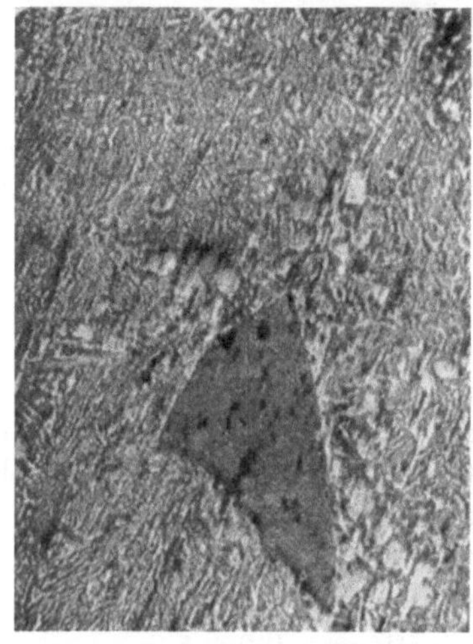

Abb. 69*. 60 % Ge. Langsam gekühlt. Primär Ge (großer dunkler Kristall). Sekundär eutektische Grundmasse. V = 58; ungeätzt.

Von einer systematischen Aufbauerforschung absehend, nimmt (142) in Mg-haltigen Legierungen die Existenz eines Mg-Germanides an. Dies wird geschlossen aus dem Ausbleiben der Selbstvergütung beim Duralumin, wenn Ge anwesend ist, und dem Wiedereintritt derselben, wenn mehr Mg zugesetzt wird. Das Ge entzöge dem Mg_2Si das Mg, so daß das die Selbstvergütung bewirkende Mg_2Si erst bei Mg-Überschuß auftreten könne. Angesichts der Tatsache, daß Duralumin auch ohne Si selbstvergütet, scheinen diese konstitutionellen Schlußfolgerungen etwas gewagt.

Nach (142) tritt in den bekannten vergütbaren Legierungen eine Steigerung der Festigkeitswerte bei Ge-Zusatz ein; für die Härte trifft das zum Teil zu. Die angeführten Festigkeitswerte sind auch ohne Ge zu erhalten. Der in Mg-haltigen Al—Ge-Legierungen neu auftretende Konstituent ist hellindigoblau gefärbt und durch Wasser zersetzlich, weshalb die Schliffe unter Öl, Petroleum

o. dgl. hergestellt werden müssen. Solange Mischkristallbildung vorliegt, scheint Angreifbarkeit durch Wasser nicht vorzuliegen.

Ein geringer Ge-Gehalt soll die Walzbarkeit des Duralumins beträchtlich verbessern.

Jedenfalls erscheinen die Al—Ge-Legierungen eines weiteren Studiums wert, wenn auch vorerst des hohen Ge-Preises (noch 60 RM. je Gramm) wegen an eine ausgiebigere Verwendung nicht zu denken ist.

Aluminium—Magnesium.

Zustandsschaubilder s. Tafel II. Schrifttum: 101a, b, e, 88, 192, 192a, 29, 10, 171g, 65, 45b, 224c, 56e, 189, 37, 175b, 222, 77c, 175a, 186, 190, 265.

Das Al bildet mit dem in allen Verhältnissen leicht mit ihm legierbaren Mg zwei Verbindungen. Die für den Aufbau der Al-reichen Legierungen maßgebliche hat die Formel Al_3Mg_2. Sie bildet mit Al ein einfaches eutektisches System. Die Zusammensetzung des Eutektikums liegt bei 35% Mg und sein Schmelzpunkt bei 448° C. Die beiden Komponenten vermögen sich gegenseitig bis zu einem gewissen Grad in fester Lösung zu halten.

Insbesondere die Löslichkeit des Mg in den Al-Kristallen war Gegenstand zahlreicher Untersuchungen (101, 88, 192, 10, 171g, 175a). Nach (56e) beträgt die Sättigung bei der eutektischen Temperatur rd. 15% und ist bei 150° auf rd. 3% gesunken. Dies Ergebnis ist dilatometrisch (45b) und röntgenographisch (224c, 190, 77c, 186, 279a und 265) bestätigt. Das festgelöste Mg bewirkt mit steigender Atomkonzentration eine Erweiterung des Gitterparameters um 2,5%. Von der Sättigungsgrenze ab ist er konstant.

Bis zu 15,3% Mg zeigen die Schliffbilder bei sehr langsamer Abkühlung bis zur Solidustemperatur, Warmhaltung dicht unter derselben während längerer Zeit und dann erfolgender Abschreckung nur homogene Mischkristalle (α). Bei normaler Abkühlung tritt schon von einigen Prozenten Mg an infolge Kornsaigerung neben den primären α-Kristallen das Eutektikum $\alpha + \beta$ auf ($\beta = Al_3Mg_2$). Wie Abb. 70a, die das Gefüge einer ins α-Gebiet fallenden gegossenen Legierung wiedergibt, erkennen läßt, ist das Eutektikum nicht als solches ausgebildet. Das wenige hinein gehörende Al hat sich in die α-Kristalle eingeformt und β allein an den Korngrenzen als große, spröde Inseln quasiprimär zurückgelassen. Wie Abb. 70b zeigt, kann durch Glühen unterhalb der Soliduskurve das infolge Kornsaigerung entstandene freie β bis auf kleine Reste in den α-Kristallen zur Auflösung gebracht werden, ein Beweis für hohes Diffusionsvermögen von Mg in Al. In (45b) ist an Hand von dilatometrischen Messungen dargelegt, wie sich bei normalem Guß Kornsaigerungsausgleich, Auflösung des durch Kornsaigerung entstandenen Eutektikums und Segregatbildung hinsichtlich der Auswirkung auf das spezifische Volumen überdecken. Danach sind die älteren Angaben (222a, 121b, c) über die Beeinflussung des Schwindmaßes durch Mg-Zusatz mit Vorsicht aufzunehmen. Bei normaler Abkühlung ist die Zeit

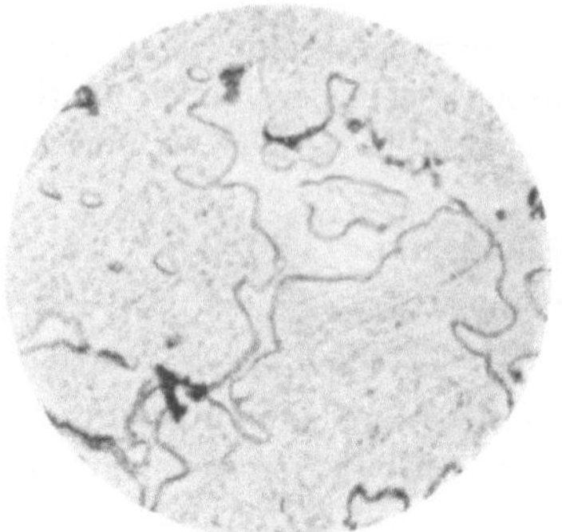

Abb. 70a*. 12,4 % Mg. Gegossen. Primär α (helle aufgerauhte Grundmasse). Sekundär Pseudoeutektikum β (+ α) (β hell); schwarz Al_3Fe-Verunreinigung. V = 450; Ätzung 5 % HF, 15 Sek.

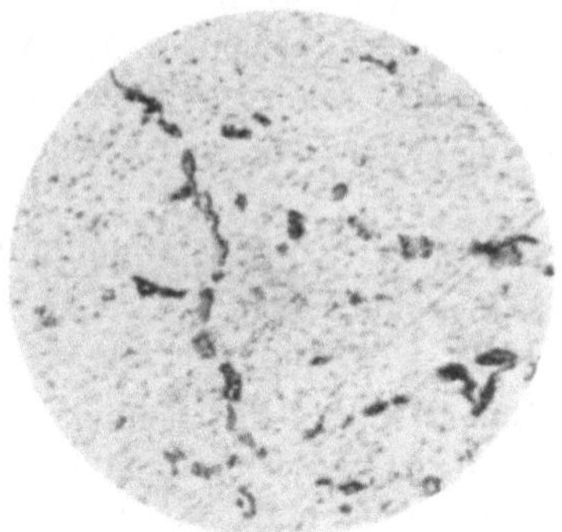

Abb. 70b*. 12,4 % Mg. Gegossen und zusätzlich bis 400° geglüht; β hat sich bis auf geringe Reste in α gelöst. Schwarz an den Korngrenzen zurückgebliebene Al_3Fe-Verunreinigung. V = 450; Ätzung 5 % HF, 15 Sek.

zur Ausbildung von β-Segregat in den α-Kristallen zu kurz. Beim Anlassen auf Temperaturen dicht unterhalb der Entmischungskurve tritt die Segregatbildung ein (s. Abb. 71). Sie ist mit einer Volumenvergrößerung verbunden, die sich oberhalb 200° bemerkbar macht [zwischen 150 und 200° wurde nach (45b) eine nicht erklärte kleine Zusammenziehung beobachtet]. Das Schliffbild einer eutektischen Legierung ist wiedergegeben in Abb. 72; sie besteht fast nur aus β — infolge anderer Ätzart dunkel — und sehr wenig α.

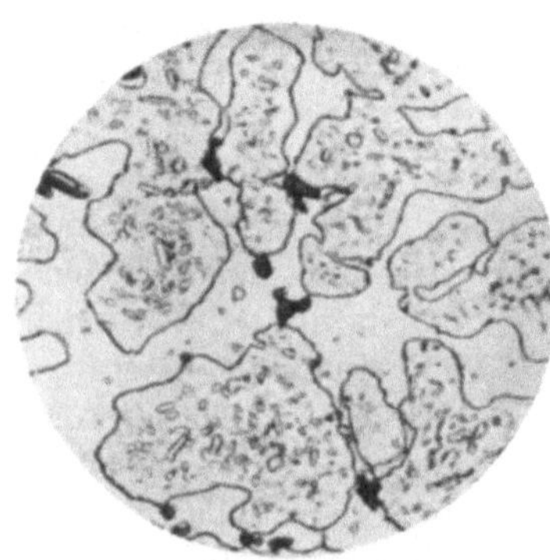

Abb. 71*. 20,5 % Mg. Gegossen und bei 325° angelassen. In α sind helle β-Segregate entstanden. V = 500; Ätzung 5 % HF, 15 Sek.

Ätzmittel nach (56d):

0,5% HF, β umrissen, etwas heller, wässeriger mit schwarzen Punkten.

1% NaOH, β unbeeinflußt.

70° 10% NaOH, β umrissen, sonst unbeeinflußt.

70° 20% H_2SO_4, β heftig angegriffen, dunkel ausgefressen.

70° 25% HNO_3, β stark angegriffen, grau wässerig gefärbt.

Da β ganz außerordentlich spröde ist, sind die eutektischen und die viel Eutektikum enthaltenden Legierungen technisch wertlos.

Wertvoll sind, insbesondere wegen ihrer Vergütbarkeit, lediglich die α-Legierungen.

Das hohe Diffusionsvermögen von Mg in Al spricht für eine Verwendbarkeit zu Hartlotzwecken. Zwar soll (nach 243) die Brauchbarkeit wegen Zähflüssigkeit und schlechter Korrosionseigenschaften gering sein, doch ist dort nur von Lötung bei 500° die Rede. Nach dem Zustandsschaubild dürfte jedoch die Möglichkeit bestehen, mit der bei 450° schmelzenden eutektischen Legierung bei dieser Temperatur zu löten, wobei das Lot schon in die Korngrenzen des Al eindringt (ähnlich den Al—Zn-Loten; s. daselbst). Nach genügend langer Nachglühung bei steigender Temperatur hat durch Diffusion ein Ausgleich stattgefunden, derart, daß β aus dem Gefüge verschwunden ist.

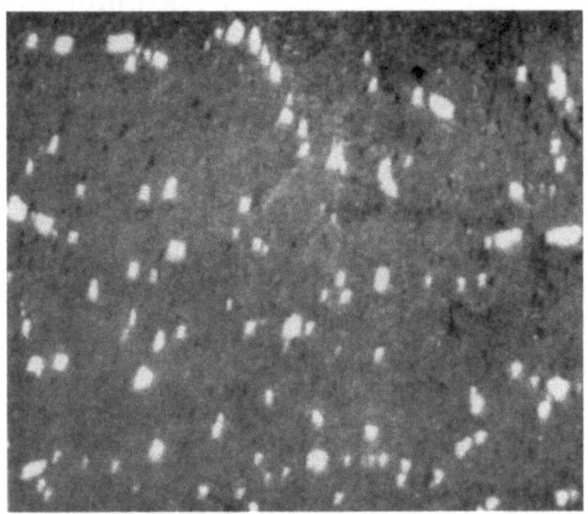

Abb. 72*. 35 % Mg. 55 Std. bei 400° geglüht. Eutektikum $\beta + \alpha$ (β schwarz). V = 180; Ätzung 1 % HNO_3 in Alkohol.

Schon frühzeitig rechnete man die Al — Mg-Legierungen ohne quantitative Erfassung der Vergütungserscheinungen zu den technisch wertvollen. Nach (222a) und (121c) vermindern Mg-Zusätze bis 4% die Schwindung. Das Bruchgefüge ist nach (222a) zunächst feinkörnig, dann bis zu 4% gröber und mit wachsendem Gehalt wieder feiner. Die α-Legierungen konnten bis zu 7% Mg gewalzt werden. Für das 6%ige bei 300—350° geglühte Blech ergab sich eine Festigkeit von 29 bis 30 kg/mm² bei 14—16% Dehnung und einer Härte von rd. 65 Brinell, schon ganz ansehnliche Werte. In den heute hergestellten vergütbaren Legierungen Hydronalium oder BSS erreicht man bei etwas größeren Mg-Gehalten schon im gegossenen Zustande erheblich höhere Festigkeit bei geringer Dehnung. Die moderne Verarbeitungstechnik erlaubt, derartige Legierungen zu kneten, so daß nach thermischer Vergütung auch hohe Dehnungswerte herauskommen.

Die Korrosionsbeständigkeit der Al—Mg-Legierungen ist besser als in (222a) vermutet. Ohne Mg wären die seewasserbeständigen Legierungen des In- und Auslandes nicht denkbar (KSS, BSS, Hydronalium, Brit. Pat. 277701 u. a.).

Insbesondere auf die neueren höher magnesiumhaltigen Legierungen setzt man große Erwartungen als das „Leichtmessing" der Zukunft. Man hofft sogar, die bisher an der Spitze marschierenden Al—Cu-Legierungen damit ablösen zu können. „Etwa die Eigenschaften des Messings" werden 1900 schon (178) den Al—Mg-Legierungen zugeschrieben. Binäre Al—Mg-Legierungen wurden Mach unter dem Namen „Magnalium" geschützt (5—30% Mg; Patentblatt 20887 und 21282)

In Mehrstofflegierungen kommt Mg häufig vor [s. die Mehrstoffmagnaliumlegierungen bei (292), Partinium mit Cu und Sn und andere bei (89f)].

Die weitaus wichtigsten Mg-haltigen Legierungen sind bis heute die Dürener Duraluminlegierungen und ihre in- und ausländischen Nachahmungen[1] (s. Tabelle der wichtigsten Al-Legierungen der Welt).

Verhältnismäßig große Bedeutung haben auch Mg-haltige Al—Si-Legierungen, Aludur, Aldrey, als Walzmaterial und Mg-Silumin als Guß erlangt.

Aluminium — Kupfer.

Zustandsschaubilder s. Tafel II. Schrifttum: 94a, 39d, 50, 246, 246a, 89, 94e, 27, 93e, m, 56l, m, 209l, 95c, 175b, 212g, 189c, 217e, 200c, 262a, 266, 209i, 101d, 129, 175e, d, 284.

Al bildet mit Cu eine Reihe von Verbindungen; die für die Konstitution der Al-reichen Legierungen maßgebliche ist Al_2Cu (β) und entsteht aus Schmelzen mit 46—60% Cu durch peritektische Reaktion mit der primär ausgeschiedenen Verbindung AlCu (γ). γ ist leicht unterkühlbar; bei normaler Abkühlung kommt es daher oft nicht zur γ-Kernbildung, und bei Erreichung der peritektischen Temperatur kristallisiert sofort β aus [daher das Übersehen des verdeckten Maximums durch (50), (246a) u. a.]. Es kommt das homogene Gefügebild einer unzersetzt schmelzenden Kristallart zustande. Die β-Kristalle heben sich als rautenförmige Flächen voneinander ab. Bei verzögerter Abkühlung gelingt es, insbesondere, wenn man (wie in 262a) mit γ animpft, die γ-Primärabscheidung anzuregen, und es entstehen Bilder nach Abb. 11. Im Schliffbild der gleichen normal gekühlten Legierung fehlt infolge Unterkühlung meist die helle farnkrautartige γ-Ausscheidung. Das peritektische Gleichgewicht spielt sich ab bei 580° C. Da β die γ-Primärkristalle bald völlig umhüllt und von der Schmelze trennt, tritt ein Stillstand der Reaktion ein, so daß im Schliffbild häufig noch γ zu sehen ist, wo es nach der Phasenregel aufgezehrt sein sollte (s. Abb. 11).

Unterhalb 46% Cu bildet sich β direkt primär aus den Schmelzen bis zu etwa 32,5% Cu, dem eutektischen Gleichgewicht zwischen β und α (α = feste Lösung von Cu in Al). Das Eutektikum schmilzt bei 545°. Schliffbilder der eutektischen und einer übereutektischen Zusammensetzung sind schon in den Abb. 10 und 11 gegeben. Wie Abb. 73 zeigt, übt das primäre β anscheinend eine richtende Kraft auf das Eutektikum aus, das sich wie β in tetragonalen Doppelpyramiden anzuordnen sucht. Im Gegensatz zu den meisten binären Al-Eutektika ist das Al/β-Eutektikum schön lamellar aufgeteilt.

β ist außerordentlich spröde, so daß man es mit dem Hammer zertrümmern und im Mörser zerstoßen kann. Die technisch bedeutenden

[1] Näheres im ternären System Al—Cu—Mg.

Al—Cu-Legierungen liegen deshalb fast durchweg auf der linken Seite des eutektischen Teilsystems, enthalten also alle primär α und mehr oder weniger Eutektikum.

Das für die vergütbaren Al—Cu-Legierungen wichtige α-Gebiet ist zwecks Festlegung der Entmischungslinie im festen Zustand eingehend untersucht worden, metallographisch (561, m, 175b, 212g), dilatometrisch (95c), leitelektrisch (189c) und röntgenographisch (129, 217e, 101d, 266). Danach ändert sich die Löslichkeit des Cu in Al wie folgt: 5,6% bei 545°; 4,8% bei 500°; 2,5% bei 450° und 1,25% bei 385°.

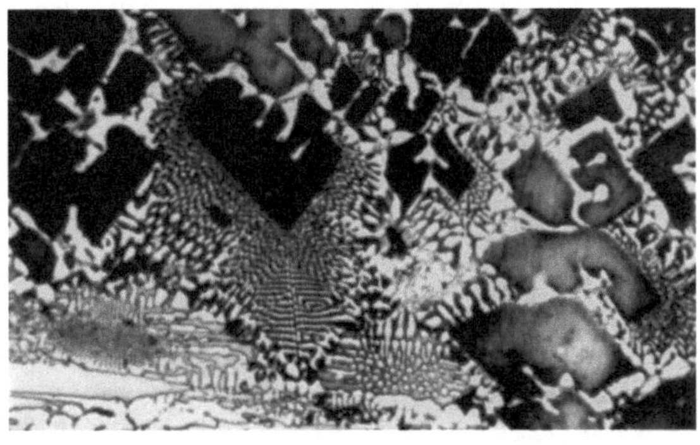

Abb. 73*. 42% Cu. Primär β (Al_2Cu). Sekundär Eutektikum α + β, entsprechend den Achsenrichtungen der Primärkristalle orientiert. V = 90; Ätzung NaOH.

Bei genügend langsamer Abkühlung scheidet sich Cu in Gestalt von β-Segregat aus den α-Kristallen aus. Schreckt man aus dem α-Gebiet des Zustandsschaubildes ab, so erhält man homogene feste Lösung. Beim Wiedererwärmen auf Temperaturen unterhalb der Entmischungslinie wird β zur Segregation gebracht (Abb. 74 und 90).

Naturgemäß unterliegen die α-Kristalle auch der Kornsaigerung, so daß bei normaler Abkühlung von Legierungen, die nur aus α bestehen sollten, auch Eutekikum vorkommen kann. Wenn es nur in geringen Mengen auftritt, unterliegt das α darin der Einformung an das primäre α, so daß β quasiprimär in seinerseits koagulierten Formen an den Korngrenzen zurückbleibt (s. Abb. 74). Sie zeigt diese Ausscheidungsform bei sehr hoher Vergrößerung. In den α-Kristallen ist außerdem β-Segregat zu erkennen. Interessant ist der segregatfreie Saum an den Rändern der Kristalle. Er ist (nach 209i) auf Angliederung von in α hineingehörigen Cu-Mengen an β als solches zu erklären.

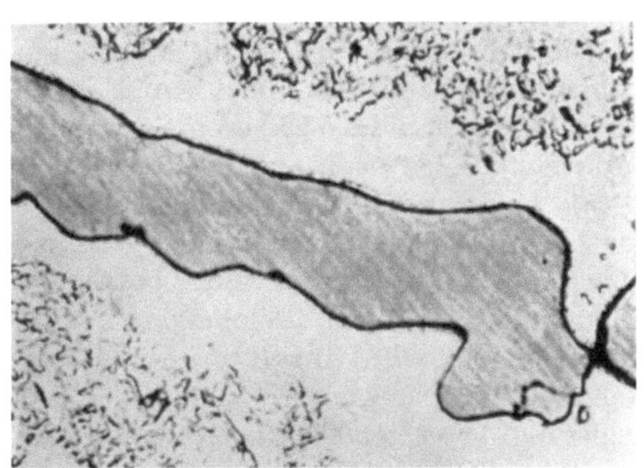

Abb. 74. Ausscheidungsform des überschüssigen $CuAl_2$ an den Korngrenzen. V = 1067; Ätzung: 7,5 ccm HF, 8 ccm HNO_3 und 25 ccm HCl in 1000 ccm Wasser, 3 Min.

Durch längeres Glühen korngesaigerter α-Kristalle kann das Eutektikum wieder zur Auflösung in α gebracht werden.

Ätzmittel:

nach (56d): 0,5% HF, β umrissen, hell, klar
1 % NaOH, β umrissen, hell, klar
70° 10 % NaOH, β braun, Ätzgrübchen
70° 20 % H_2SO_4, β umrissen, hell, klar
70° 25 % HNO_3, β braun oder schwarz,
nach (175b): 0,1% NaOH, 90% Wasser, 10% Alkohol, β braun (länger ätzen),
nach (176): 10 % H_2SO_4, 65° warm, β umrissen
4 % Pikrinsäure in Alkohol, β dunkel
nach (43): Gesättigte Lösung von Elektrolyteisen in konzentrierter HNO_3, davon 5 Teile in 95 Teile Alkohol, kalt, 3—5 Minuten.
β hell- bis tiefbraun gefärbt.

Die gute Diffusion von Cu in Al im festen Zustande macht Al-reiche Al—Cu-Legierungen als Hartlote geeignet, weiter als Grundlage für Al-Mehrstofflote, die eine Herabsetzung der Hartlöttemperatur erstreben.

Nach (222a) lunkern Al—Cu-Legierungen beträchtlich. Das Ausmaß des Vorganges ist nach (121) abhängig von der Gießtemperatur und nimmt mit steigendem Cu-Gehalt ab. Das zunächst grobe, dann mittlere Bruchgefüge wird (nach 222a) ab 10% Cu fein. Bis 12% konnten die Al—Cu-Legierungen warm gewalzt werden. Das bei 300—350° geglühte Blech einer 11%igen Legierung hatte eine Festigkeit von 19 kg/mm² bei 16% Dehnung und 55 Brinell.

Wenn in (222a) die Wasserbeständigkeit „sehr gut“ genannt ist, so ist das ein Irrtum. Selbst die vergüteten Al—Cu-Legierungen (auch mehrstoffige) sind nur auf dem Festland einigermaßen witterungsbeständig, während sie es gegen Seewasser und Luft nicht sind und nur unter Schutzüberzügen auf die Dauer gebraucht werden können.

Als Gußmaterial werden binäre Al—Cu-Legierungen von Anbeginn der Al-Gußerzeugung verwendet. Bekannt ist die „amerikanische Legierung“ mit 8% Cu. Sie weist (nach 45) Festigkeitswerte von 13 bis 25 kg/mm² bei 1—3% Dehnung und 65—80 Brinell Härte auf. Eingehende technische Angaben über diese und andere Al—Cu-, auch Mehrstoff-Legierungen bringt (56i). Schon 1907 ist 8%ige Al—Cu-Legierung als geeignetes Lagermetall genannt (282). Auch Cu-reichere, dazu Si-haltige Legierungen haben sich nach den Erfahrungen des Verfassers als solches bewährt.

Die Gleiteigenschaften der 14—20%igen Al—Cu-Legierungen bei hoher Härte haben diesen als Baustoff für Verbrennungsmotorkolben ein Anwendungsgebiet geschaffen.

An Patenten über Zwei- und Mehrstoff-Legierungen des Al mit Cu ist kein Mangel (s. 89f).

Die vergütbaren Guß- und Walzlegierungen enthalten meist Cu. Die Al—Si-Legierungen eutektischer Zusammensetzung werden durch

Cu-Zusatz im Gefüge verfeinert. Insbesondere die geringe Ermüdungsfestigkeit der Al—Si-Legierungen wird hierdurch gehoben.

Aluminium — Silber.

Zustandsschaubilder s. Tafel II. Schrifttum: 196, 76a, 34, 139, 142b, 100, 110b.

Al und Ag bilden die beiden Verbindungen $AlAg_2$ und $AlAg_3$. Im Bereich von 87,5—95% Ag bestehen noch Unklarheiten. Aus phasentheoretischen Gründen darf bei 718° eine Peritektikale angenommen werden, die der Reaktion: $AlAg_3$ + Schmelze von 87,5% Ag = $AlAg_2$

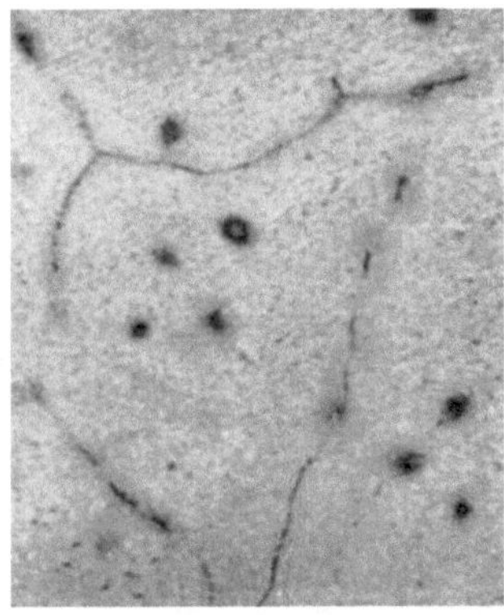

Abb. 75*. 7,98% Ag. In kalte Kokille gegossen. Fast homogene Mischkristalle. V = 300; Ätzung: 3 Teile Glyzerin, 2 Teile Flußsäure, 1 Teil konzentrierte Salpetersäure.

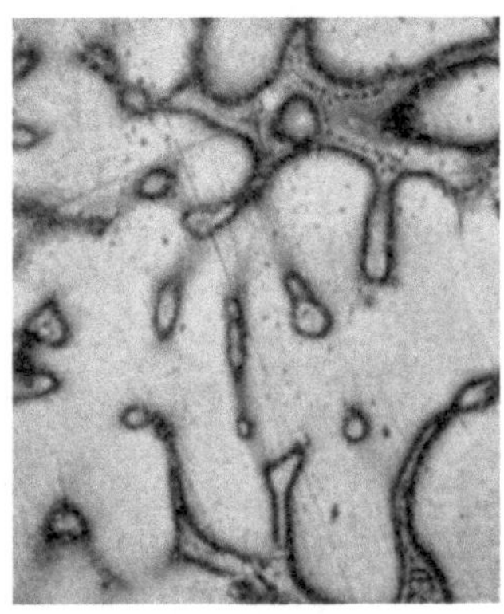

Abb. 76*. 17,69% Ag. In kalte Kokille gegossen. Zonige Mischkristalle. V = 300; Ätzung wie bei Abb. 75.

entspricht. Unterhalb 87,5% Ag ist volle Klarheit vorhanden. Dort besteht ein einfaches eutektisches System zwischen $AlAg_2$ (β) und fester Lösung von Ag in Al (α). Von 0—69% Ag ist α, von da bis 87,5% Ag β primär. Die eutektische Temperatur ist 567°. Nach der Richtigstellung der älteren Arbeiten (durch 100) besteht bei der eutektischen Temperatur die hohe Festlöslichkeit von 48% Ag in Al. Bei niedrigen Ag-Gehalten liegt nach Abb. 75 homogenes Mischkristallgefüge vor, bei höheren werden die α-Kristalle zonig (s. Abb. 76). Infolge des guten Diffusionsvermögens des Ag im Al findet man erst in verhältnismäßig Ag-reichen α-Legierungen durch unausgeglichene Kornsaigerung zurückgebliebenes Eutektikum.

Mit fallender Temperatur nimmt die Löslichkeit des Ag im Al stark ab: bei 450° noch 20%, bei 300° nur 4%, bei 200° nur etwa 1%. Schreckt man die unterhalb der Soliduslinie homogenisierten Legierungen ab und erwärmt sie auf 200°, so segregiert β aus den Mischkristallen in sehr feiner Verteilung. Ab 250° wird die Ausscheidung nadelförmig (s. Abb. 77). Die Größe der Nadeln wächst mit der

Ausscheidungstemperatur (Abb. 78). Die gleiche, noch etwas gröbere Segregierung wird erhalten, wenn man Ag-reiche Mischkristalle ganz

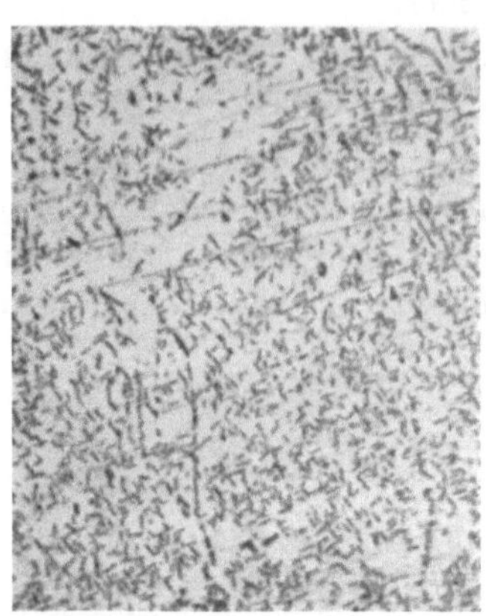

Abb. 77*. 2,45 % Ag. 98 Std. bei 525—530° geglüht und abgeschreckt. Hierauf 100 Std. bei 250° ± 50 geglüht und abgeschreckt. V = 200.

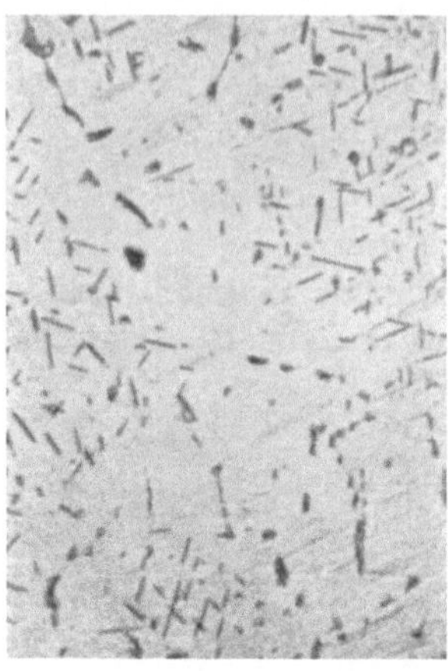

Abb. 78*. 7,98 % Ag. 98 Std. bei 525—530° geglüht und abgeschreckt. Hierauf 6 Tage bei 350° ± 50 geglüht und abgeschreckt. V = 200.

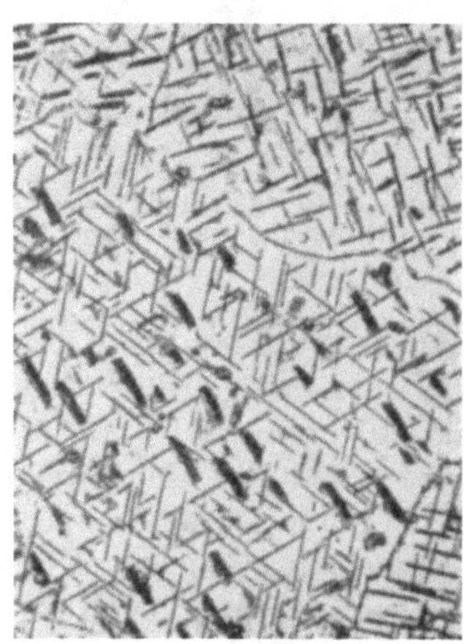

Abb. 79*. 17,69 % Ag. 48 Std. bei 505—510° geglüht und von 500° abgeschreckt. Hierauf wieder erhitzt und von 500° langsam auf 394° gekühlt, 2 Std. konstant gehalten und dann abgeschreckt. V = 200.

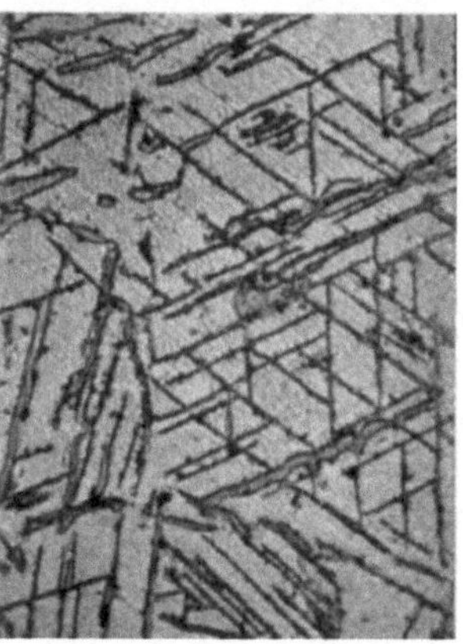

Abb. 80*. 29,79 % Ag. 48 Std. bei 505—510° geglüht und abgeschreckt. Hierauf wieder erhitzt und von 500° langsam auf 448° gekühlt, $1^1/_2$ Std. konstant gehalten und dann abgeschreckt. V = 200.

Abb. 77 und 80*. Segregatgröße und Form in Abhängigkeit von der Wärmebehandlung (Ätzung wie bei Abb. 75).

langsam bis unter die Entmischungskurve abkühlen läßt und sie unterhalb dieser einige Zeit warmhält (s. Abb. 79, 80).

Bei sehr langer Glühdauer tritt Koagulieren der Nadeln ein. Bei 150° Anlaßtemperatur der abgeschreckten festen Lösung ist keine Segregatbildung mehr zu finden. Wohl wird die Angreifbarkeit durch das Ätzmittel größer als bei nicht angelassenem α, woraus auf Lokalelementbildung durch doch vorhandene, aber mikroskopisch unauflösbare feine Segregate geschlossen werden könnte.

Ätzmittel: 3 Teile Glyzerin, 2 Teile HF, 1 Teil konzentriertes HNO_3. (Ätzmittel von Villela, s. 48.)

Al—Ag-Legierungen sind des hohen Ag-Preises wegen in der Praxis nicht zu treffen. Als kleinen Zusatz findet man Ag hin und wieder in Mehrstofflegierungen. In (89f) sind Patente genannt, aus welchen die technische Verwendbarkeit hervorgeht. Ein solches betrifft eine Legierung von 1,25% Ag, 1,25% Mn und 4% Cu, einen „Messing-, Eisen- und Stahlersatz". Es ist zu vermuten, daß die Legierung ohne Ag dasselbe leisten wird, wenn man auch von Stahlersatz besser nicht spricht. An gleicher Stelle sind Ag-haltige Legierungen als Rohmaterial für Juwelierarbeiten, Schmucksachen und Gravierungen genannt. Schließlich finden sich noch zwei Legierungen, die außer 3,7—13,25% Ag ungefähr 19% Gold enthalten, deren Urheber sie sonderbarerweise als zum Löten von Al bestimmt bezeichnet. An sich liegen bei den Zwei- und Mehrstoff-α-Legierungen in ausgezeichneter Weise die Bedingungen zur Eignung als Hartlot vor (213b, c). Die Anwendung hängt aber davon ab, ob der Preis den anderer guter Hartlote nicht übersteigt.

Nach (142b) sind Al—Ag-Legierungen vergütbar. Untersucht sind solche bis zu 9% Ag; bei stärkerer Sättigung sind wahrscheinlich erheblich höhere Festigkeitswerte zu erzielen. Nach (142b) beeinflußt Ag auch die bekannten vergütbaren Legierungen wie Duralumin und Lautal günstig.

Aluminium—Gold.

Zustandsschaubild s. Tafel II. Schrifttum: 110c, 208, 27.

Der Aufbau des Au-haltigen Al wird bestimmt von der Verbindung Al_2Au. Sie bildet mit Al ein technisch uninteressantes, bei etwa 1% Au liegendes Eutektikum mit dem Schmelzpunkt 647°. Abgesehen von bald aufgegebenen Versuchslegierungen für die Zahntechnik (89f) sind Al—Au-Legierungen nicht zu finden.

Aluminium—Platin.

Nach dem in (44a) enthaltenen Teilzustandsschaubild bildet die Verbindung Al_3Pt mit Al ein etwa 9% Pt enthaltendes Eutektikum. Auch Al—Pt-Legierungen sind des Preises wegen in der Praxis nicht vorhanden. Lediglich in der Zahntechnik wurden (nach 89f) einige Studien gemacht.

Aluminium — Quecksilber.

Über den Aufbau dieser Legierungen ist nichts veröffentlicht. Bei mittleren Konzentrationen bilden sich spröde, durch Feuchtigkeit zersetzliche Amalgame. Bringt man auf Al-Blech gesetzte Tröpfchen Hg mit hartem Wasser oder anderer Salzlösung in Berührung, so setzt eine Oxydation des Al ein. Aus chemischen, Brauerei- und anderen Betrieben, die Al-Apparaturen verwenden, sind zweckmäßigerweise Quecksilberthermometer, des Schadens wegen, den sie bei Zerbrechen anrichten können, auszumerzen.

Aluminium — Zink.

Zustandsschaubild s. Tafel II. Schrifttum: 18c, 18b, 101c, 212d, e, 192, 200, 237a, 65, 198, 124, 218, 104, 254, 71f, k, l, 212a, 118, 45, 256, 285, 286.

Al und Zn sind leicht miteinander legierbar. Al vermag nach (18c, 212d, e) etwa 40%, nach (65, 101c) etwa 70% Zn in fester Lösung aufzunehmen (α-Mischkristalle), während Zn nur wenige Prozent Al fest zu lösen imstande ist (γ). Bei 445° reagieren α-Kristalle und eine etwa 83% Zn enthaltende Schmelze peritektisch unter Bildung der Verbindung β. Nach (18c, b) hat sie die Formel Al_2Zn_3, nach (101c) ist β ein Mischkristall, der etwa der Formel AlZn entspricht.

Im Schaubild links von der Verbindung und auf ihrer Kennlinie ist nach der peritektischen Reaktion alles fest, und bei fallender Temperatur segregiert aus α die Verbindung β gemäß der linken Entmischungskurve. Rechts von der Verbindung besteht nach Vollendung der peritektischen Reaktion das monovariante Gleichgewicht: β + Schmelze, bis letztere die Zusammensetzung des Eutektikums zwischen β und γ (etwa 95% Zn) erreicht hat. Die Temperatur beträgt dann 380° und die Schmelze erstarrt.

Nach (18c) ist β nicht imstande, Segregate von α oder γ zu bilden. Nach (101c) reichert sich rechts der β-Kennlinie unterhalb der peritektischen Temperatur während des monovarianten Gleichgewichtes β + Schmelze die Kristallart β durch Diffusion an Zn an, bis das eutektische Gleichgewicht $\beta + \gamma$ erreicht ist; bei weiter fallender Temperatur scheiden sich aus β Segregate von γ aus. Die Soliduskurve von β bildet mit den Löslichkeitskurven von α und γ in β ein Dreieck, dessen Spitze auf der Horizontalen durch 256° steht. Nur bei der durch diese Spitze gekennzeichneten Konzentration verhielte sich β genau wie die von (18c) beschriebene Verbindung Al_2Zn_3; auch die Zusammensetzung weicht dort nicht mehr sonderlich von diesem Atomverhältnis ab. Bei 256° besteht zwischen den Angaben von (18c) und denen der anderen Forscher bis auf die Festlegung der Löslichkeitsgrenzen wieder Übereinstimmung. β zerfällt bei dieser Temperatur bei Wärmeentzug eutektoid oder dystektisch in α und γ.

Die Löslichkeitsgrenzen von β in α bzw. (unter 256°) von γ in α wurden zahlreichen Nachprüfungen unterworfen (18b, 212d, e, 101c, 254, 218, 104). Die Löslichkeitskurven der verschiedenen Forscher sind im Teilzustandsschaubild in Tafel II zu finden.

Nach (197, 265) bringt das festgelöste Zn eine Verengung des Al-Gitters zuwege. Die Gitterkonstante fällt um 0,25% bei 10 At.-% Zn linear ab.

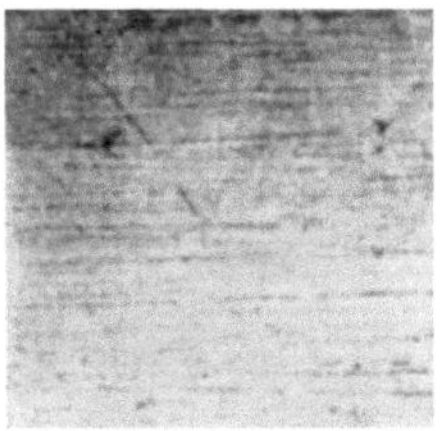

Abb. 81*. 19% Zn. Rasch gekühlt, homogene Mischkristalle. V = 300; Ätzung 10—15 Min. in HNO_3, spezifisches Gewicht 1,28.

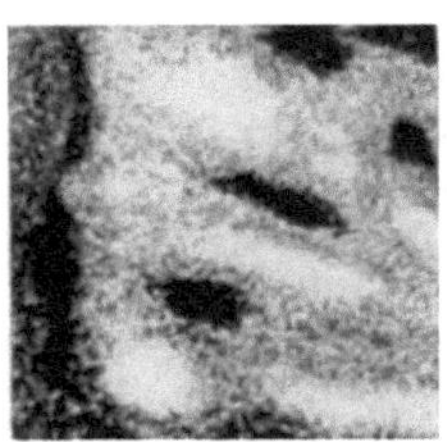

Abb. 82*. 19% Zn. Nach rascher Kühlung. 16—48 Std. bei 150° geglüht. In α und γ zerfallene β-Segregate (dunkel). V = 300; Ätzung 10—15 Min. in HNO_3, spezifisches Gewicht 1,28.

Schließt man sich dem von (101c) und (218) ermittelten Zustandsschaubild an, so ergeben sich folgende Kristallisationsverhältnisse für die Al—Zn-Legierungen:

Von 0—8% Zn entstehen aus den Schmelzen α-Mischkristalle. Segregate treten nicht auf.

Von 8—15% Zn kristallisieren primär ebenfalls α-Mischkristalle. Bei der Abkühlung treffen sie unterhalb 256° auf die linke untere Kurve des Zustandsschaubildes, die die Löslichkeit von γ in α begrenzt. Es scheiden sich bei genügend langsamer Abkühlung γ-Segregate aus. Das gleiche geschieht, wenn abgeschreckte Legierungen unterhalb der Kurve angelassen werden.

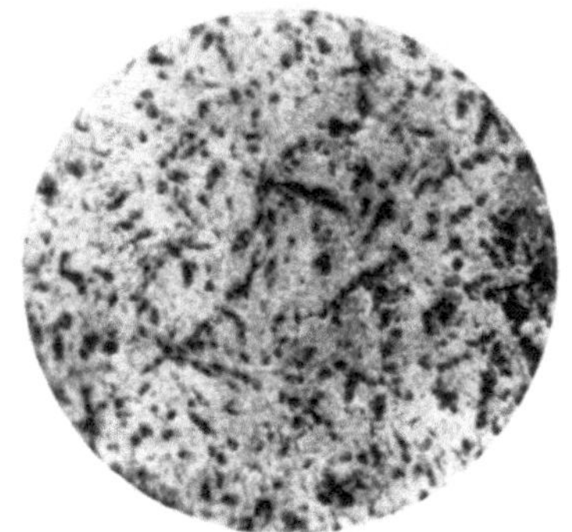

Abb. 83*. 40% Zn. Grundmasse α-Mischkristall (hell), darin dunkle β-Segregate. V = 20; Ätzung NaOH und HNO_3.

Von 15—70% Zn kristallisiert primär wieder α, das bei normaler Abkühlungsgeschwindigkeit schon zonig wird und zur Erzielung vollkommener Homogenität unterhalb der Soliduskurve geglüht werden muß (homogene α-Kristalle, s. Abb. 81). Bei langsamer Abkühlung tritt bei Auftreffen auf die linke Grenzkurve des Schaubildes, die die Löslichkeit von β in α begrenzt, die Bildung von sternförmig angeordnetem β-Segregat in den α-Kristallen ein (s. Abb. 83). Das gleiche geschieht, wenn man von unterhalb der Soliduslinie abgeschreckte Legierungen unterhalb der Löslichkeitskurve, aber oberhalb 256° ausglüht. Glüht man aus dem α-Feld abgeschreckte Legierung unterhalb 256° aus, so segregiert β und zerfällt gleichzeitig in α und γ (s. Abb. 82).

Von 70—71% Zn kristallisiert primär wieder α. Bei 445° reagiert es mit der Schmelze, die sich inzwischen auf etwa 83% Zn angereichert hat unter Umhüllung mit β. Bei langsamer Abkühlung scheidet sich auch bei diesen Legierungen, soweit noch α-Primärkerne vorhanden sind, aus diesen β-Segregat aus, während aus dem peritektisch entstandenen β das Segregat von α austritt. Dazu kommt bei 256° der Zerfall von β in α und γ. Durch Kornsaigerung und unvollkommene peritektische Umsetzung bleibt meist Schmelze übrig, die als 95% Zn enthaltendes Eutektikum $\beta + \gamma$ kristallisiert. Durch Einformung von β, das ins Eutektikum gehörte, an das primäre β kann reines Zn (Pseudoeutektikum) in den Korngrenzen zurückbleiben.

Von 71—81% Zn kristallisiert primär wieder α, das bei 445° mit der auf etwa 83% angereicherten Schmelze unter Bildung von β reagiert. Bei genügend langer Homogenisierung muß α völlig aufgezehrt werden. Es bleibt noch Schmelze übrig, aus welcher sich weiterhin β an das schon vorhandene β anlagert, wobei sich der Zn-Gehalt desselben durch Diffusion erhöht. Hierbei soll die Schmelze aufgebraucht werden. Auch bei diesen Zusammensetzungen ergeben sich die im vorigen Absatz geschilderten Folgen der Kornsaigerung.

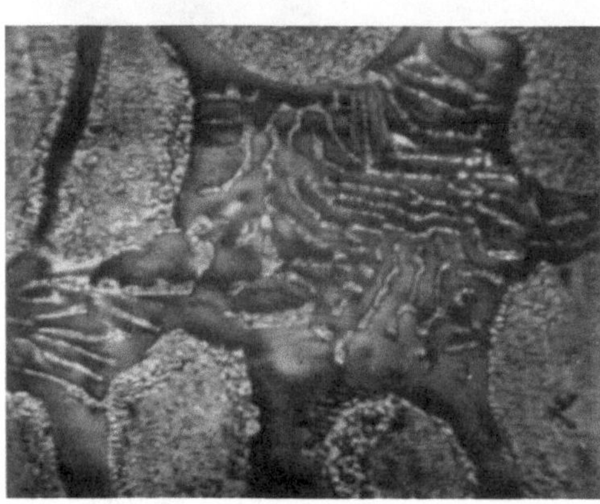

Abb. 84*. Zusammensetzung entsprechend Al_2Zn_3 (78,3 % Zn), Gefüge s. Text. V = 1200; Ätzung NaOH und HNO_3.

Bei sehr langsamer Abkühlung bilden sich (nach 101c), je nachdem die linke oder rechte Begrenzungskurve des weißen β-Feldes im Zustandsschaubild überschritten wird, α- oder γ-Segregate in den β-Kristallen. Entspricht die Ausgangszusammensetzung dem Schnittpunkt der beiden Kurven, so bilden sich keine Segregate. Bei 256° tritt der völlige Zerfall in α und γ ein. Das in Abb. 84 wiedergegebene Gefügebild einer Legierung der Zusammensetzung Al_2Zn_3 (= etwa 78% Zn) läßt die ursprünglichen α-Kerne, die β-Umhüllungen und das durch Kornsaigerung entstandene Eutektikum erkennen. Man sieht ferner in α die zerfallenen β-Segregate und in β den Zerfall in α und γ. Auch in den β-Anteilen des Eutektikums ist der Zerfall in α und γ zu erkennen.

Von 81—83% Zn kristallisiert primär wieder α, das bei 445° mit 83%iger Schmelze unter Bildung von β reagiert. Bei genügender Homogenisierung ist α völlig aufgezehrt. Aus der Restschmelze nimmt β weiter Zn auf, bis sie sich auf die eutektische Zusammensetzung von 95% Zn angereichert hat und erstarrt. Bei weiterer langsamer Abkühlung bilden sich in β Segregate von γ, und bei 256° tritt der

Zerfall von β in α und γ ein. Die Schliffbilder entsprechen dem in Abb. 84 gezeigten.

Von 83—95% Zn endlich kristallisiert primär β aus den Schmelzen, bis bei 380° diese die eutektische Zusammensetzung mit 95% Zn erreicht haben und eutektisch erstarren.

Bei langsamer Abkühlung tritt unterhalb 380° aus den β-Kristallen γ-Segregat. Bei 256° zerfällt das restliche β in α und γ. Wird die Temperatur längere Zeit bei etwa 230° gehalten, so ordnen sich die Zerfallsprodukte zu einem schönen, lamellaren Eutektoid an.

Bei rascher Abkühlung aller Legierungen von 17—99,25% Zn, sei es selbst durch Abschreckung, kann (nach 18b) Segregieren von β aus α und der Zerfall von β in α und γ nicht verhindert werden. Er tritt unter Selbsterhitzung und Volumenänderung ein; am stärksten bei der Zusammensetzung Al_2Zn_3, weshalb die Autoren — außer aus anderen Gründen — an dieser Formel für β festhalten.

Läßt man Legierungen mittlerer Konzentration (z. B. 30% Zn) nicht genügend Zeit zum Ausgleich der Kornsaigerung, so kann es vorkommen, daß entgegen den theoretischen Erfordernissen die Restschmelze sich auf 83% Zn anreichert, so daß peritektisch β-Bildung erfolgt. Läßt man auch der peritektischen Reaktion nicht ausreichend Zeit, so reichert sich die Restschmelze auf 95% Zn an und erstarrt eutektisch. Es kommt dann bei weit niedrigeren Zn-Gehalten als 71% ein Gefüge zustande, das wie das in Abb. 84 gezeigte all die beschriebenen Segregierungs- und Zerfallvorgänge hinter sich hat und somit von fein aufgeteilter Struktur ist. Durch Glühen kann das Eutektikum zur Auflösung gebracht werden, und man erreicht so bei noch nicht allzu hohem spezifischen Gewicht Gußlegierungen von hoher Festigkeit.

Allerdings darf der Zerfall der Kristallart β nicht unberücksichtigt bleiben. Er findet, wie (18b, 71f und 118) feststellten, unter Zusammenziehung — bei der Legierung mit β-Zusammensetzung beträgt sie $^1/_3$% — statt und kann sich über Monate hinziehen. Hierbei kommt es zu Verwerfungen der Gußstücke, die abgesehen von der Unmöglichkeit der Maßhaltigkeit auch Brüche zur Folge haben können. Im Kokillen- und Spritzguß sind besondere Vorsichtsmaßnahmen nicht zu umgehen (Vorausberechnung des Maßes, Ausglühung zwecks Beschleunigung und Zuendeführung des Zerfalls u. ä.). Lediglich die Al-reichen Legierungen mit weniger als 17% Zn weisen keine Längenveränderungen auf. Bei ungenügender Beachtung der Kristallsaigerung jedoch macht sich der Zerfall in dieser Hinsicht schon bei viel weniger Zn bemerkbar.

Nach (18b) wird mit zunehmendem Zn-Gehalt die Natronlaugebeständigkeit erhöht, die gegen Salzsäure und Seewasser erniedrigt; alle Säurelöslichkeitskurven in Abhängigkeit von der Zusammensetzung zeigen bei der Konzentration Al_2Zn_3 einen deutlichen Knickpunkt. Die Schwindung fällt mit steigendem Zn-Gehalt und erreicht einen Tiefpunkt bei der genannten Zusammensetzung, wird aber von der durch den Zerfall bewirkten Volumenverringerung zum Teil nachgeholt.

Was den (zuerst von 18c und 212) bemerkten Vorgang der Selbsterhitzung beim β-Zerfall anbetrifft, so wurde er von (71k) in seinem zeitlichen Verlauf studiert und weiterhin auf seine Beeinflußbarkeit durch Zusätze geprüft. Kleine Verzögerungen bewirkten Bi, Sb, Ag, Cu, Cd und Sn ohne Verminderung der Wärmetönung. Sn erhöhte sie sogar in einem Falle. Mg und Li unterbanden die Selbsterhitzung. Trotzdem trat nach längerer Zeit Zerfall ein, was (nach 212) am Verlauf von Härte und elektrischem Widerstand, die zunächst zunehmen und dann wieder abklingen, festgestellt wurde. Nach (71l) setzt der Zerfall nicht nach dem radioaktiven Zerfallsgesetz an allen Punkten gleichzeitig ein, sondern geht von Keimen aus, beschleunigt und verzögert sich selbst. Mit steigender Abschrecktemperatur wird die Zerfallsgeschwindigkeit geringer.

Die Härte der Al—Zn-Legierungen nimmt mit dem Gehalt an Zn ganz erheblich zu. Sie beträgt (nach 18c) bei 50% Zn über 200 Brinell. Im bei 230° angelassenen Zustand liegt das Maximum bei 30% Zn und beträgt 130 Brinell.

Nach (222a) besteht bis etwa 25% Zn feinkörniges Bruchgefüge, das bei steigendem Zusatz grobkristallin wird. Die Legierungen waren gut zu walzen, ganz gleich, wie hoch der Zn-Gehalt war. Bei geringer Walzgeschwindigkeit erhält man höhere Festigkeit und etwas geringere Dehnung als bei hoher. Bei 27% Zn ergab sich im bei 300—350° geglühten Blech eine Festigkeit von 36—38 kg/mm² bei 15% Dehnung und 124 Brinell Härte, beachtliche Werte für eine unveredelte Aluminiumlegierung. Schwindung und Lunkerung sind (wie auch nach 18c, 121, 45) beträchtlich.

Nach (53) setzt Zn die Warmfestigkeit in Al-Kolbenlegierungen herab. Al—Zn-Legierungen waren im Anfang der Entwicklung in Deutschland viel als Gußmaterial im Gebrauch. Mit einem Zusatz von 2% Cu erhielt die 10%ige Legierung den Namen „Deutsche Legierung“ [s. 45 und Handbuch der Nichteisenmetalle (VDI-Verlag)].

Als Mehrstofflegierungen sind in (89f) die von Guillet mit 1—2% Mn, 1,5—4,5% Cu und 0,5—15% Zn, solche eines ungenannten Autors mit 2—5% Fe und 4—6% Zn u. a. genannt. Weitere Mitteilungen über technische Al—Zn-Legierungen s. bei (9a).

Einige vergütbare Mehrstoffwalzlegierungen haben vorübergehend in Deutschland Anwendung gefunden: Al—Zn—Li—Mn unter dem Namen „Skleron“, Al—Zn—Mg unter dem Namen „Konstruktal 8“. Nach (256) und (71g) sind auch rein binäre Al—Zn-Legierungen vergütbar. In (177) sind Vergütungsergebnisse an der Zusammensetzung Al_2Zn_3 beschrieben.

Von technischer Bedeutung sind die Al—Zn-Legierungen weiterhin als Grundlage vieler brauchbarer Al-Hartlote. Die Diffusionsfähigkeit des Zn in Al, schon bei verhältnismäßig niedrigen Temperaturen, stellt es in die erste Reihe der Lotbildner. Bei dem Preisausschreiben der Deutschen Gesellschaft für Metallkunde 1923 erhielt reines Zn in Verbindung mit einem Flußmittel den ersten Preis, den zweiten eine Legierung mit 75% Zn und 25% Cd. Sehr anschaulich ist in (209k) die Korngrenzendiffusion geschildert, wie sie in (231) für Metalle beschrieben wird. Es wurde ein gepulvertes Schmelzgemisch von Zinkoxyd und Salmiak auf den zu verlötenden Blechrändern bis zum Beginn der Reduktion des Zinkoxydes erwärmt. Bei Eintritt derselben wird das frei werdende Zn vom Aluminium gelöst bzw. löst es selbst Al. Die Lötnaht (s. Abb. 85)

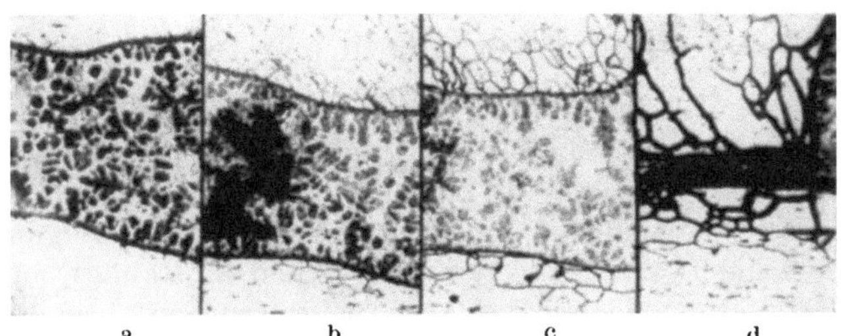

Abb. 85a—d*. a Lötnaht unmittelbar nach Herstellung. b 3 Std. bei 200° geglüht. c 24 Std. bei 200° geglüht. d 81 Std. bei 200° geglüht. V = 75; Ätzung NaOH.

besteht aus einer Zn-reichen Al—Zn-Legierung. Das Gefüge zeigt das Aussehen einer 84—95%igen Legierung: primär β (dunkel), eingebettet in Eutektikum $\beta + \gamma$, woraus sich ergibt, daß die Reaktionstemperatur mindestens 380° betragen hat (Temperatur des eutektischen Gleichgewichtes). Da die Erwärmung nach Eintritt der Reaktion abgestoppt wurde, trat eine Korngrenzendiffusion noch nicht ein. Lot und Blechränder sind glatt miteinander verbunden. Der schwarze Rand besteht in der Hauptsache aus reinem β. Durch Anlassen bei nur 200° während 3, 24 und 81 Stunden (s. Abb. 85b, c und d) ergab sich eine Diffusion der Zn-Legierung zunächst entlang den Korngrenzen, wobei dieselben durch Umwandlung des Al in Al—Zn-Legierung mit länger währender Erwärmung immer breiter wurden. Bei höheren Temperaturen tritt eine Umwandlung ganzer Al-Kristalle in Al—Zn-Legierung ein, während die Korngrenzendiffusion stehen bleibt. Mechanisch sind derartige Lötstellen sicherlich fest und brauchbar. Da sie aber viel des selbst zerfallenden β enthalten, ist die Gefahr der Zerstörung so gelöteter Stücke groß. Außerdem ist die Korrosionsbeständigkeit nicht gut. Durch stufenweises längeres Erhitzen, zunächst auf dicht unterhalb 380°, dann bis 445° und zuletzt darüber, kann es gelingen, die ganze Lötnaht durch Diffusion in das Gebiet der α-Mischkristalle hinauf-, die Umgebung der

Lötnaht in dasselbe hinabzulegieren. Ähnlich verhalten sich zinkreiche Zweistofflegierungen, z. B. mit Cd oder Sn. Allerdings entfällt hier bei zu hohem Gehalt an den Zusatzmetallen die Möglichkeit der gestaffelten Glühung, da sich binäre und ternäre Eutektika mit Al bilden, die niedrig schmelzen und sich nicht durch Diffusion beseitigen lassen. Bei Verwendung von Zn hat man es leichter, wenn man von vornherein nicht mit reinem Zn weich, sondern mit Al-reichen Legierungen hart lötet. Die erwünschte Korngrenzendiffusion verlangt dann höhere Temperaturen, die gelöteten Stücke enthalten dafür aber nicht den schädlichen Bestandteil β. Mit Cu, Ag, Si, Mn, Be, Li und anderen Mischkristallbildnern lassen sich viele Al—Zn-Mehrstoffkombinationen bilden, die gute Hartlote sind.

3. Der Vergütungsvorgang in den vergütbaren Aluminiumlegierungen.

Bei der Beschreibung der binären Legierungen war überall da von Vergütbarkeit die Rede, wo im Zustandsdiagramm ein weißes α-Feld vorliegt. In der Tat sind nur diejenigen Al-Legierungen vergütbar, die Phasenbeweglichkeit innerhalb des kristallinen Zustandes aufweisen. Ein einfaches Beispiel bieten die Al—Cu-Legierungen.

Voraussetzung jeder Vergütung ist zunächst die Abschreckung von einer möglichst hohen Temperatur innerhalb des α-Feldes. Gegenüber der langsam gekühlten Legierung ist ein erheblicher Anstieg der Festigkeit und der Härte festzustellen. Der Abschreckvorgang allein bewirkt also an sich schon eine Vergütung hinsichtlich dieser Eigenschaften. Die Forschung bezeichnet aber nicht diesen, sondern einen in der Folge eintretenden Vorgang als Vergütung: Läßt man die abgeschreckte Legierung liegen, so kann man nach einigen Stunden schon eine selbsttätige weitere Erhöhung der Festigkeit und der Härte finden (Selbst- oder Kalt-Vergütung). Eine weitere Verbesserung der Festigkeit und Härte ergibt sich, wenn die abgeschreckte Legierung nicht einfach sich selbst überlassen bleibt, sondern längere Zeit auf 90° und mehr erhitzt wird [künstliche oder Warmvergütung (275)]. Je höher die Temperatur, desto stärker die Vergütung, bis zu einer Höchstgrenze, die zwischen 160 und 180° C liegt; wird sie überschritten, so tritt Erweichung ein. Über das, was während der Vergütung im Inneren der Kristalle vorgeht, gibt die mikrographische Prüfung keine genügende Aufklärung; Segregatbildung ist nicht zu erkennen. Etwa sichtbare Al_2Cu-Teilchen waren von vornherein infolge von Kristallsaigerung überschüssig vorhanden und nicht im Mischkristall gelöst.

Das Al—Cu-Zustandsschaubild (s. Tafel II), zeigt, wie das der übrigen Mischkristallsysteme, eine Löslichkeitsbegrenzungskurve des Zusatzmetalles im festen Al. Glüht man aus dem α-Gebiet abgeschreckte

Legierung unterhalb dieser aus, so bilden sich oberhalb etwa 200° C Segregate in den α-Kristallen (s. Abb. 90), die aus Al_2Cu bestehen. Da sie wie gesagt unterhalb 200° nicht zu sehen sind, gestattet die mikrographische Methode lediglich eine Festlegung der Löslichkeitskurve oberhalb etwa 200—545°, der Temperatur der höchsten Sättigung von α an Cu. Die im Zustandsschaubild zu findende Verlängerung der Kurve unter 200° bis zur Zimmertemperatur ist aus dem experimentell festgelegten Verlauf bei höherer Temperatur extrapoliert in der Annahme, daß Segregierung vorliege, wenn auch diese Vorgänge in der Kälte äußerst träge verliefen.

Die Segregatbildung geht mit der Entfestigung Hand in Hand. Die Erfinder der Warmvergütung führten die Erwärmung nicht aus in der Erwartung, eine Segregatbildung zu erreichen — diese hätte ja nach den Erfahrungen bei höherer Temperatur eine Entfestigung erwarten lassen —, sondern in der Hoffnung auf eine mit dem früher angenommenen Umwandlungspunkt des Aluminiums im Zusammenhang stehende innere Aufspaltung, ähnlich der Perlitbildung im Stahl. Der Al-Umwandlungspunkt hat sich, wie schon erwähnt, als unhaltbar erwiesen und kann zur Erklärung der Vergütung bei niedrigen „Anlaßtemperaturen“ nicht herangezogen werden.

Die (in 175c aufgestellte) „Ausscheidungshypothese“ will die beim Anlassen beobachtete Verfestigung doch auf Segregatbildung zurückführen. Sie vermutet, daß die Segregate unterhalb 160—180° äußerst fein, „hochdispers“ seien. Auf eben diese unsichtbar feine Verteilung sei die Verfestigung zu gründen; sie wird mit „Alterung“ bezeichnet. Diese Benennung wurde von der Mehrzahl der Forscher mit der Hypothese übernommen und ist neben „Vergütung“ allgemein im Gebrauch. Die den Vorgang verursachende Wärmebehandlung wird als „Anlassen“, „Tempern“ bezeichnet. Da mit den vier genannten Ausdrücken vielfach auch Erwärmungen bei höherer Temperatur mit sichtbarer Segregatbildung benannt werden, besteht auf diesem Gebiet einige Verwirrung. Im folgenden werden sie nur gebraucht für solche Wärmebehandlungen, die eine Verfestigung mit sich bringen, während für die mit sichtbarer Segregatbildung verbundenen, entfestigenden Wärmebehandlungen die Ausdrücke Glühen (Ausglühen, Weichglühen) verwandt sind.

Die nach (128a, b, c) hochdispers, unterhalb der zehnfachen Atomgröße vorliegenden Al_2Cu-Teilchen bewirken nach der Vorstellung dieser Autoren einen Widerstand der Gitterflächen gegen Gleitung. Diese mechanistische Auffassung der Verfestigung ist deshalb schon kaum haltbar, weil Al_2Cu spröde und von mangelhafter Festigkeit ist. Nach (116) ist sie im Hinblick auf den geringen Anteil des Al_2Cu von nur wenigen Prozenten der Gesamtmasse unwahrscheinlich. Der Urheber der Ausscheidungshypothese selbst (175) schreibt die Verfestigung eher chemisch atomaren Kräften zu. Er nimmt die Bildung von Filmen durch Absorption des den Al_2Cu-Teilchen benachbarten Materials an, die ihrerseits die Kohäsion und damit den Widerstand gegen Gleitlamellenbildung verstärken.

Wie dem auch sei, eine Stütze findet die Ausscheidungshypothese in vielen Beobachtungen. Selbstvergütung und Warmvergütung sind um so höher, je mehr sich der Cu-Gehalt der Mischkristallsättigung nähert. Man kann sich das so vorstellen, daß bei tiefen Temperaturen ein sich mit dem Sättigungsgrade steigernder Ausscheidungsdruck vorhanden ist. Da in der Nähe der Sättigungsgrenze Ausscheidungskurve und Soliduslinie sich einander stark nähern, liefern Legierungen dieses Bereichs um so höhere Vergütungswerte, je näher die Abschrecktemperatur an der eutektischen liegt, die ja in diesem Falle infolge der Gefahr eutektischer Anschmelzung die höchst zulässige ist. Nach (26k) sind nach Warmvergütung 48—52 kg/mm² Festigkeit bei rund 18% Dehnung möglich.

Im abgeschreckten Zustande ist die Beständigkeit der Al—Cu-Legierungen gegen Kochsalzlösung am höchsten, nach vollendeter Selbstalterung schon geringer und am geringsten nach künstlicher, wobei sie mit steigender Alterungstemperatur fällt (171b, 71h). Die Annahme von Ausscheidungen, wenn auch in unsichtbar fein verteiltem Zustande, würde diese Tatsache durch die Bildung unzähliger Lokalelemente erklären (s. 135, Analogien bei der Stahlvergütung).

Bei folgerichtiger Ausdenkung der Ausscheidungshypothese muß man annehmen, daß die Größe der ausgeschiedenen Teilchen mit steigender Temperatur kontinuierlich zunimmt. Zunächst bedingt dies noch keine Abnahme der Festigkeit, weil sich die Anzahl der Teilchen infolge der wachsenden Beweglichkeit mit steigender Temperatur vermehrt. Bei einer bestimmten Grenztemperatur überwiegt die Wirkung der Teilchengröße, und die Festigkeitseigenschaften nehmen von hier ab fallende Tendenz an, ohne daß etwa schon mikroskopische Sichtbarkeit eingetreten sein müßte. Nach (128b) wird dieser Punkt „kritische Dispersion" genannt. Sie ist auch abhängig von der Alterungsdauer (171h, 26b).

Da sich die Vergütung im Schliffbild nicht sichtbar machen läßt, sind die im Schrifttum zu findenden Vergütungsbilder eher Entgütungsbilder zu nennen. Dies gilt auch von denen in (99), mit welchen die Segregatbildung auf dem Wege der Perfusion zum Unterschiede von dem der Diffusion erläutert ist. Bei der Perfusion setzen sich die Atome oder Moleküle, die schon auf Geraden geringsten Marschwiderstandes angeordnet sind, im Gitter in Bewegung. Bei der Diffusion muß zuerst Platzwechsel der Atome erfolgen, damit sie oder die Moleküle sich überhaupt auf solchen Geraden erst sammeln und dann in Marsch setzen können. Im ersten Falle läßt sich die Segregatbildung nur schwer durch Abschrecken unterdrücken; im zweiten, für die Al-Legierungen durchweg geltenden Fall ist die Unterdrückung möglich. Bei niedrigen

Ausglühtemperaturen bilden sich dann die Segregate in Form eines feinen Nebels, werden erst bei höheren umfangreicher und bilden schließlich Nadeln, die die Umwandlung des Diffusionsvorganges in den der Perfusion anzeigen.

Die dilatometrischen Untersuchungsmethoden (95a, b, c, 89g, 116b, 72, 200c, d, 254, 138, 137, 111) bestätigen die Segregatbildung, liefern aber unterhalb der Ausscheidungstemperaturen mikroskopisch sichtbarer Segregate wenig Verläßliches. Die Volumenvergrößerungen bzw. Verkleinerungen, von welchen bei den binären Systemen die Rede war, finden lediglich in solchen Temperaturgebieten statt, in welchen die mikroskopisch sichtbaren Ausscheidungen und Koagulierungen die Vergütung schon aufgehoben haben.

Nachstehende Zusammenstellung enthält die bisher durch Dilatometrieren (238, 95a, b, 41a, 45, 248) festgestellten Volumenveränderungen bei Segregatbildung in binären Al-Mischkristall-Legierungen:

Zusatzmetall	Segregat	Volumenveränderung	Temperaturbereich °C
Si	Si	Ausdehnung	etwa 200—400
Cu	Al_2Cu	Ausdehnung (unter 163° leichte Zusammenziehung)	230—350
Be	Be	Ausdehnung	180—200
Mg	Al_3Mg_2	Ausdehnung (von 150—200° leichte Kontraktion)	200—300
Zn	Al_2Zn_3	Zusammenziehung	200—300
Mg_2Si	Mg_2Si	Ausdehnung	250—380

Mit den (238, 41, 45) gefundenen leichten Kontraktionen vor der Ausdehnung ist möglicherweise erstmalig ein Vergütungseffekt im submikroskopischen Gebiet festgestellt.

Die Prüfung des Verhaltens der elektrischen Leitfähigkeit während der Warmvergütung ergab bei den Al—Cu-Legierungen eine Erhöhung, was der Ausscheidungshypothese entsprechen würde — da Mischkristallbildung mit Leitfähigkeitsverminderung verbunden ist, muß Ausscheidung aus der festen Lösung eine Erhöhung zur Folge haben. Nach (71g) entsteht aber bei der Selbstalterung ein Abfall, wie er zuvor (71a, b, c, g, h, i) bei der Kaltvergütung Mg-haltiger Al—Cu-Legierungen gefunden worden war. Hinsichtlich der Festigkeit ergab sich (71g) bei Warmvergütung beider Legierungstypen, wenn sie nach der Selbstalterung vorgenommen wurde, zunächst ein Abfall, nach einiger Zeit erst ein Anstieg. Die Mg-haltigen Al—Cu-Legierungen verhielten sich auch in bezug auf die Leitfähigkeit so. Bei der sog. „Kochvergütung", d. h. Abschrecken in siedendem Wasser und Aufrechterhaltung dieser Temperatur während längerer Zeit, findet, je nach der Dauer, bei der folgenden Selbstalterung kein Abfall der Leitfähigkeit oder ein erheblich geringerer statt, als er bei Selbstalterung nach Abschreckung in kaltem Wasser auftritt. Hieraus wurde geschlossen (71 b, c, d), daß weder die künstliche, noch die Selbstalterung durch die Ausscheidungshypothese erklärt werden könnten.

Nach (89e) brauchen die Leitfähigkeitsänderungen gar kein Kriterium für die Änderung des Grades an fester Lösung zu sein. Mischkristalle ließen sich als heterogene Legierungen auffassen, in denen die Dispersion atomar sei, wodurch sich zwanglos ihre im Vergleich zu grob heterogenen Legierungen, deren Leitfähigkeit mit dem Grad der Dispersität der Bestandteile sinkt, niedrige Leitfähigkeit erkläre. Des weiteren sei es nicht ausgemacht, daß nun die Mischkristalle durchaus schon den höchsten Grad der Dispersität aufweisen müßten. Vielmehr könne die vor der Ausscheidung zur Verbindungsbildung notwendige Umgruppierung von Al- und Zusatzmetallatomen vorübergehend eine noch höhere Dispersität bedingen.

Auch die Röntgenforschung (7b, 266, 265, 265a, 253e, 220, 224d, e, f, 217f, 71b, 224c, 105a, 84a, b, 212b, 239, 250, 217a) suchte Licht in die Natur der Vergütungserscheinungen zu bringen, ohne die Ausscheidungshypothese zu einer unumstößlichen Lehre erheben zu können.

Zur Feststellung von Ausscheidungen stehen zwei Methoden zur Verfügung. Die eine (265a, 224d, e, f) bedient sich der Feststellung des Auftauchens der charakteristischen Linien der für die Vergütung durch Ausscheidung maßgeblichen Verbindungen, wie Al_2Cu u. a. Sie konnte im Temperaturgebiet der Vergütung, d. h. unterhalb der Temperatur der kritischen Dispersion, keine Ausscheidungen nachweisen. Die zweite Methode (197, 265, 224c) beruht darauf, daß mit steigendem Gehalt des Zusatzmetalls der Gitterparameter kleiner oder größer wird. Hat es ein Atomvolumen, das kleiner als das des Al ist, so tritt Gitterverengung, bei größerem Gitteraufweitung ein. Die Änderung ist proportional der Atomkonzentration des zugesetzten Metalls. Nach (226) tritt durch Vergüten einer 4,3%igen Al—Cu-Legierung bei 150° eine fast quantitative Ausscheidung des Al_2Cu aus den Mischkristallen und eine unerklärte zusätzliche Gitteraufweitung neben einer durch Verwischung der Beugungslinien im Röntgenbild erkennbaren bleibenden Gitterstörung ein.

Die konstatierte Wiederaufweitung liegt in dem Temperaturgebiet, in dem Segregierung und evtl. vorhandene hochdisperse Ausscheidung sich schon überdecken, so daß für die Natur des Vergütungsvorganges nichts Sicheres gewonnen ist.

Nach (265a) sind die Vergütungsurheber wie Al_2Cu in der festen Lösung nicht als Molekül, sondern atomar gelöst.

Unter Berücksichtigung des gesamten Forschungsmaterials wird in (253e) eine Vergütungserklärung gegeben, für die Beobachtungen aus anderen kristallographischen Vorgängen herangezogen sind. In Alkalisalzmischkristallen, die sich bei langsamer Abkühlung entmischen und trübe werden, trete vor der Trübung Opaleszenz ein, die auf eine Sammlung der Na-Ionen auf gewissen Gittergeraden deute. Dieser Opaleszenz entspräche die nach (226) gefundene Verwischung der Beugungslinien im Röntgenbild. Die Ausscheidung der Verbindungskristallart (Al_2Cu usw.) könne aus der festen Lösung in Al nur erfolgen, nachdem eine Sammlung der hierzu nötigen Atome auf bestimmten Gittergeraden oder Netzebenen stattgefunden habe und diese fast nur mit solchen besetzt seien. Die Änderung der Festigkeitseigenschaften u. a. spreche dafür, daß die ursprünglich unregelmäßig — nur statistisch gleichmäßig — verteilten Zusatzmetallatome vielleicht eine der Symmetrie des Gitters entsprechende Verteilung angenommen hätten. Daß bei Härtung um 100^0 C herum die Kristallart Al_2Cu röntgenographisch noch nicht festgestellt werde, sei ein Beweis dafür, daß sie sich noch nicht gebildet habe, da Kriställchen von der Größe von 1 $\mu\mu$ schon nachweisbar sein sollten. Die im Al-Gitter eingebauten Cu-Atome, auch wenn sie sich auf mehreren Geraden gesammelt haben sollten, könnten röntgenographisch noch nicht nachgewiesen werden, sondern es müsse zuerst zur Bildung von Al_2Cu-Teilchen gekommen sein. An dem Beispiel einer festen Lösung von Fe in Cu wird gezeigt, daß das Sichsammeln von Fe-Atomen beim Übergang von der regellosen in eine geordnete Verteilung den Widerstand gegen Verschiebung längs der Gleitrichtungen wesentlich erhöht. Die Hauptursache der Verfestigung sei auch bei den Al-Legierungen die regelmäßige Sammlung der vorher regellos im Gitter verteilten Zusatzmetallatome.

Komplikationen ergeben sich aus der Beobachtung, daß kleine Reckungen unmittelbar nach dem Abschrecken zu einer Beschleunigung der Alterung oder einer Erhöhung der Festigkeitswerte führen können, verglichen mit den Daten, die bei gleicher Kaltreckung, aber nach erledigter Alterung ausgeführt, gelten (71d). Bei stärkerer Reckung zwischen Abschreckung und Vergütung kann letztere bis zur Aufhebung gestört werden (21, 171m). Eigentümlich ist das häufig erst einige Stunden nach der Abschreckung einsetzende Altern (77) (Inkubationszeit). Nach (71m) hängt das unterschiedliche Verhalten mit der Keimbildung zusammen, insofern als alle Maßnahmen, die ihr entgegenwirken, wie längeres Glühen vor dem Abschrecken und möglichst intensives Abschrecken, die Inkubationszeit fördern. Durch Abschrecken in Eiswasser und Lagern in Eis oder fester Kohlensäure läßt sich die Alterung unterdrücken (171n, 56f, 251). Von dem Verfahren wird zuweilen zur Erhaltung der Verarbeitungsfähigkeit von Duraluminnieten, die vor ihrer Aushärtung kalt geschlagen werden müssen, Gebrauch gemacht.

Unerklärt ist die den Praktikern bekannte Tatsache, daß warm alternde Legierungen höhere Festigkeitswerte liefern, wenn man die

Alterung nicht unmittelbar nach dem Abschrecken, sondern erst nach einigen Tagen vornimmt, wenn die in geringem Grade mögliche Selbstalterung beendet ist.

Beobachtungen, die zu technischen Verfahren noch nicht führten, sind die Festigkeitssteigerung beim Altern unter Druck (193) und die Verfestigung warm vergütender Legierungen in der Kälte durch Einwirkung rotierender magnetischer Felder[1] (106).

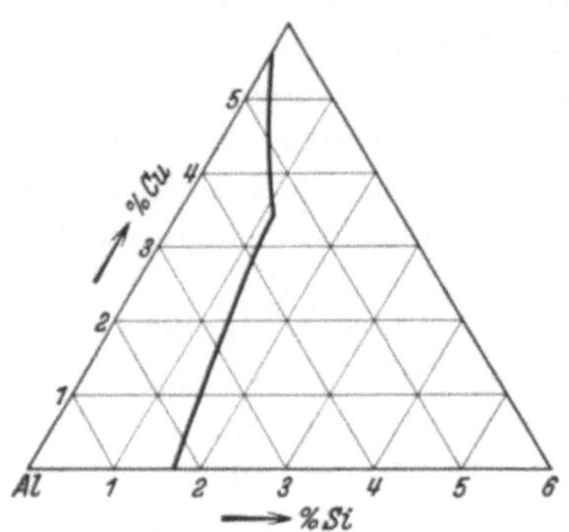

Abb. 86. Löslichkeitsgrenzen von Si und Cu in Al bei 525° C (ternär eutektischer Schmelzpunkt).

Da in binären Al-Legierungen die Vergütbarkeit an die feste Lösung des Zusatzmetalls in Al gebunden ist, andererseits zur Erreichung der maximalen Festigkeitswerte am besten an die Mischkristallgrenze bei der eutektischen Temperatur herangegangen wird, ergeben sich bei den Al—Zn-, Al—Mg- oder Al—Ag-Legierungen sehr hohe Zusätze, falls die gleichen Festigkeitswerte erreicht werden sollen, die man mit nur 4% Cu gewinnen kann.

In ternären Legierungen des Al mit zwei Mischkristallbildnern ändert sich das insofern, als diese gegenseitig ihre Löslichkeit im Al herunterdrücken. Man kann in solchen Fällen vielfach mit einem Gesamtgehalt von zwei Zusätzen, der kleiner ist als der eines einzelnen, die gleiche oder höhere Vergütungswirkung erzielen (Beispiel Al—Cu—Si; s. Abb. 86). Bei Anwesenheit von 1,1% Si ist der α-Mischkristall schon mit 3,5% Cu bei der ternär eutektischen Temperatur gesättigt. Mit abnehmendem Si-Gehalt steigt die Cu-Löslichkeit auf 5,6% an.

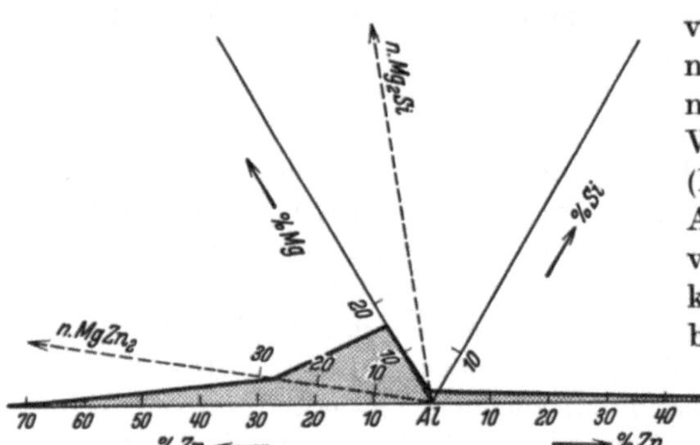

Abb. 87. Übersichtsschaubild über die Festlöslichkeitsverhältnisse in Al-Vierstoffsystemen.

Vielfach ist die Herabsetzung der Löslichkeit noch stärker, wenn die beiden Zusatzmetalle miteinander eine Verbindung bilden, die nicht vom Aluminium zersetzt wird, z. B. $MgZn_2$. Hierauf beruhen die vergütbaren Legierungen Lautal (75b, c, f, g, h, k), Konstruktal und Montegal (218b, 89d). Bei ersterer besteht keine Verbindungsbildung der

[1] Für Stahl konnten diese neuen Versuche in der Physik.-Techn. Reichsanstalt nicht bestätigt werden [Z. Instrumentenkde. Bd. 53 (1933) S. 193, 241, 293].

Zusätze untereinander, sondern lediglich Löslichkeitseinschränkung, während bei letzterer $MgZn_2$ bzw. Mg_2Si eine Rolle spielen. Ähnliches kann auch der Fall sein, wenn die beiden Zusatzmetalle mit dem Aluminium eine ternäre Verbindung bilden, die im festen Aluminium löslich ist. Die Löslichkeit ergibt im Diagramm des quasibinären Schnittes ein dem in den binären Legierungen durchaus ähnliches α-Gebiet (s. Tafel IV). In quaternären und höheren Legierungen tritt eine weitere Einschränkung der Löslichkeit ein, so daß mit immer weniger Gesamtzusätzen hohe Vergütungen erzielt werden können. Eine gute Übersicht für das einzelne quaternäre System kann man sich verschaffen, wenn man nach Abb. 87 die drei ternären Al-Ecken, aus denen es sich zusammensetzt, auseinandergeklappt aufzeichnet. Man sieht die starken Einschränkungen der Löslichkeit durch die Bildung der binären Verbindungen $MgZn_2$ und Mg_2Si. Im zusammengeklappten Tetraeder ergibt sich eine Mischkristallecke, die von der Löslichkeitsgrenze der einen der genannten Verbindungen zu der der anderen einen Sattel bildet. In diesem werden brauchbare Legierungen gesucht werden können, vorausgesetzt, daß nicht in die Al-Ecke ein neuer binärer Schnitt einläuft, etwa von einer Mg—Si—Zn-Verbindung, der die Verhältnisse von Grund auf ändern könnte.

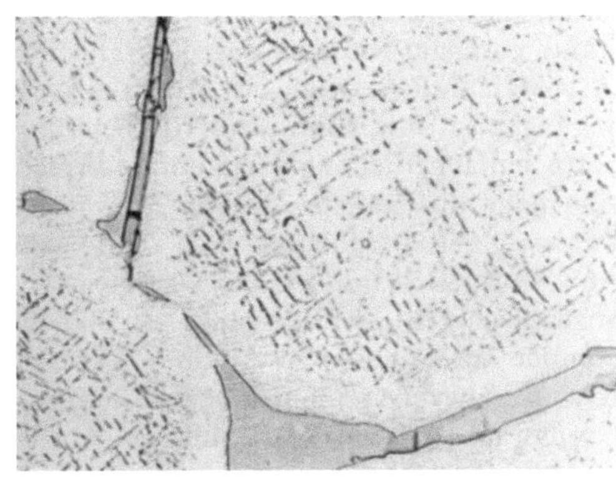

Abb. 88a. Langsam gekühlte Mischkristall-Legierung (4% Cu, 1,6 % Si). Kaum zonig, in den Körnern zahlreiche Segregate von Al_2Cu und Si. Zwischen den Körnern überschüssiges Al_2Cu und Si (letzteres in Gestalt einer Al—Fe—Si-Verbindung). V = 500; Ätzung: 7,5 ccm HF, 8 ccm HNO_3 und 25 ccm HCl in 100 ccm Wasser, 3 Min.

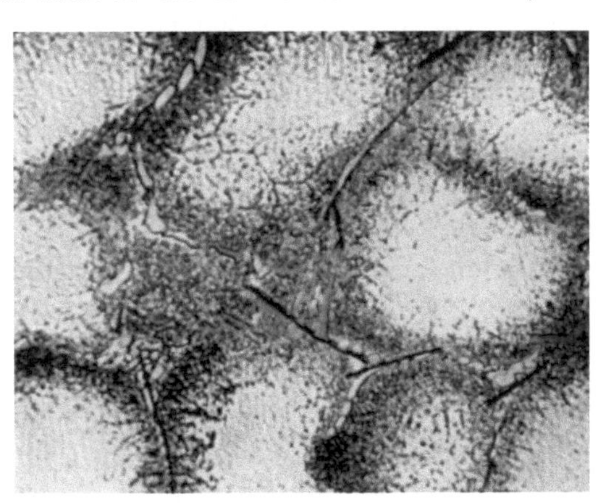

Abb. 88b. Rasch gekühlte Mischkristall-Legierung (4 % Cu, 1,6 % Si). Zonig, segregatfrei. Zwischen den Körnern überschüssiges Al_2Cu und Si (letzteres in Gestalt einer Al—Fe—Si-Verbindung). V = 500; Ätzung wie bei Abb. 88a, aber 8 Min.

Im Gußzustande (219) lassen sich die vergütbaren Legierungen nicht auf so hohe Zugfestigkeiten bringen wie gewalzte oder sonstwie durchknetete. An sich ist die Vergütbarkeit der eigentlichen Mischkristalle genau die gleiche, ob der gegossene oder der durchknetete Zustand vorliegt, wie dies aus der erreichten Brinellhärte hervorgeht, die in beiden Fällen gleich ist. Hieraus ergibt sich nebenbei, daß es nicht angängig ist, mit Hilfe eines Umrechnungsfaktors (26d) aus der Brinellhärte einfach die Zugfestigkeit zu errechnen, gleichgültig, ob man das eine oder das andere Material vor sich hat. Der Unterschied in der Zugfestigkeit beruht auf den Unterschieden im Gefügeaufbau. Die Abb. 88a und 88b zeigen das Gefüge einer langsam abgekühlten und einer abgeschreckten Gußlegierung bei 500facher Vergrößerung. Abgesehen von der mit wachsender Abkühlungsgeschwindigkeit geringer werdenden Kristallitengröße und Segregatbildung zeigen die beiden Bilder in den Korngrenzen neben Al_3Fe infolge Kornsaigerung überschüssiges Al_2Cu und Si. Es ist klar, daß Ansammlungen dieser spröden und gar nicht zugfesten Kristallarten den Zusammenhalt der Mischkristallkörner schwächen müssen. Hinzu kommt die ebenfalls in den Korngrenzen angesammelte Zwischensubstanz (253c), die einige Atomdurchmesser stark ist und ein kompliziertes Eutektikum spröder Metalloxyde darstellt, das den Zusammenhalt weiter beeinträchtigt.

Bei Durchknetung wird die Zwischensubstanz zerrissen. Im Gefolge der zur Vergütung erforderlichen Glühung unterhalb der Solidustemperatur tritt Rekristallisation ein. Ein großer Teil der zerbrochenen Zwischensubstanz kommt in das Innere der neu gebildeten Kristalle zu liegen, desgleichen natürlich auch die überschüssigen Kristallarten. Bei starker Kaltwalzung kommt es auch zu einer weitgehenden Zerreibung derselben, so daß sie unbehindert durch die ebenfalls zerrissene Zwischensubstanz bei der Vergütungsglühung zum großen Teil in den Mischkristallen gelöst werden. Außerdem wird durch die zusätzliche Kaltknetung die Rekristallisationskörnung feiner. Jedenfalls dürfte durch die neu entstandenen Korngrenzen, die frei sind von spröden Einlagerungen, in der Hauptsache die wesentlich bessere Zugfestigkeit der gekneteten, insbesondere der zusätzlich stark kalt gekneteten, gegenüber derjenigen der nur gegossenen Legierungen erklärt sein. Abb. 89a zeigt das Gefüge einer warm und hierauf stark kalt gewalzten Al—Cu—Si-Legierung im Walzzustand. Die Schliffläche ist übersät mit den Trümmern der überschüssigen Bestandteile, die im Gußzustand in den Korngrenzen saßen. Abb. 89b zeigt denselben Anschliff im weich geglühten (rekristallisierten) Zustande. Man sieht deutlich, daß die neu gebildeten Korngrenzen von überschüssigen Kristallarten frei sind, und daß letztere nunmehr innerhalb der Körner sitzen. Abb. 89c zeigt das Gefüge im unterhalb der Soliduslinie rekristallisierten und damit veredelungsgeglühten und abgeschreckten (vorvergüteten) Zustand. Ein großer Teil der überschüssigen Kristalle Al_2Cu und Si ist in Lösung gegangen. Bei gleicher Ätzung sind die Korngrenzen viel schlechter entwickelt, ein Beweis für das Maximum an Korrosionsbeständigkeit im abgeschreckten, segregatfreien Zustand. Abb. 89d zeigt das Gefüge nach zusätzlichen 16 Stunden Warmvergütung bei 130°. Die infolge

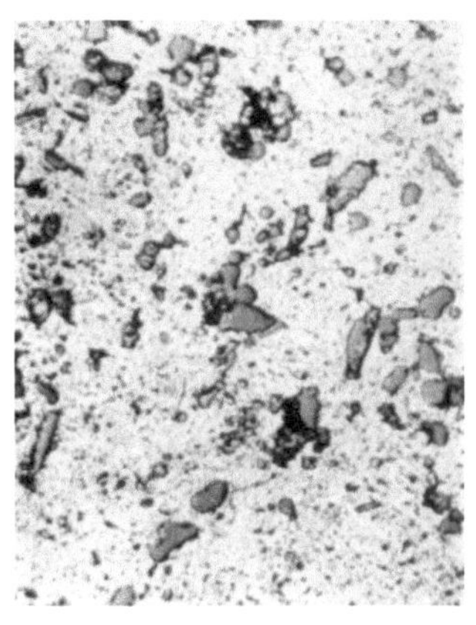

Abb. 89a. Gewalzt.

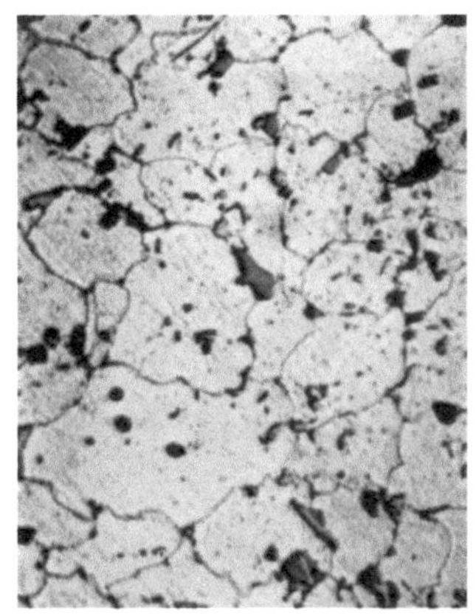

Abb. 89b. Weich geglüht.

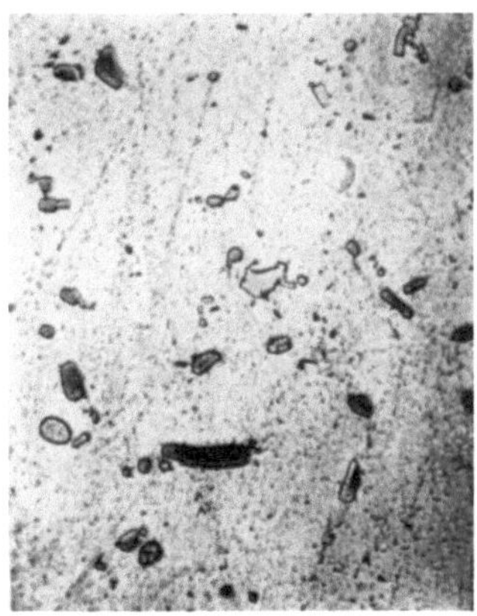

Abb. 89c. Von 500° abgeschreckt.

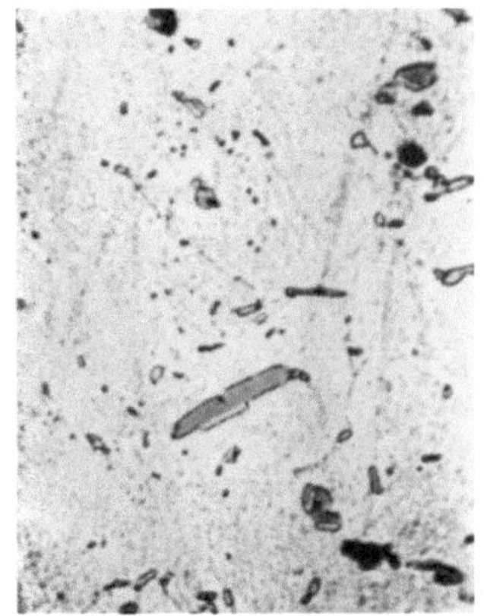

Abb. 89d. Wie c, dazu 16 Std. bei 130° angelassen.

Abb. 89a bis d. Legierung mit 4 % Cu, 2 % Si (5 mm-Blech). V = 250; Ätzung NaOH.

der nicht sichtbar zu machenden hochdispersen Al_2Cu- und Si-Ausscheidung schlechter gewordene Korrosionsbeständigkeit ist an der besseren Entwicklung der Korngrenzen durch die gleiche Ätzung zu erkennen.

Im weich geglühten Zustand sind bei genügend hoher Vergrößerung in besonders vorsichtig geschliffenen und geätzten Stücken Segregate zu finden (s. Abb. 90).

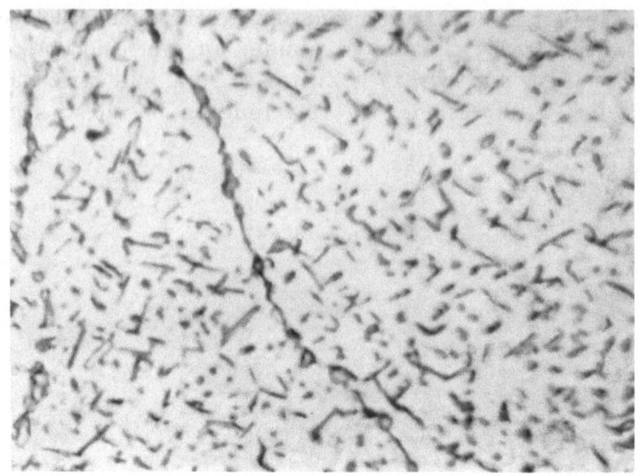

Abb. 90*. 4,8 % Cu, 1,2 % Si, 0,5 % Mn. 6 Std. bei 380° geglüht. Bildung zahlreicher Nadeln von Al_2Cu und Si. V = 1600; Ätzung wie bei Abb. 88 a.

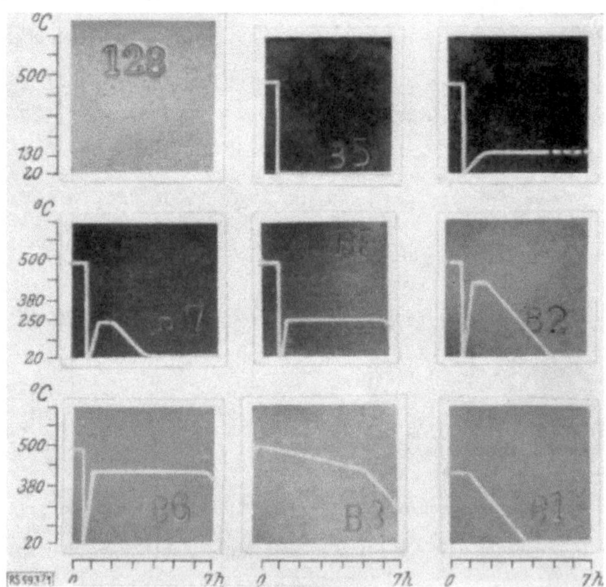

Abb. 91*. Unpolierte Bleche, etwa 5 % Cu, 1 % Si, 0,5 % Mn. Wärmebehandlung gemäß eingezeichneten Kurven. V = 0,65; Ätzung 5 Min. in wäßriger Lösung von 5 % HCl + 0,5% technische Flußsäure.

Im makroskopischen Bilde schon können sich nach geeigneter Ätzung Unterschiede ergeben, die, sich in der Hauptsache in der Oberflächenfärbung dartuend, Rückschlüsse auf die Wärmebehandlung zulassen

(209i). In Zweifelsfällen kann es die mechanisch-technologische Probe ersetzen. Abb. 91 gibt eine Übersicht makroskopischer Bilder unterschiedlich wärmebehandelter Schliffe der gleichen Legierung. Die weiß

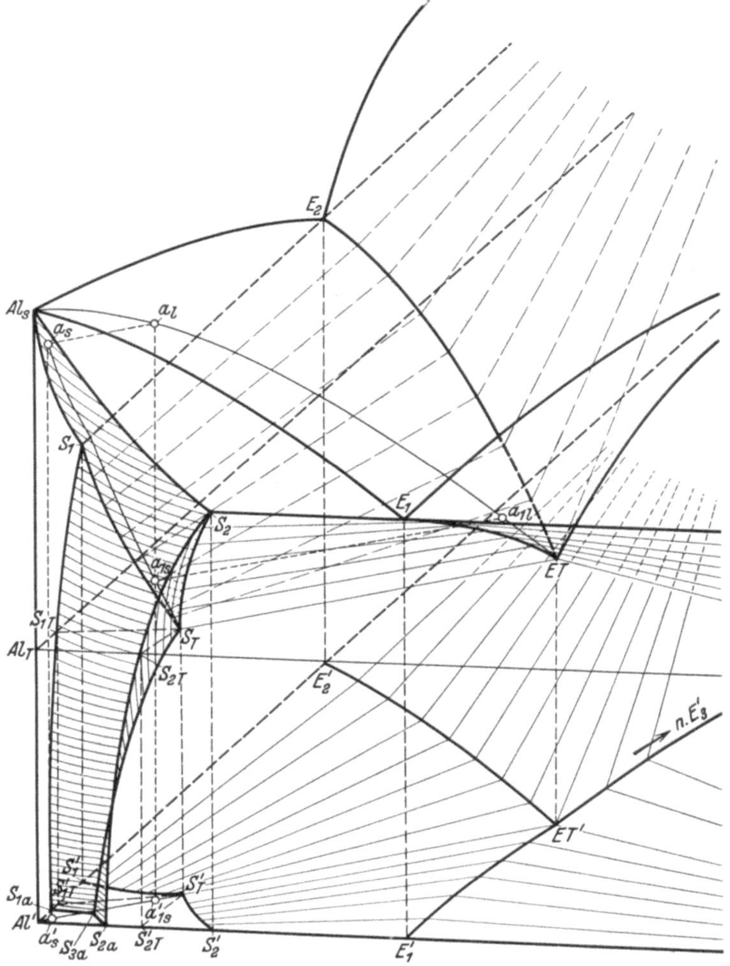

Abb. 92. Kristallisation im ternären System bei beschränkter Festlöslichkeit.

eingezeichneten Linien geben zusammen mit den ganz links eingetragenen Temperaturen und den unten angegebenen Glühzeiten die Wärmebehandlung an. Senkrechter Abfall der weißen Linien bedeutet Abschreckung. Die erste Probe ist ungeätzt, die anderen sind geätzt. Sie werden um so heller, je mehr der Zustand der festen Lösung durch Ausglühen beseitigt ist. Das auf den vollends geschwärzten Proben niedergeschlagene Kupfer ist mengenmäßig geringer als auf den anderen, aber dichter. Die dunkelsten Niederschläge nehmen bei nachträglicher Erwärmung eine messinggelbe Farbe an.

Das im Zweistoffsystem eine Fläche einschließende α-Gebiet ist im Dreistoffsystem (s. Abb. 92) ein räumliches Gebilde. Abb. 86 stellte einen Horizontalschnitt durch dasselbe bei der eutektischen Temperatur dar (Al_T—S_{1T}—S_T—S_{2T}). Aus einer Schmelze a_l kristallisieren zunächst Mischkristalle a_1. Sie ändert ihre Zusammensetzung entlang der in der Liquidusfläche liegenden Kurve a_l—a_{1l}. Die Mischkristalle ändern ihre Zusammensetzung entlang der in der Solidusfläche liegenden Kurve a_S—a_{1S}. Sobald sie die Zusammensetzung a_{1S} erreicht haben, ist die Menge der restierenden Schmelze = 0 und alles ist fest. Im Grunddreieck liegt die Konzentrationsbewegung der Mischkristalle auf der Projektion a'_S—a'_{1S} der Kurve a_S—a_{1S}, die eine gerade Linie ist, wenn sich während der Kristallisation das Verhältnis der beiden Zusatzmetalle zueinander nicht ändert (s. auch 220a).

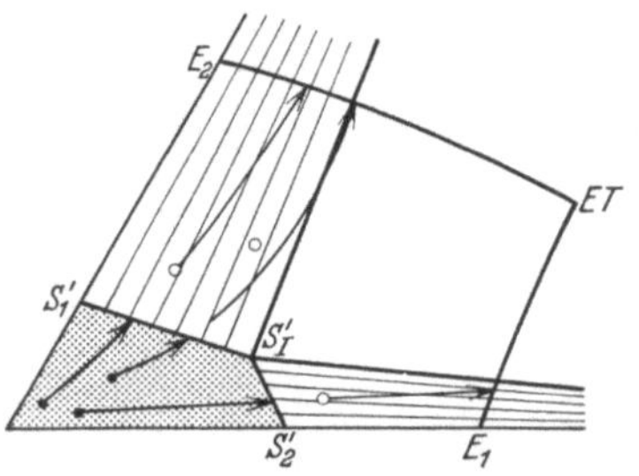

Abb. 93. Kristallisation im Zweiphasengebiet, wobei die eine Phase feste Lösung ist.

Angenommen, die Ausgangsschmelze habe die Zusammensetzung, die dem höchsten Löslichkeitsgrade der beiden Zusatzmetalle in Al bei der ternär eutektischen Temperatur entspricht, und liege unmittelbar hinter a_l auf der Kurve nach a_{1l}. Dann läge die Zusammensetzung der zuerst ausgeschiedenen Mischkristalle unterhalb a_S auf der Kurve nach a_{1S}. Die Schmelze ändere ihre Konzentration, gleichbleibendes Verhältnis der beiden Zusatzmetalle innerhalb der festen Lösung vorausgesetzt, entlang a_l—ET, während die Mischkristalle sich entlang der in der Solidusfläche liegenden Kurve a_S—S_T auflegierten. Sobald die Zusammensetzung der Mischkristalle S_T entspräche, wäre die Menge der inzwischen auf die Konzentration ET angereicherten Schmelze = 0 und wieder wäre alles fest. Im Grunddreieck hat die feste Lösung die Projektion von a_S—S_T, nämlich a'_S—S'_T, zurückgelegt.

Alle Mischkristalle segregieren Verbindungskriställchen der Zusatzmetalle mit Al aus, sobald ihre Kennlinien bei der Abkühlung die Entmischungsflächen S_1—S_{1a}—S_{3a}—S_T bzw. S_2—S_{2a}—S_{3a}—S_T durchstoßen.

Liegen die Ausgangsschmelzen in Zweiphasengebieten (s. Abb. 93), so beginnt die Mischkristallbildung im Einphasengebiet, wobei die Schmelzen ihre Zusammensetzung auf gekrümmten Linien ändern, desgleichen die Mischkristalle. Sobald eine zweite feste Phase dazukommt, ist eine der Kurven S_1—S_T oder S_2—S_T erreicht (im Grunddreieck S'_1—S'_T oder S'_2—S'_T). Die Schmelze hat sich infolge restloser Aufnahme eines Metalls in die Mischkristalle in eine Zweistoffschmelze verwandelt und erstarrt als binäres Eutektikum. Nur der Mischkristall S_T kann im Gleichgewicht mit ternärer Schmelze stehen. Alle Schmelzen im Dreiphasengebiet S_T'—E_2'—ET—E_1' in Abb. 94 beginnen ihre Kristallisation in der Mischkristallecke; die Konzentrationsänderung der Schmelze bewegt sich ebenfalls in gekrümmten Bahnen, so daß sie im Grunddreieck nicht für die Vielzahl der möglichen Zusammensetzungen gezeichnet werden kann. In den im folgenden gegebenen Darstellungen ternärer Systeme mit einer α-Ecke sind die in Abb. 19a u. 19b erläuterten Schneepflugkörper so zu verstehen, daß sie das Gleichgewicht binär eutektischer Schmelzen mit Mischkristallen darstellen, die erst im Punkt S_T' der Abb. 92 gesättigt werden und dann mit der inzwischen ternär eutektisch gewordenen Schmelze im Gleichgewicht stehen. Die von Mischkristallecken ausgehenden Schneepflugkörperlinien dürfen nicht gleichzeitig als Linien betrachtet werden, entlang denen sich die Konzentration der Schmelzen während der Primärkristallisation verschiebt. Dies ist nur statthaft bei solchen, die von Kristallarten ausgehen, welche ohne Zusammensetzungsänderung kristallisieren.

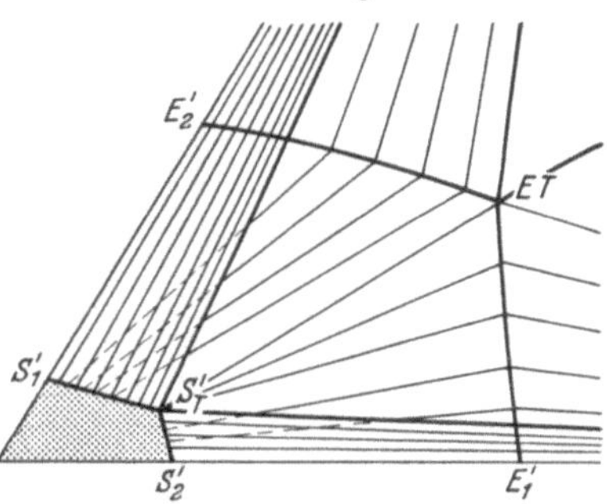

Abb. 94. Kristallisation im Dreiphasengebiet, wobei eine Phase feste Lösung ist.

4. Die Dreistofflegierungen des Aluminiums, nebst Anwendung der Gefügeerkenntnis auf die Technik.

Aluminium—Magnesium—Silizium.

Schrifttum: 101b, 212g, 10c, 12a, 56m, 56g, 77a, b, 137, 138a, 200d, b, 95b.

Die Al-Ecke dieses Systems wird durch den binären Schnitt Mg_2Si—Al (s. Tafel IV) in zwei Teilsysteme zerlegt, wovon das eine durch die Bestandteile Al, Al_3Mg_2 und Mg_2Si, das andere durch Al, Mg_2Si und Si gebildet wird (Phasenaufteilung s. Tafel III). Die nach (101b) konstruierte Abb. 95 läßt die Kristallisation erkennen.

Das ternäre Eutektikum $\alpha + II + III$ schmilzt bei 450° und enthält etwa 13,5% Si, 6,7% Mg und 79,8% Al. *III* ist im Eutektikum erheblich feiner aufgeteilt als Si im Al—Si-Eutektikum. Hierdurch ergibt sich eine Verfeinerungsmöglichkeit der Al—Si-Gußlegierungen durch entsprechenden Mg-Zusatz. Er darf nicht soweit getrieben werden, daß man in die Felder 11 oder 9 kommt, weil die dort auftretende Kristallart *II* sehr spröde ist. Abb. 96 zeigt das Gefüge einer langsam erstarrten

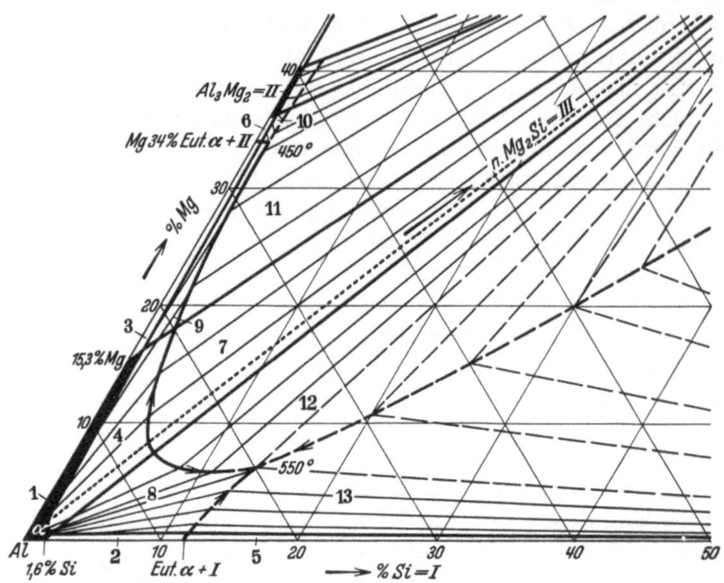

Abb. 95. Zustandsschaubild der Al-Ecke des Systems Al—Mg—Si.

Abkürzungen: α = feste Lösung von Mg und Si in Al, *I* = Si, *II* = Al_3Mg_2, *III* = Mg_2Si.

Kristallisation zu Abb. 95.

Feld	Primär	Sekundär	Tertiär
1	α	—	—
2	α	Eutektikum α + I	—
3	α	„ α + II	—
4	α	„ α + III	—
5	I	„ α + I	—
6	II	„ α + II	—
7	III	„ α + III	—
8	α	„ α + I oder α + III	Eutektikum α + I + III
9	α	„ α + II „ α + III	„ α + II + III
10	II	„ II + α „ II + III	„ α + II + III
11	III	„ III + α „ III + II	„ α + II + III
12	III	„ III + α „ III + I	„ α + III + I
13	I	„ I + α „ I + III	„ α + III + I

Legierung aus Feld 8. Das ternäre Eutektikum $\alpha + I + III$ hat eine bedeutend feinere Aufteilung als die binären. Soweit Härte und Feinkörnigkeit verlangt sind, ist deshalb die rein ternär eutektische Zusammensetzung erstrebenswert. Abb. 97 zeigt das Gefüge einer Kokillengußlegierung aus Feld 7. Abgesehen von einigen der typischen Primärkristalle *III* ist es fast binär eutektisch und enthält *III* in stäbchenförmiger Aufteilung.

Ätzung:

ohne:	*III* irisierend	blau, *II* hell glänzend,
nach (101 b):	10%	HNO_3 in Alkohol färben *II* dunkel,
nach (65 d):	0,5%	HF, *III* hellblau
	1%	NaOH, *III* umrissen
	70^0 10%	NaOH, *III* umrissen, heller
	70^0 20%	H_2SO_4, *III* stark angegriffen
	70^0 25%	HNO_3, *III* braun bis schwarz.

Wirkung der Ätzmittel auf *II* und *I* s. bei den binären Systemen Al—Mg und Al—Si.

Das für 550^0 gezeichnete α-Feld entspricht einer Löslichkeit von 1,85% Mg_2Si in Al (56g). Durch zusätzliches Si wird die Löslichkeit kaum

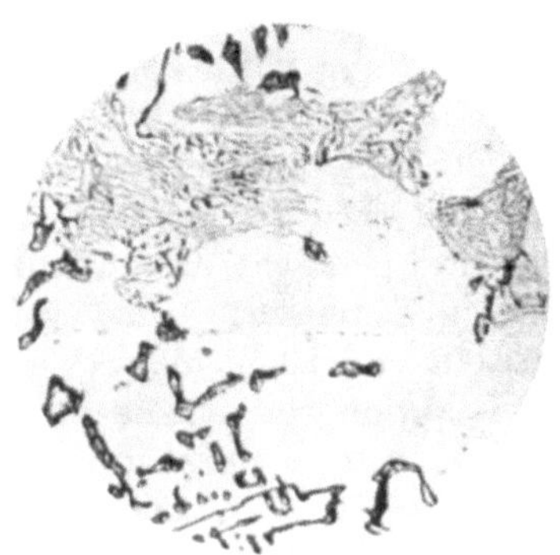

Abb. 96*. Feld 8. 5% Mg, 4% Si. Primär α. Sekundär α + Mg_2Si (grob). Tertiär α + Mg_2Si + Si (fein). V = 125; ungeätzt.

Abb. 97*. Feld 7. 15% Mg, 8% Si. Primär Mg_2Si. Sekundär Eutektikum Mg_2Si + α. V = 125; ungeätzt.

beeinträchtigt, während sie durch Mg erheblich herabgedrückt wird. Nach (101 b) ist sie bei 5% Mg schon praktisch = 0 (im Zustandsschaubild ist zwecks besserer Sichtbarkeit der Gebiete 3 und 6 eine etwas höhere eingezeichnet). Bei fallender Temperatur bilden sich in α Segregate von Mg_2Si. Auf ihrer hochdispersen Ausscheidung beruht die Selbstvergütung dieses Legierungstyps. Entsprechend der bei 30^0 nur noch 0,5% betragenden Löslichkeit von *III* in α (101 b) hat man sich das α-Feld bei Zimmertemperatur soweit eingeschrumpft vorzustellen. Mit der Mg_2Si-Ausscheidung haben sich viele Forscher (95 b, 138 a, 137, 200 b, d) befaßt, ohne über die Vergütungsursache genaue Aussagen machen zu können. Deutliche dilatometrische Effekte finden sich wie sichtbare Segregate erst im Entgütungsgebiet. Im und beim α-Feld in der Nähe des Schnittes Al—Mg_2Si liegen die technisch bedeutenden Legierungen vom Aludurtyp (98 a). Da ihre Warmvergütung bei unverminderter Festigkeit eine Erhöhung der elektrischen Leitfähigkeit auf rd. 90% der des Reinaluminiums bewirkt, haben derartige Legierungen (Aludur, Aldrey, Montegal) Bedeutung im Hochspannungsfreileitungsbau erlangt (227a, 278, 26a, c, e, 194).

Die Festigkeitswerte reiner Al—Mg—Si-α-Legierungen im gewalzten und vergüteten Zustand bewegen sich zwischen 28 und 55 kg/mm² bei Dehnungen von 25—3% und Härten bis 135 Brinell. Bei Schmiedematerial sind die Dehnungswerte je nach Lage des Zerreißstabes zur Faser geringer. Veredelter Guß kommt bei 5—10% Mg auf etwa 40 kg/mm².

Aluminium — Silizium — Natrium.

Schrifttum: 52a, d, e, k, 128, 252, 233, 195, 195a, 93f, h, 49, 10d, e, 94d, 64, 64a, 87b, 189b, 64b.

Die für die Leichtmetalltechnik hochbedeutsamen eutektischen Al—Si-Legierungen verdanken ihre feine Körnung und die damit verbundenen günstigen Eigenschaften der Behandlung mit Na in Gestalt von Metall oder Salzgemischen. Das Verfahren, „Siluminveredelung", „Alpaxveredelung" oder „Modifizierung" genannt, stammt von Pacz (Amer. Pat. 1387900, Febr. 1920), soweit es Na-Salze verwendet — NaF oder KF allein oder mit einem Erdalkalifluorid gemischt, Gesamtzusatz 1—2% des Gewichtes der zu behandelnden Schmelze — und wurde zunächst in Deutschland zur technischen Reife entwickelt (52a, d, e, k). Da die Wirkung der Na-Salze auf einer Reaktion beruht, die metallisches Na in die Schmelze bringt, wurde bald die Kornfeinung mit solchem direkt versucht und erreicht (Amer. Pat. 1410461, Nov. 1920; Zusatz 0,1% Na oder besser Na + K auf das Einsatzgewicht). Englische Patente ersetzen die Salze durch Basen (Ätznatron und Ätzkali, Brit. Pat. 210517, Okt. 1922 und 219346, Jan. 1923).

Bei Anwendung der Verfahren ergeben sich auch bei langsamer Abkühlung, z. B. bei Sandguß schwerer Stücke, so feine Körnungen, wie sie ohne Na nur bei Abschreckung aus dem flüssigen Zustande erreicht werden können (s. Abb. 65a u. b), während bei normaler Abkühlung technisch minderwertiges Gefüge entsteht (Abb. 64a).

In (128a) u. a. wird die Na-Wirkung auf Si-Unterkühlung zurückgeführt, was durch die beobachtete Verschiebung der eutektischen Zusammensetzung nach Si hin naheliegt. Nach (49) wird durch den Eintritt von Na eine Dreistoffschmelze herbeigeführt, die bei der Verfestigung Na behält. Kornfeinung und Verschiebung des Al—Si-Eutektikums nach rechts wären demnach nur die natürliche Wirkung eines dritten Stoffes. Gestützt wird diese These durch die Beobachtung, daß nach Herausbrennen des Na aus länger flüssig gehaltener Schmelze im Guß die Kornfeinung ausbleibt. Nach (93f, h) liegt die wahre eutektische Konzentration von vornherein bei 13,8% Si. Bei den unveredelten Legierungen werde das eutektische Gleichgewicht nur behindert durch Oxydhäute. Das Na rufe Raffination oder Desoxydation hervor und mache die Bestandteile für das eutektische Gleichgewicht empfindlicher, woraus sich feinere Aufteilung ergebe. In (52a, d, e, k) wird feste Lösung von etwas Na in Si angenommen, wodurch nach allgemeinem Gesetz die Kristallisationsgeschwindigkeit verringert, die Kernzahl dagegen erhöht werde. Nach (195a), wo die Abhängigkeit der Kornfeinung von der zugesetzten Na-Menge beschrieben ist, wirken Desoxydation und Bildung einer ternären Legierung zusammen. Nach (64b) setzt Na den eutektischen Erstarrungspunkt herab, läßt aber den Schmelzpunkt unverändert. Nach Herausbrennen des Na bei längerem Stehenlassen der Schmelze stellt sich auch der normale Erstarrungspunkt wieder ein. Na beeinflusse die Temperatur der Primärabscheidung des Al weniger als die des Si in erniedrigendem Sinne. Schließlich sei die Wärmetönung der Si-Primärabscheidung bei Gegenwart von Na geringer als bei Abwesenheit. Hieraus wird auf zwei Möglichkeiten für die kornfeinende Wirkung des Na geschlossen. Nach der ersten (Kolloidtheorie) scheidet sich Na in kolloiddisperser Form aus der Schmelze aus, umhüllt die Si-Kerne, ihre Atombeweglichkeit in der Schmelze und damit auch das Wachstum behindernd, wodurch sich die feine Si-Aufteilung im Eutektikum von selbst erklärte. Nach der zweiten (Adsorptionstheorie) nehmen die Si-Kerne Na in fester Lösung auf und umhüllen sich mit einem Na-Film, der das Kornwachstum gleicherweise behindere. Der Wiedereintritt der normalen eutektischen Temperatur beim Wiederaufschmelzen widerlege die Bildung einer ternären Legierung; läge eine solche vor, so müßten Schmelz- und Erstarrungspunkt gleich sein. Nach Beobachtungen des Verfassers kann eine stabile ternäre Legierung nicht vorliegen. Zwar ergeben frisch gegossene Stäbe aus veredelter Schmelze beim Abdrehen unter Wasser die bekannten durch Na verursachten Feuererscheinungen, mehrere Tage gelagerte aber nicht mehr. Die Analyse der letzteren weist keine nennenswerten Mengen an Na auf. In (94d) wird die Kolloidtheorie unter Stützung auf (4) dahin erweitert, daß nicht nur das bei der Veredelung aus der Schmelze tretende Na, sondern auch das Si und das Al beim Übergang vom atomar gelösten Zustand in der Schmelze zum kristallisierten den der kolloiden Dispersion durchliefen. Das Na und seine Salze spielten mehr die Rolle von Erhaltern des kolloiden Zustandes von Al und Si. Als Beispiel eines ähnlichen Vorganges wird die Eiskrembildung angeführt, bei welcher die Bildung fast kolloider Eiskriställchen durch die Zugabe von Kolloiderhaltern wie Gelatine oder Eiweiß gelinge. Je nach Höhe des Na-Zusatzes, den Veredelungs- und Gießbedingungen könne das veredelte Eutektikum zwischen 11,7 und 15,7% Si liegen.

Aus den bisher angeführten Arbeiten sowie der Tatsache, daß alkalifreie Fluß- und Desoxydationsmittel eine Kornfeinung nicht zur Folge haben, ergibt sich die Unhaltbarkeit der Raffinationstheorie.

In (189) endlich wird versucht, das Problem durch die Betrachtung des Dreistoffsystems Al—Na—Si zu lösen. Für das unbekannte System Na—Si wird die gleiche Gestalt wie die von Al—Na, also in der Hauptsache Mischungslücke über das ganze Gebiet, angenommen. Das schematische Dreiecksschaubild (s. Abb. 98) wird von einer Mischungslücke im flüssigen Zustand (Zweischichtensystem) beherrscht. Lediglich der Al—Si-Seite entlang zieht sich ein schmaler, der größeren Deutlichkeit halber übertrieben breit gezeichneter Streifen der vollkommenen Löslichkeit im flüssigen Zustand. Der Erstarrungsvorgang einer Schmelze auf der Linie *E d* wäre wie folgt: Zunächst Ausscheidung des groben Eutektikums Al—Si unter Zusammensetzungsänderung der Schmelze entlang *E d*, der binären Eutektikalen. Die Temperaturerniedrigung der eutektischen Kristallisation wäre durch die Anwesenheit des Na als dritten Stoffes hinreichend erklärt. Die beobachtete Verschiedenheit der eutektischen Zusammensetzungen (94d) ergäbe sich aus der Verschiebung entlang *E d* in Si-reichere Gebiete je nach der angewandten Menge Na. Bei Auftreffen der Schmelzekonzentration auf die Kurve *a d b*, die Grenze der Mischungslücke, beginnt die Trennung in zwei Schichten, d. h. fast reines Na wird frei und strebt zur Oberfläche. Diesem Stadium der Erstarrung entspräche das feinkörnige Gefüge. Eine Schmelze von der Zusammensetzung A_1 würde zunächst Al ausscheiden unter Konzentrationsänderung entlang A_1 *h*. Bei Auftreffen auf *E d* im Punkte *h* begänne die sekundäre grobe Abscheidung von Al—Si-Eutektikum unter Konzentrationsänderung der Schmelze in Richtung *d*, wo infolge Eintritts der monotektischen Reaktion die Restschmelze fein eutektisch erstarrte.

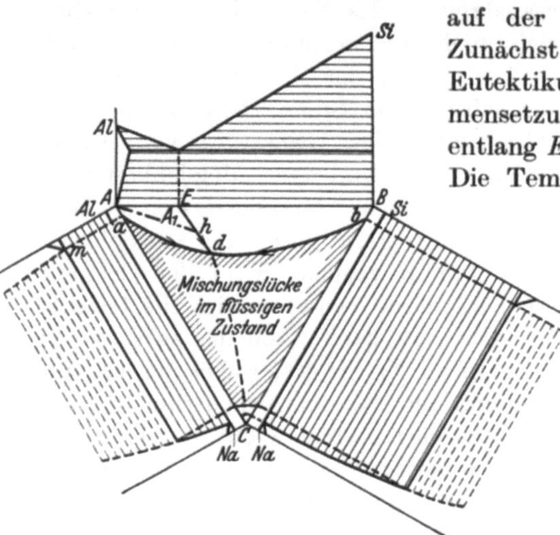

Abb. 98. Zustandsschaubild Al—Na—Si nach Otani.

Diese Auffassung hat viel für sich, erklärt aber nicht die große Temperaturerniedrigung des eutektischen Punktes, die nach (94d) bis 32° betragen kann. Die Kornfeinung nach Eintritt der monotektischen Reaktion bedürfte, wenn nicht rein mechanische Wirkung des nach oben strömenden Na auf die Kernbildung (Zerkleinerung) angenommen werden soll, der weiteren Deutung durch Kolloid-, Adsorptions- oder Eiskremtheorie.

Folgende konstruktive Zusammenfassung des Beobachtungsmaterials dürfte die Al—Si-Veredelung ohne Widersprüche erklären.

Die Löslichkeit des Na im flüssigen Al ist gering. In der flüssigen Al—Si-Legierung ist sie etwas größer. Hierzu ist es nicht nötig, für das System Na—Si eine bestimmte Konstitution anzunehmen. Sicher ist, daß die Mischungslücke in der Nähe des Al—Si-Eutektikums noch besteht, sonst müßte es mikrographisch möglich sein, Na im Gefüge nachzuweisen, und daß bei der monotektischen Reaktion Na oder eine daran reiche Schmelze frei wird und nach oben strebt. Im flüssigen Zustand liegt in einem schmalen Gebiet (s. Abb. 99), links von der durch Schraffur kenntlich gemachten Mischungslücke, völlige Löslichkeit der drei Metalle ineinander vor. Mit steigendem Na-Zusatz wird durch rein konstitutionelle Wirkung der Si-Gehalt des Eutektikums erhöht und die Erstarrungstemperatur erniedrigt. Beide Erscheinungen werden verstärkt durch die an sich vorhandene Unterkühlungsneigung des Si. Da Na bei Beginn der Kristallisation noch atomar in der Schmelze gelöst ist, kristallisiert Si zunächst noch ziemlich grob, sei es primär, sei es eutektisch.

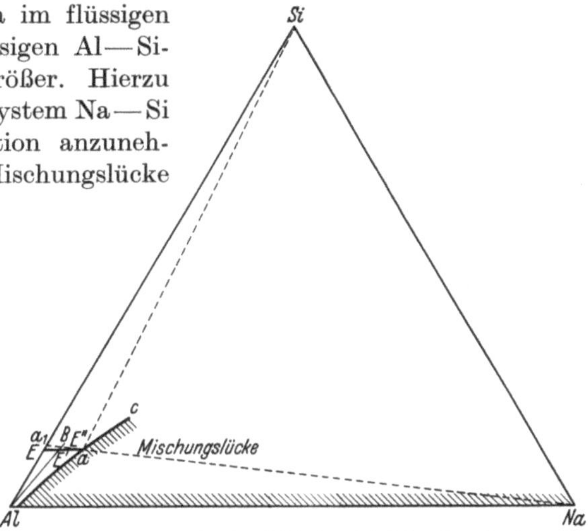

Abb. 99. Zustandsschaubild der Al-Ecke des Systems Al—Na—Si.

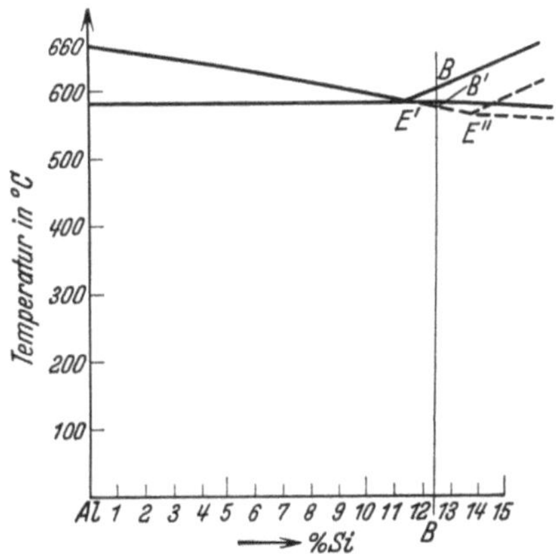

Abb. 100. Schnitt Al—B der Abb. 99.

Im ersten Falle bei angenommener Ausgangsschmelzzusammensetzung B wird infolge Unterkühlung des Si (s. Abb. 100) zuerst der verlängerte Ast der Al-Primärausscheidung getroffen und es kristallisiert im Punkte B' zunächst quasiprimär Al aus. Die Zusammensetzung der Schmelze verschiebt sich nach E'', wo, zunächst noch grobe, Kristallisation von Al—Si-Eutektikum und von quasiprimärem Si einsetzt. Jetzt verschiebt sich die Konzentration der Schmelze entlang $E''a$ (s. ternäres Schaubild 99). Im Punkte a tritt

Ausscheidung von Na durch monotektische Reaktion ein, welches nach einer der Kolloidtheorien oder der Adsorptionstheorie feinkörnige Kristallisation des restlichen Eutektikums Al—Si bewirkt. Da das Na während dieses Prozesses die Legierung fast ganz verläßt, schlägt die Zusammensetzung derselben entlang $a a_1$, der Verlängerung der von der Na-Ecke ausgehenden Verbindungsgeraden mit a, in die binäre Zusammensetzung a_1 um. Dieser Kristallisationsvorgang erklärt die oft angetroffenen eigentümlichen Gefügebilder, wie Abb. 66 eins zeigt.

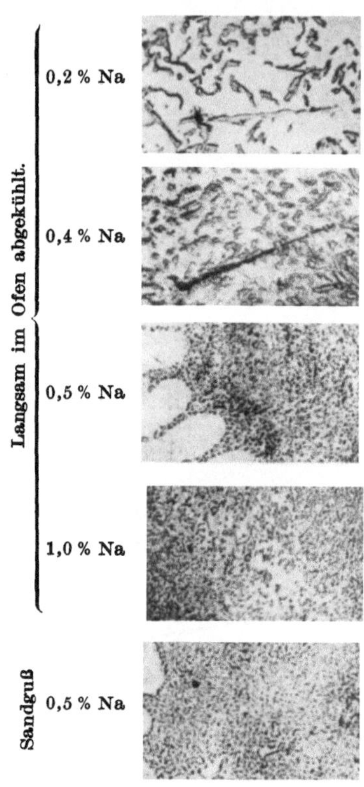

Abb. 101*. Abhängigkeit der Kornfeinung von der Natriummenge und von der Abkühlungsgeschwindigkeit. V = 350; ungeätzt.

Liegt die Ausgangsschmelze rechts von der Verbindungsgeraden der Si-Ecke mit Punkt a — was sehr oft der Fall ist, denn a liegt nur einige Zehntel Prozent Na vom binären System Al—Si entfernt —, so wird nach der Primärausscheidung einiger Si-Kristalle zuerst die Begrenzungskurve der Mischungslücke ca erreicht. Na beginnt kolloid aus der Schmelze zu treten und zu entweichen, die weitere Si-Ausscheidung wird fein. Während dieses Vorgangs gelangt die Konzentration der Schmelze auf irgendeinen Punkt auf Ea und die Kristallisation geht, wie schon beschrieben, eutektisch zu Ende. Ob fein oder grob, hängt davon ab, ob noch genügend Na in der Schmelze blieb. Durch anfänglich zu hohen Na-Gehalt der Schmelzen kann, wie die Erfahrung lehrt, die Veredelung auch ausbleiben. Sie befinden sich dann von vornherein über dem Gebiet der Entmischung. Diese Gefahr wird um so größer, je näher die Schmelzen der Al-Ecke liegen. So erklärt es sich, daß stark untereutektische sich oft nicht veredeln lassen. Bei Abkühlung tritt zuerst die monotektische Reaktion ein. Womöglich reißt das zur Oberfläche strömende Na einen Teil des noch in Lösung bleiben sollenden mit und läßt nur eine für die Kornfeinung des später kristallisierenden Eutektikums nicht mehr ausreichende Na-Menge zurück.

Für die Praxis ergeben sich folgende Richtlinien für die Veredelung. Je rascher die Abkühlung bzw. je kleiner die Gußstücke, desto geringer kann die Menge des zu verwendenden Na sein. In (195) ist für abnorm lange Abkühlung (im Ofen) die Wirkung bestimmter Na-Mengen angegeben (s. Abb. 101). Die im Betrieb für Sand- und Kokillenguß gebrauchte Menge ist erheblich geringer, etwa $^1/_3$. Nach (94d) ist mit einem Zusatz von 0,1% volle Veredelung gewährleistet. Nach (10d, e) steigt der Na-Bedarf mit dem Si-Gehalt von 0,05% des Einsatzes bei 6% Si auf 0,13% bei 15% Si an. Die Schmelzen werden heute zur Vermeidung von Gasaufnahme und Oxydation allgemein nicht mehr über 800° erhitzt und mit etwa 675° vergossen. Wichtig ist eine gleichmäßige Verteilung des Na in der Schmelze. Man taucht es in einer gelochten Glocke oder einer anderen geeigneten Vorrichtung bis auf den Boden des Metallbades. Starkes Umrühren ist ungünstig, weil das noch nicht vollkommen verteilte Na herausbrennt. Zwecks vollkommener Durchmischung läßt man besser etwa 20 Minuten abstehen. Gießt man nach zu kurzer Wartezeit, so finden sich im Gußstück Inseln unvollkommener Veredelung.

Untersuchungen der Kornfeinungsmöglichkeit von Silumin mit anderen Zusätzen sind, sobald von der eutektischen Al—Si-Zusammensetzung allzuweit abgewichen wurde, negativ ausgefallen. Stimmt die Adsorptionstheorie, so ist es klar, daß alle Aluminiumeutektika, deren anderer Bestandteil Na nicht festzulösen vermag, nicht veredelungsfähig sind. Ist die Wirkung des Na aber mehr mechanisch, entsprechend den Kolloidtheorien, so wäre zu beachten, daß die Na-Ausscheidung durch monotektische Reaktion erst unterhalb der Temperatur der jeweiligen Primärkristallisation beginnt. Bei Anwesenheit mehrerer Eutektika in einem System könnte durch das erste oder gar schon die Primärkristallisation die Na-Ausscheidung vorzeitig ausgelöst werden, so daß für die Hauptmenge der Legierung nichts mehr vorhanden wäre. Es müßten aber nicht zu Al-reiche, binäre, ternäre und Mehrstoffeutektika mit quantitativ getroffener Zusammensetzung veredelungsfähig sein.

Die verschiedenen Theorien über die Ursache der Veredelung legen den Gedanken nahe, an Stelle von Na und K andere Metalle zur Veredelung heranzuziehen, die mit dem Aluminium Mischungslücken im flüssigen Zustande aufweisen. Nach Tafel I sind das Bi, Pb, Cd, Tl. Im Gegensatz zu den Alkalimetallen sinken diese Zusätze infolge ihrer Schwere nach ihrer Ausscheidung zu Boden (s. die im Abschnitt Aluminium—Blei beschriebene Wirkung des Schüttelns von Aluminium mit Blei). Die Bodensätze der Gießtiegel wären immer wieder benützbar. Die in der Beschreibung der binären Systeme erwähnten Ergebnisse von (222 u. 222a), der in solchen Fällen meist „feines Bruchgefüge“ feststellte, deuten darauf hin.

Über die Festigkeitswerte veredelter Al—Si-Gußlegierungen sei gesagt, daß sie 17—25 kg/mm² betragen, bei einer Dehnung von 3,5—6,5%. Es finden sich auch geringere und höhere Werte; 10% für die Dehnung, eine häufig angetroffene Angabe, ist zu hoch gegriffen. Das Amer. Pat.

1387900 gibt 3,5—6,25%, DRPA. 40988/40b 3,5% und mehr an. Nach den Angaben in (52b) wurde der Dehnungswert von 10% nur in 10% der geprüften Fälle gefunden (weiteres Schrifttum über Al—Si-Guß: 61, 171, 17, 87b). Korrosions- und Witterungsbeständigkeit der veredelten Al—Si-Legierungen sind gut.

Eisen kommt nach (75d) als ternäre Verbindung $Al_6Fe_2Si_3$ vor. Danach kommen auf 1% Fe im Silumin 3,2% der Verbindung. Primär neigt sie zu Bildung grober Platten von außerordentlicher Sprödigkeit. Da das ternäre Eutektikum Al—Fe—Si ungefähr 0,5% Fe enthält,

Abb. 102. Siluminblech, aus mangelhaft veredeltem Guß erwalzt. V = 200; ungeätzt.

sollte Silumin nicht wesentlich über 0,5% Fe enthalten. In (61) wird als Höchstgrenze 0,8% angegeben, als ausnahmsweise günstiger Schwermetallzusatz Mn genannt. Verschlechternd wirken Mg, Sb und Sn; auch Zn wirkt nicht günstig. Kupfer vermindert (wenn nicht thermisch vergütet wird) Festigkeit und Dehnung, erhöht aber Härte, statische Elastizitätsgrenze und insbesondere die dynamische Festigkeit.

Die veredelten Al—Si-Legierungen sind auch als Preß- und Walzprodukte auf dem Markt. Walzhart: 17—23 kg/mm² bei 3—10% Dehnung; weichgeglüht: 12—16 kg/mm² bei 25—15% Dehnung. Abb. 102 zeigt das Gefüge eines beim Biegen gebrochenen Bleches auf der eingerissenen Blechseite. Die Brüche wurden hervorgerufen durch Anhäufungen grober Si-Kristalle infolge mangelhafter Veredelung.

Nach obigem kann sie zurückzuführen sein auf zu viel oder zu wenig Na, Umrühren vor dem Guß, ungleichmäßige Verteilung des Na in der Schmelze, zu kurze oder zu lange Abstehzeit vor dem Guß, zu langsame Abkühlung infolge zu langer Gießdauer oder zu hohe Gießtemperatur.

Aluminium — Eisen — Silizium.

Schrifttum: 212g, 75, 75d, 56a, 71a, 94e.

Diesem System gehört das handelsübliche Aluminium an. Die wissenschaftlichen Befunde darüber enthalten noch Widersprüche. Nach (75) erwies sich der Schnitt von Si nach Al_3Fe als binär (s. Tafel IV). Die punktierten Linien auf der rechten Seite des Schnittschaubildes ergeben sich aus zweifelhaften thermischen Effekten, vermutlich Auswirkungen des jenseits des Schnittes liegenden Eutektikums $Si/FeSi_2$. Auf der linken Liquiduskurve befindet sich ein Knick, von dem eine Gerade ausgeht, die der peritektischen Umsetzung von Al_3Fe mit einer Si-haltigen Kristallart entspricht. Nach (56a) bestehen in der Nähe des Schnittes zwei ternäre Kristallarten, die als feste Lösung von Si in Al_3Fe aufgefaßt werden. Eigene Untersuchungen (75d) Al-reicher Konzentrationen in Parallelschnitten mit steigendem Al-Gehalt und gleichbleibender Summe Fe + Si ergaben die Bildung einer peritektischen Verbindung. Die Umhüllungen waren zum Teil doppelt (s. Abb. 103). Da die äußere Umhüllung die gleiche Ätzfärbung aufwies wie der Kern, wurde, gestützt auf (71a), eine einzige Verbindung als Umhüllende angenommen, die zweite Umhüllung als unterkühlter Kernstoff, also Al_3Fe, angesehen. (94e) kommt hauptsächlich auf Grund thermisch-analytischer Befunde zu der Annahme dreier ternärer Konstituenten, β, X und δ, die peritektisch auseinander entstehen. Ihre Zusammensetzung konnte nicht bestimmt werden. Nach dem in (94a) gegebenen Zustandsschaubild (s. Abb. 104), der Al-Ecke bildet sich β peritektisch aus Al_3Fe und Schmelze, δ peritektisch aus β und Schmelze

Abb. 103. Feld 5a. 6 % Si, 6 % Fe. Primär Al_3Fe, später umhüllt von *IV*. Sekundär Eutektikum α + *IV*. Tertiär Eutektikum α + *IV* + Si. V = 170; Ätzung HF.

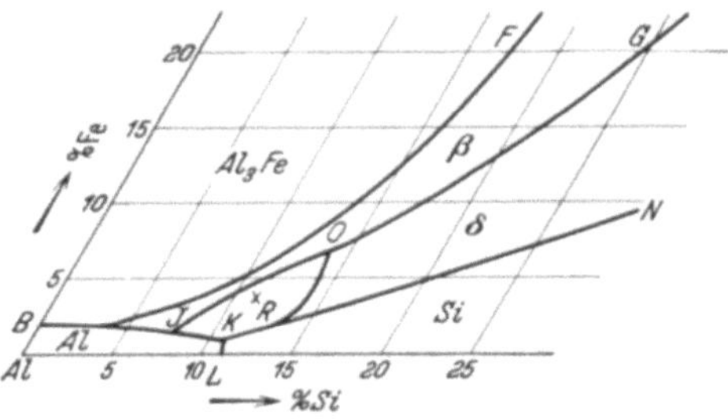

Abb. 104. Zustandsschaubild der Al-Ecke im System Al—Al_3Fe—Si. (Nach 94e.)

und X peritektisch entweder aus β und Schmelze oder aus δ und Schmelze. Nach (75d) käme die Peritektikale O—G in Wegfall, weil danach β und δ ein und dieselbe Kristallart sind (in Abb. 105 mit IV bezeichnet). Nach den in (94e) geschilderten Untersuchungen um 8 bis 14% Si herum kann die Existenz der Kristallart X als tatsächlich angenommen werden. Der Kurvenzug J—O—R würde nur noch einer

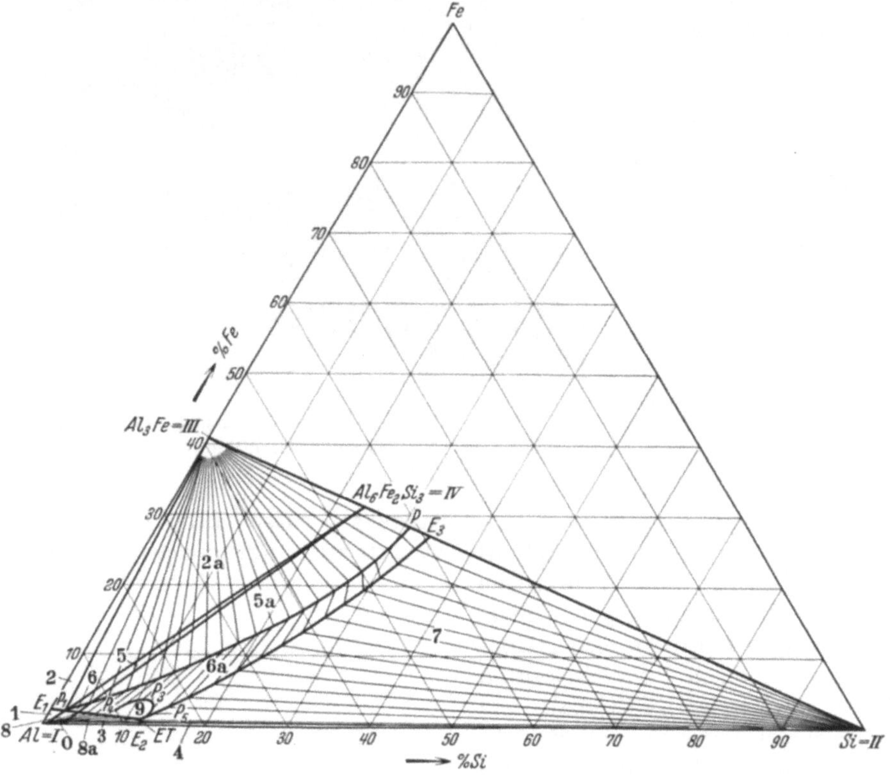

Abb. 105. Zustandsschaubild der Al-Ecke des Systems Al—Fe—Si.

einzigen peritektischen Reaktion, der Bildung von X aus β und Schmelze, entsprechen. Phasentheoretische Widersprüche, die sich aus der Bildung von X aus zwei verschiedenen Kristallarten und Schmelze ergeben, wären damit beseitigt.

Abb. 105 enthält das Zustandsschaubild der Al-Ecke des Systems Al—Fe—Si unter Kombination der Ergebnisse in (56a, 71a, 94e und 75d) für den kristallisierten Zustand nach normal rascher Abkühlung der Schmelzen.

Abkürzungen: I = Al, α = feste Lösung von Si und Fe in Al, II = Si, III = Al_3Fe, IV = $Al_6Fe_2Si_3$, β nach (94e), X = X nach (94e).

Kristallisationsbeschreibung zu Abb. 105.

Feld	Primär	Sekundär	Tertiär
0	α	—	—
1	*I*	Eutektikum $I + III$	bin. Eut. $I + IV$
2	*III*	Eutektikum $I + III$	bin. Eut. $I + IV$
2a	*III*	Peritektische Reaktion III + Schmelze = IV, entlang PP_1, dabei völlige Aufzehrung der Schmelze. Im Schliffbild theoretisch nur *III*, umhüllt von *IV*. Da durch die Umhüllung die Reaktion aber bald aufhört, bleibt Schmelze übrig, die sich wie solche aus Feld 5 und 5a verhält. . .	—
3	α	Eutektikum $\alpha + II$	—
4	*II*	Eutektikum $\alpha + II$	—
5	*III*	Peritektische Reaktion III + Schmelze = IV, entlang PP_1, dabei völlige Aufzehrung von *III*, Schmelze bleibt übrig, aus der nun *IV* primär kristallisiert. Schließlich bei Erreichung von E_1—ET binäreutektische Erstarrung $IV + \alpha$.	—
5a	*III*	Peritektische Reaktion III + Schmelze = IV, entlang PP_1, völlige Aufzehrung von *III*; aus übrig bleibender Schmelze nun Primär *IV* und weiteres Verhalten wie Schmelze aus Feld 6a	wie 6a
6	*IV*	Eutektikum $IV + \alpha$	—
6a	*IV*	Peritektische Reaktion IV + Schmelze = X, wenn die Verbindungsgerade von Ausgangsschmelze und Punkt *IV* auf die Kurvenäste P_3P_4 oder P_3P_5 trifft. Entlang dieser erfolgt die Umwandlung, bis die Umhüllung von *IV* durch *X* keine weitere Reaktion mehr zuläßt. Es scheidet sich dann primär weiterhin *X* aus; weiteres Verhalten wie Schmelzen aus Feld 9 .	wie 9
		Trifft die Verbindungsgerade von Punkt *IV* u. der Ausgangskonzentration der Schmelze die Kurve E_3P_5, so kristallisiert sekundär Eutektikum $IV + II$, trifft sie E_1P_4, Eutektikum $IV + \alpha$. Die Schmelzen ändern dabei ihre Zusammensetzung entlang den genannten Kurven bis zur Erreichung der Vierphasengleichgewichtspunkte P_5 bzw. P_4. Hier tritt zum eutektischen Gleichgewicht die peritektische Reaktion IV + Schmelze = X. Die Restschmelzen streben unter Ausscheidung der binären Eutektika $II + X$ bzw. $\alpha + X$ dem ternär eutektischen Punkte *ET* zu	tern. Eut. $\alpha + II + X$

Kristallisationsbeschreibung zu Abb. 105 (Fortsetzung).

Feld	Primär	Sekundär	Tertiär
7	*II*	Eutektikum *II* + *IV*, das nach Durchlaufung der peritektischen Reaktion in P_5 in das Eutektikum *II* + *X* übergeht, oder Eutektikum *II* + *X* oder Eutektikum *II* + α, alle drei enden im . . .	tern. Eut. α + *II* + *X*
8	α	Eutektikum *IV* + α	—
8a	α	Eutektikum *IV* + α, das nach Durchlaufung der peritektischen Reaktion in P_4 in das Eutektikum *X* + α übergeht, oder Eutektikum *X* + α oder Eutektikum *II* + α, alle drei enden im	tern. Eut. α + *II* + *X*
9	*X*	Eutektikum *X* + α oder *X* + *II*	tern. Eut. α + *II* + *X*

Das ternäre Eutektikum schmilzt bei 577° C und enthält 0,5% Fe, 12,5% Si und 87% Al. Der Schmelzpunkt liegt also kaum niedriger

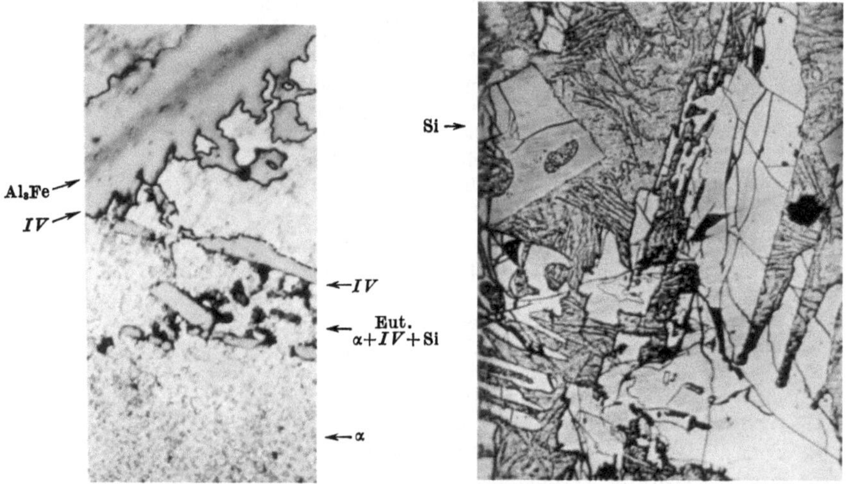

Abb. 106. Feld 5. Spitze, 2,9 % Si, 2,1 % Fe. Primär Al_3Fe, umhüllt von *IV*, dann *IV*. Sekundär Eutektikum α + *IV*. Tertiär Eutektikum α + *IV* + Si. V = 1500; Ätzung NaOH.

Abb. 107. Feld 7. 19,1 Si, 4,9 Fe. Primär Si (Quader im Halbton). Sekundär *IV* (weiß) + Si. Tertiär Eutektikum α + *IV* + Si. V = 170; ungeätzt.

als der des binären Eutektikums Al—Si. Die peritektischen Gleichgewichte vollziehen sich nie vollkommen. Infolge der Umhüllung von *III* durch *IV* kommt es bald zum Stillstand der Reaktion, so daß sich in den Schliffbildern oft Phasen zeigen, die theoretisch nicht hineingehören. Es kann auch vorkommen, daß *III* inmitten eines Eutektikums steckt und der Schmelze, mit der es reagieren soll, gar nicht mehr zugänglich ist. Dies trifft bei den Schmelzen zu, die zuerst ihre Konzentration entlang einer binären Eutektikalen verschieben und dann zu einem Vierphasengleichgewichtspunkt gelangen. Im Rein-Al ist es oft schwer zu entscheiden, welche der Fe-haltigen Kristallarten man vor sich hat. *IV* ist im Eutektikum verhältnismäßig leicht an der chinaschriftähnlichen Aufteilung zu erkennen. Die Auseinanderhaltung von *III* und *X* ist weniger leicht. Nach (94e) erweitert sich bei langsamer

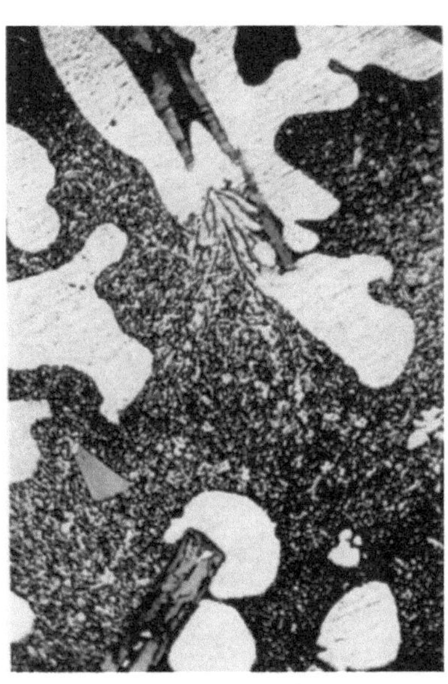

Abb. 108. Feld 9. 10 % Si, 2 % Fe. Primär *X* dunkle Balken. Sekundär Eutektikum α + *X*. Tertiär α + Si + *X*. V = 170; Ätzung HF.

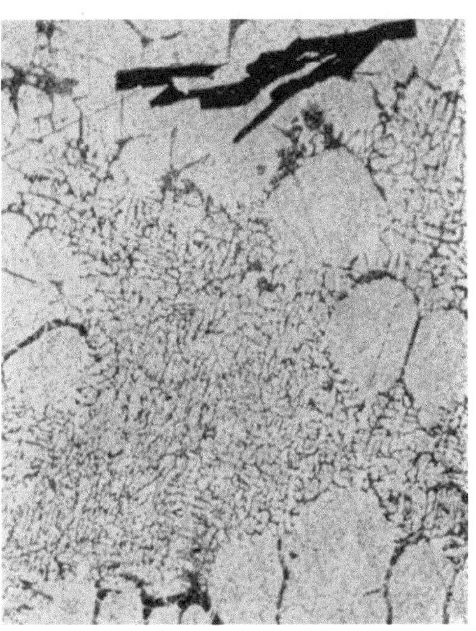

Abb. 109. Feld 2. 4 % Fe, 1 % Si. Primär Al_3Fe (dunkel). Sekundär Al_3Fe + α. Tertiär Eutektikum α + *IV* (Chinaschrift). V = 170; Ätzung HF.

Abkühlung das Gebiet von *X*, so daß es in Schliffen anzutreffen ist, in die es nach obigem Schaubild nicht hineingehört.

Abb. 103 zeigt das Gefüge einer Legierung aus Feld 5a, Abb. 106 das einer solchen aus der Spitze des Feldes 5. In letzterer ist nur noch eine Umhüllung zu finden. Abb. 107 gewährt einen Einblick in die eutektische Kristallisation entlang E_3P_5. *IV* bildet riesige Kristalle aus, die infolge ihrer Schwere zu Boden sinken, während die Si-Kristalle sich unbehindert ebenfalls zu großen Individuen auswachsen können. Deshalb sind die Legierungen der Felder 6 und 7 wie auch die von der spröden Kristallart *III* beherrschten Felder 2, 2a, 5 und 5a technisch wertlos. Abb. 108 gibt das Gefüge einer mit Na-Salz veredelten Legierung (s. Kap. Al—Na—Si) aus Feld 9 wieder: große *X*-Kristalle, an die sich

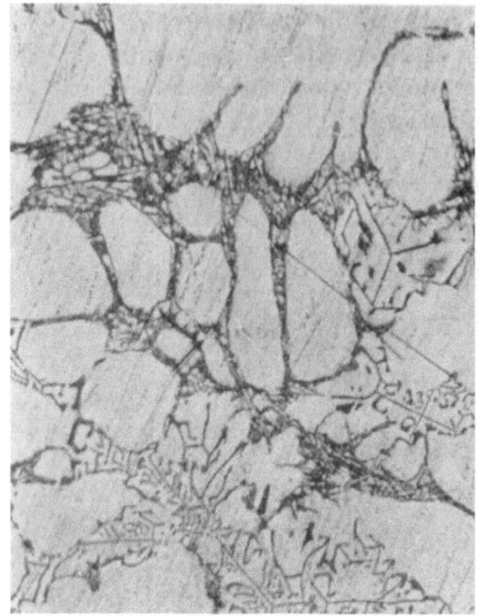

Abb. 110. Feld 8/6. 2 % Fe, 3 % Si. Primär Al. Sekundär Eutektikum Al + *IV* (bzw. Al + *X*). V = 170; Ätzung HF.

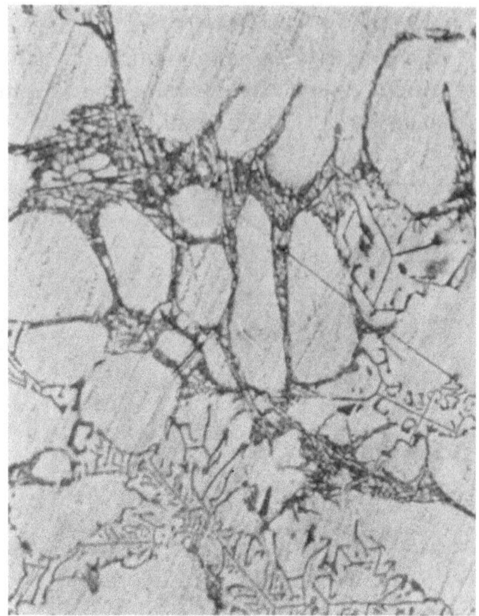

Abb. 111. Feld 8a. 1 % Fe, 4 % Si. Primär Al (α). Sekundär α + *X* (*IV*). Tertiär α + *X* + Si (dunkel). V = 250; Ätzung NaOH.

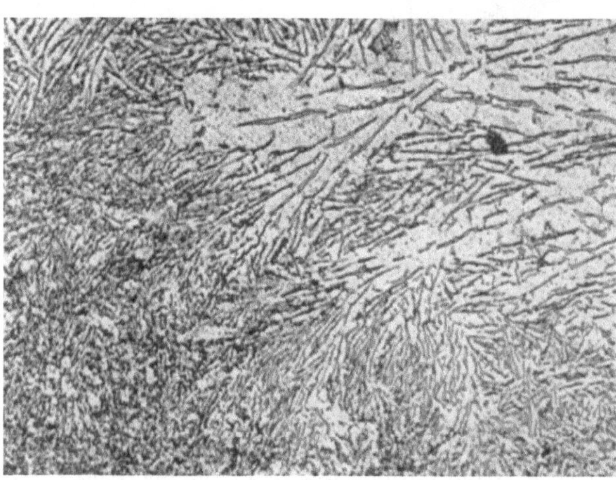

Abb. 112. Feld 8a/7. 11 % Si, 0,5 % Fe. Primär Eutektikum α + Si, grob. Sekundär Eutektikum α + Si + *X* (*IV*). V = 170; Ätzung HF.

α quasiprimär anlagert, und feinkörniges ternäres Eutektikum. Die schädliche Primärbildung von *X* erfolgt im Silumin bei Fe-Gehalten aufwärts von 0,5%. In den Legierungen aus Feld 1 und 2 (s. Abb. 109) findet man den typischen Übergang vom gekörnten Eutektikum Al + *III* zum chinaschriftähnlichen Al + *IV*. Letzteres findet sich immer in den Legierungen aus Feld 6 und 8. Durch Kornsaigerung der α-Kristalle kann es sich, wie Abb. 110 erkennen läßt, in das Gebiet von *X* und des ternären Eutektikums hereinziehen. In letzterem ist *X* in dunkeln Nadeln zu sehen. Abb. 111 (Feld 8a) zeigt die Gestalt der *X*-Nadeln deutlich in binärem und ternärem Eutektikum. Abb. 112 (Grenze von

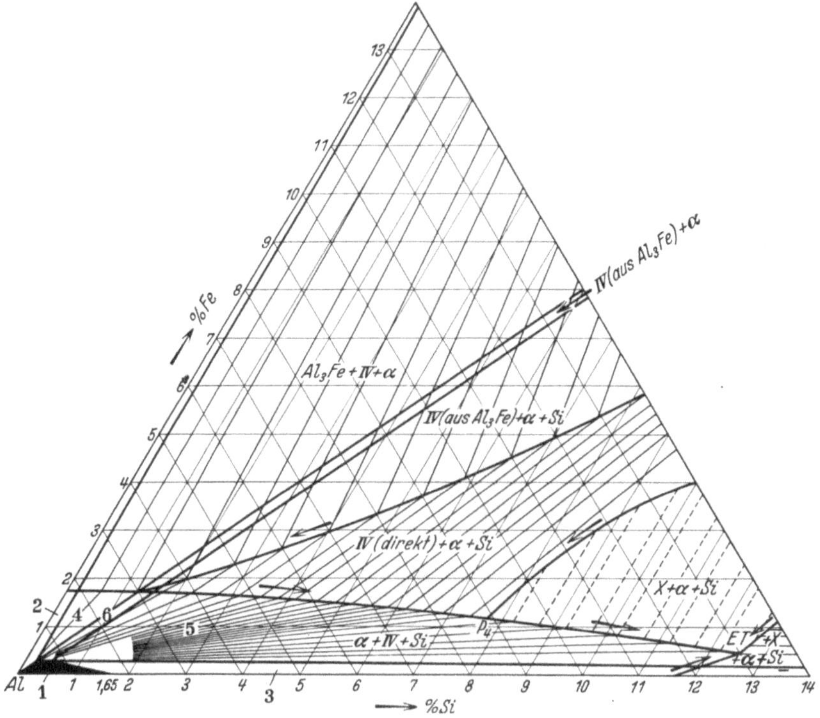

Abb. 113. Vergrößertes Zustandsschaubild der Al-Ecke des Systems Al—Fe—Si.

Feld 7 und 8a in der Nähe von *ET*) zeigt die gute Ausbildung des unveredelten eutektischen Al—Si-Gefüges bei Fe-Gehalten von 0,5% und weniger. Im Hüttenaluminium von 99 und mehr Prozent Reinheit sind im Eutektikum außer Si nur *III* oder *IV* zu finden. Beim Verhältnis Si:Fe = 1:1 bis 1,5:1 ist das Chinaschrifteutektikum vorherrschend. Nach Abb. 113 kann Fe-freies Al mehr Si in fester Lösung halten als Fe-haltiges. Die Si-Löslichkeit in den Al-Sorten des Feldes 1 sinkt mit steigendem Fe-Gehalt und entspricht auf dem Schnitt Al—*IV* nur noch dem geringen Betrag, den die im Al lösliche Menge der Kristallart *IV* enthält. Hieraus ergibt sich die schon von (28) beobachtete Tatsache, daß bei gleich bleibendem Si-Gehalt im Rein-Al die elektrische Leitfähigkeit mit wachsendem Fe-Gehalt steigt.

Ätzmittel:
nach (75d): 12,5% NaOH, *IV* dunkel
1% HF, *IV* blau, braun
10% HNO^3, *IV* schwarz.
Hilfsätzung mit HF:
nach (56d): 0,5% HF, *IV* umrissen
1% NaOH, *IV* umrissen
70°: 10% NaOH, *IV* angegriffen, geschwärzt
70°: 20% H_2SO_4, *IV* umrissen, geschwärzt
70°: 25% HNO_3, *IV* umrissen.
Wirkung der Ätzmittel auf *III* s. System Al—Fe.

Feld	Primär	Sekundär	Tertiär
1	α	—	—
2	α	Eutektikum α + Al_3Fe	—
3	α	Eutektikum α + Si	—
4	α	Eutektikum α + Al_3Fe	Eut. α + *IV* (Chinaschrift)
5	α	Eutektikum α + *IV* (Chinaschrift) (hinter P_4 α + *X*) oder α + Si .	tern. Eut. α + Si + *X*
6	α	Eutektikum α + *IV* (Chinaschrift) .	—

Tritt die Kristallart *IV* primär auf, was nach dem im Kapitel: Umgekehrte Blocksaigerung gesagten auch im Reinaluminium möglich ist, so wirkt sie infolge ihrer Brüchigkeit ebenso schädlich wie *III* und der in den Abb. 54a und b geschilderte Übelstand kann ebensogut eintreten.

Ob die oft behauptete Meinung, daß das Verhältnis Si:Fe = 1:1 im Al die Korrosionsbeständigkeit verbessere, richtig ist, kann aus dem Konstitutionsbefund nicht ohne weiteres gesagt werden. Die Kristallart *IV* ist anscheinend schwerer angreifbar als Al_3Fe, dafür aber scheint sie brüchiger zu sein, so daß günstige Wirkungen durch ungünstige beeinträchtigt werden (52g, 16a).

Aluminium—Eisen—Kupfer.

Schrifttum: 274, 75, 56k, 10b, 94e.

Nach (75) ist in diesem System der Schnitt Al_2Cu—Al_3Fe binär, gleichfalls nach (10b), wo ein Zustandsschaubild davon gegeben ist; es ist in Tafel IV mit dem aus (75) kombiniert. Nach der eingehenden thermischen und mikrographischen Analyse des Teilsystems Al—Al_2Cu—Al_3Fe in (94e) besteht eine früher schon bemerkte (274, 56k) ternäre Verbindung unbekannter Zusammensetzung, die sich entlang PP_1 (s. ternäres Schaubild Abb. 114) peritektisch aus Al_3Fe und Schmelze bildet und in P_1 durch das Hinzukommen der Phase Al_2Cu ein Vierphasengleichgewicht herbeiführt. Da der Schnitt von dieser ternären Kristallart nach Al die Al-Ecke teilt, wäre zur genauen Beschreibung des Zustandsschaubildes die Aufsuchung ihrer Zusammensetzung erforderlich. Die Lage der Verbindung ist zur Ermöglichung einer Kristallisationsübersicht bei *T* angenommen.

Kristallisation zu Abb. 114.

Feld	Primär	Sekundär	Tertiär
0	α	—	—
1	*I*	Eutektikum $I + \alpha$	—
2	*I*	Eutektikum $I + \alpha$, später in P_1 peritektische Reaktion der Restschmelze mit *I* unter Bildung von *T*. Schmelze dabei aufgezehrt	—
3	*I*	Eutektikum $I + \alpha$, wie eben, nur werden in P_1 die Schmelze und *I* unter Bildung von *T* völlig verbraucht. Im Gefüge theoretisch nur α und *T*	—
4	*I*	Eutektikum $I + \alpha$, in P_1 peritektische Reaktion wie eben, nur mit dem Unterschied, daß Schmelze übrig bleibt, aus der *T* nun primär kristallisiert, während die Zusammensetzung der Schmelze dem ternär eutektischen Punkt zustrebt.	tern. Eut. α + T + *II*
		oder	
		peritektische Reaktion entlang PP_1; nach Aufzehrung von *I* kristallisiert aus übriger Schmelze *T* primär, sie verhält sich dabei wie Schmelzen aus Feld 5 oder 5a . . .	—
5	*T*	Eutektikum $III + T$, in P_2 peritektische Reaktion III + Schmelze = II, hiernach Eutektikum $II + T$ und weiter wie Schmelzen aus Feld 5a.	—
5a	*T*	Eutektikum $T + II$ bzw. Eutektikum $II + \alpha$, dann	tern. Eut. α + T + *II*
6	*III*	Eutektikum $III + T$, in P_2 peritektische Reaktion III + Schmelze = II, hiernach Eutektikum II + T oder sofort peritektische Reaktion wie eben, nach Aufzehrung von *III* weiteres Verhalten der Schmelzen wie das solcher aus Feld 7	
7	*II*	Eutektikum $II + T$ oder $II + \alpha$	tern. Eut. α + *T* + *II*
8	α	Eutektikum $II + \alpha$	—
9	α	Eutektikum $I + \alpha$, in P_1 peritektische Reaktion I + Schmelze = T, wobei *I* völlig aufgezehrt wird, aus Restschmelze weiter Eutektikum $T + \alpha$, schließlich	tern. Eut. α + *T* + *II*
		oder	
		Eutektikum $T + \alpha$ bzw. $II + \alpha$, schließlich	tern. Eut. α + *T* + *II*
10	α	Eutektikum $I + \alpha$, in P_1 peritektische Reaktion I + Schmelze = T, wobei *I* und Schmelze völlig zur Bildung von *T* verbraucht. Theoretisch wird das Eutektikum $I + \alpha$ zu $T + \alpha$.	—
11	α	Eutektikum $I + \alpha$	—

Abkürzungen: α = feste Lösung von Cu und Fe in Al, *T* = ternäre Verbindung, *I* = Al_3Fe, *II* = Al_2Cu, *III* = AlCu.

Der Vierphasengleichgewichtspunkt liegt bei 590° C. Das ternäre Eutektikum schmilzt bei 542° und enthält 32,5% Cu, 0,3% Fe und 67,2% Al.

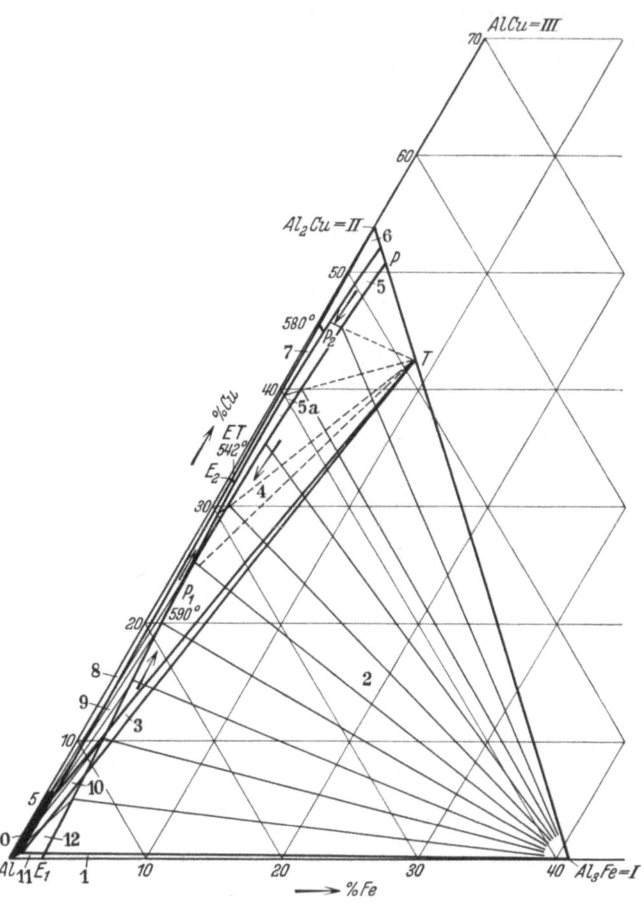

Abb. 114. Zustandsschaubild der Al-Ecke des Systems Al—Fe—Cu.

Die beschriebenen Vorgänge vollziehen sich nie bis zum vollkommenen Gleichgewicht. Die um Al_3Fe gebildete Umhüllung von *T* verhindert bald jede weitere Reaktion mit der Schmelze und es kommt zum Auftreten von mehr Phasen im Gefüge, als es dem Gleichgewicht entspricht. Bildet sich zunächst ein binäres Eutektikum Al/Al_3Fe vor Eintritt der peritektischen Reaktion, also in den Gebieten 9, 10, 2, 3 und dem unteren Teil von 4 (links von der Verbindungslinie P_1 mit Al_3Fe), so ist bei Eintritt der peritektischen Reaktion Al_3Fe durch daran gelagertes festes Al zum großen Teil dem Angriff durch die Schmelze entzogen und es bildet sich überschüssiges ternäres Eutektikum. Rechts von der Verbindungslinie Al_3Fe—P_1 dagegen kann Al_3Fe mit der Schmelze in Reaktion treten und es bilden sich nach Abb. 115 Umhüllungen. Sie zeigt das Gefüge einer Legierung aus Feld 4. Der Kern von Al_3Fe sollte theoretisch ganz von der umhüllenden Kristallart *T* aufgezehrt sein. In Abb. 116, Legierung aus Feld 5a, ist die Kristallart *T* in langen Nadeln zu finden. Die Abb. 117 (Feld 9) und 118 (Grenze zwischen Feld 5a und 9) zeigen *T* im ternären Eutektikum bzw. im binären $T + \alpha$. Wie aus den Abb. 116 bis 118 hervorgeht, macht sich *T* in den Al—Cu-Kolbenlegierungen, die im Gebiet des Zusammentreffens der Felder 7,

5a, 8 und 9 liegen, unangenehm bemerkbar (94e, 56k). Sie hat ein starkes Wachstumsvermögen und setzt in den binären Eutektika wie im ternären ein spieß- oder schwertförmiges Eigendasein durch. Setzt

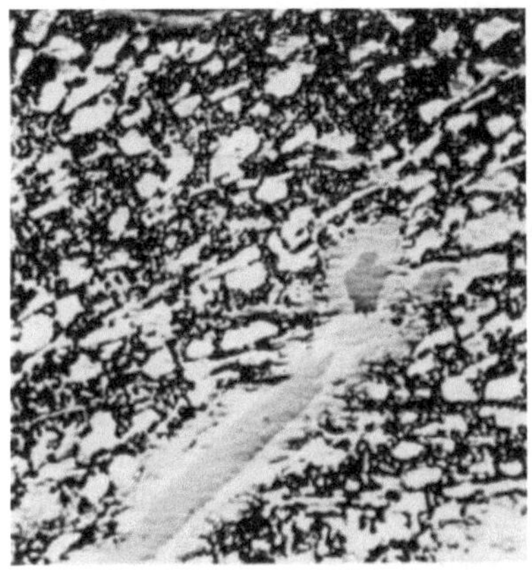

Abb. 115. Feld 4. 30% Cu, 2,5% Fe. Primär Al_3Fe, umhüllt von T. Sekundär $T + \alpha$. Tertiär Eutektikum $T + \alpha + Al_2Cu$ (dunkel). V = 250; Ätzung HNO_3, 70°, 15 Sek.

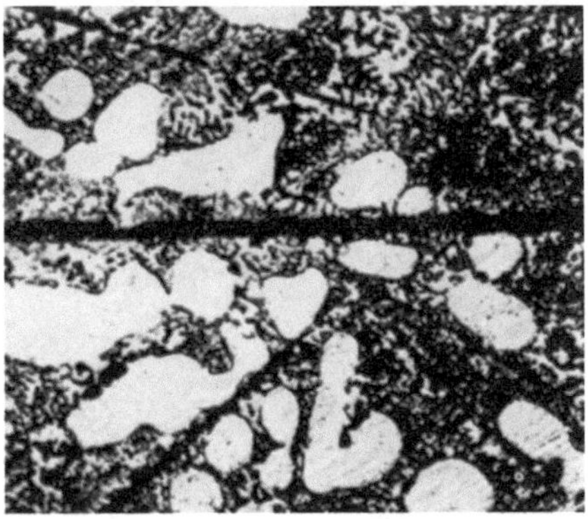

Abb. 116. Feld 5a. 30 % Cu, 1 % Fe. Primär T (schwarz) Nadeln. Sekundär $T + \alpha$ (α hell). Tertiär $T + \alpha + CuAl_2$. V = 250; Ätzung Pikrinsäure, 5 Min.

man den Kolbenlegierungen zur Steigerung der Warmfestigkeit Fe zu, so empfiehlt es sich nach dem Zustandsschaubild, unter etwa 1% zu

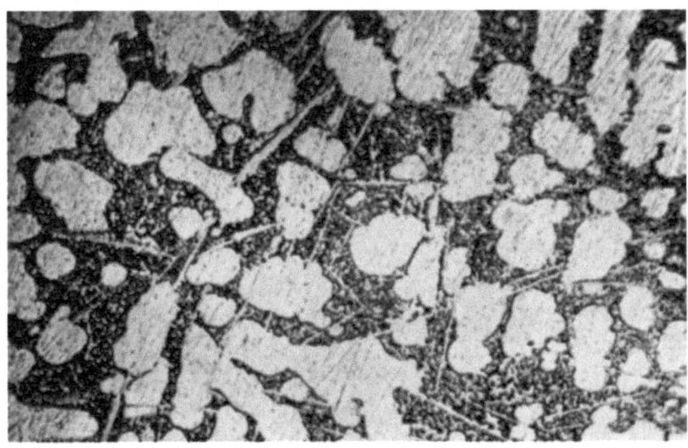

Abb. 117. Feld 9. 20 % Cu, 1 % Fe. Primär α (hell). Sekundär $\alpha + T$ (helle Nadeln). Tertiär $\alpha + T + Al_2Cu$ (dunkel). V = 360; Ätzung HNO_3, 70°, 15 Sek.

bleiben, wodurch die Legierungen aus den Feldern 4 und 5a in Feld 9 kommen, in welchem die Aufteilung wenigstens eutektisch ist. Was die Zusammensetzung von T anbetrifft, so lieferten (von 152b vorgenommene) Homogenisierungsversuche bemerkenswerte Ergebnisse.

Abb. 119a und 119b zeigen das Gefüge einer Legierung auf dem Schnitt Al_2Cu—Al_3Fe, erstere im Gußzustande, letztere bei 570° während 48 Std. homogenisiert. In der Gußlegierung sind langgestreckte schmale Kristalle Al_3Fe umhüllt von der hellen Kristallart *T*. Die dunkle Hauptmasse ist Pseudoeutektikum Al_2Cu/T, infolge Einformung fast reines Al_2Cu. Bei der Homogenisierung wurde nun nicht, wie zu erwarten gewesen wäre, Al_3Fe von der Umhüllung aufgefressen, sondern die umhüllte Kristallart blähte sich auf und ließ nur einen schmalen Rand der Kristallart *T* zurück. Die aufgeblähte, die Stelle von Al_3Fe einnehmende Kristallart hat ganz andere Ätzeigenschaften als dieses, so daß eine neue Kristallart angenommen werden muß. Der plötzliche steile Abfall der Liquiduskurve des binären Schnittes (s. Tafel IV) deutet darauf hin, daß rechts von *T* ein zweites verdecktes Maximum vorhanden ist mit leicht unterkühlbarer Verbindung, die erst bei der Homogenisierung zum Vorschein kommt. Eine andere Möglichkeit wäre die, daß Al_3Fe viel *T* in fester Lösung aufzunehmen vermag, aber nur bei sehr langsamer Abkühlung oder langer Homogenisierung. Diese Fragen bedürfen noch der Klärung.

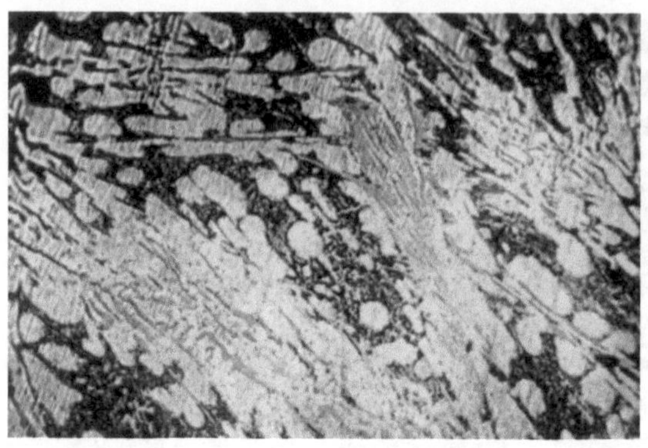

Abb. 118. Feld 5a/9. 20 % Cu, 2 % Fe. Primär Eutektikum $\alpha + T$. Sekundär Eutektikum $\alpha + T + Al_2Cu$ (dunkel). V = 360; Ätzung HNO_3, 70°, 15 Sek.

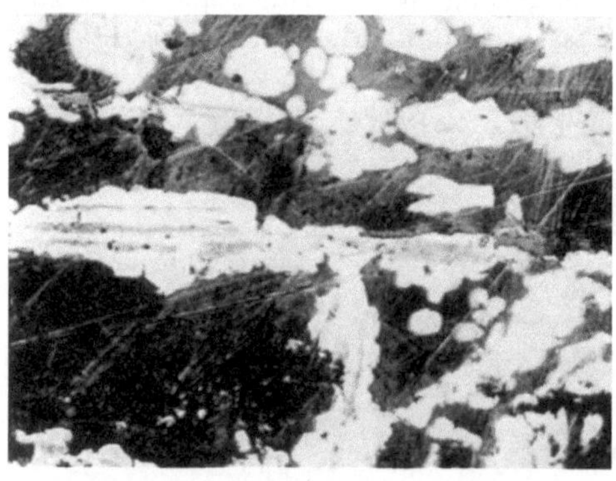

Abb. 119a. Gegossen. 46 % Cu, 6 % Fe. Auf dem Schnitt Al_2Cu—Al_3Fe zwischen *P* und *T*. Primär Al_3Fe, umhüllt von hellem *T*. Sekundär Eutektikum $T + Al_2Cu$ (fast reines Al_2Cu, dunkel). V = 500; Ätzung NaOH.

Ätzmittel:

nach (94e): NaOH färbt Al_3Fe blaugrün-tintig

HNO_3 heiß oder $Fe(NO_3)_3$ greift Al_3Fe nicht an, färbt aber Al_2Cu dunkel

Caust. Soda und NaOH färben *T* bronzefarben und $CuAl_2$ tiefbraun.

nach (56d): 0,5% HF, T umrissen
1% NaOH, T umrissen, etwas dunkler
10% NaOH, T punktförmig angefressen, leicht braun gefärbt
20% H_2SO_4, T umrissen, Al_3Fe-Kern schwarz
25% HNO_3, T umrissen.
nach (152b): 20% H_2SO_4 70°, T umrissen, Al_3Fe schwarz
Pikrinsäure, T schwarzbraun, Al_2Cu braun.

Die technisch verwertbaren Legierungen des Systems liegen in den Feldern 0, 8, 7, 5a, 9, 10 und 11. Es sind in der Hauptsache Gußlegierungen. Wie der Fe-Zusatz in den Kolbenlegierungen günstig für die Warmfestigkeit wirkt, vermindert er in Al—Cu-Gußstücken die Warmbrüchigkeit. Als harte Lagermetalle können Al—Cu—Fe-Legierungen im Grenzgebiet der Felder 8, 9, 7 und 5a verwendet werden, besonders bei Si-Zusatz.

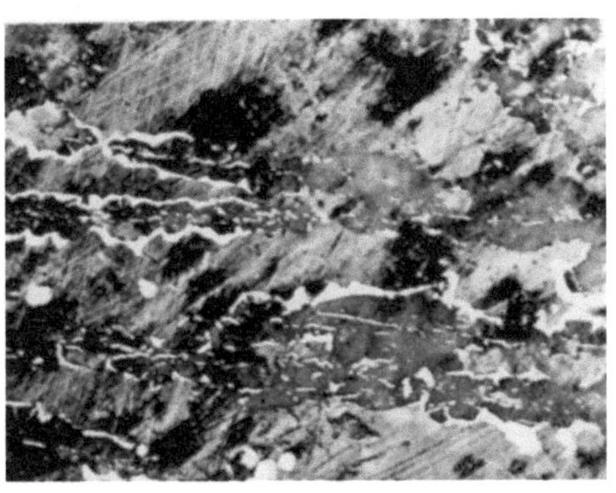

Abb. 119b. Bei 570°, 48 Std. homogenisiert. T ist bis auf einen schmalen bellen Rand verschwunden und mit Al_3Fe durch eine neue Kristallart ersetzt. V = 500; Ätzung NaOH.

In den veredelbaren Al—Cu-Legierungen des Feldes 0 stehen der die Warmfestigkeit günstig beeinflussenden Wirkung des Fe auch unangenehme gegenüber. Bei Fe-Gehalten von mehr als 0,3% befinden sich die Legierungen

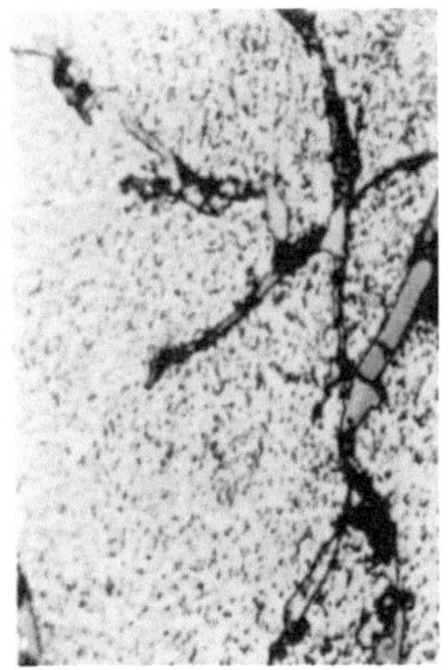

Abb. 120. Feld 12. 2,2% Cu, 1,6% Fe. Primär α. Sekundär α + Al_3Fe. V = 1500; Ätzung NaOH.

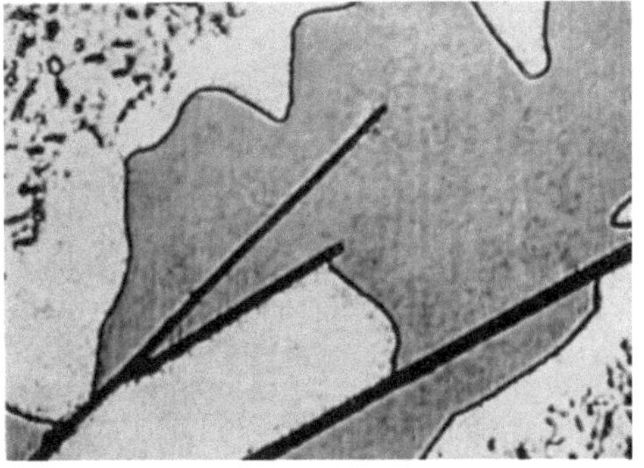

Abb. 121. Grenze von Feld 0, 8 und 9. Ternär eutektische Insel α + Al_2Cu + T (große dunkle Nadeln). V = 1067; Ätzung Lösung von 25 ccm HCl, 8 ccm HNO_3 und 7,5 ccm HF in 1000 ccm Wasser, 3 Min.

schon in Feld 10. Dort bildet sich bei der Erstarrung zunächst Eutektikum von ungesättigten α-Kristallen mit Al_3Fe. Die Schmelze behält

Kupfer zur späteren Bildung von T. Im Punkte P_1 angelangt kann sie aber einerseits nicht mehr mit dem im Eutektikum eingeschlossenen Al_3Fe reagieren, so daß überschüssige Kristallarten, T und Al_2Cu, entstehen. Andererseits wird die Sättigung der α-Mischkristalle, die bei der peritektischen Temperatur ja noch andauern sollte, durch das

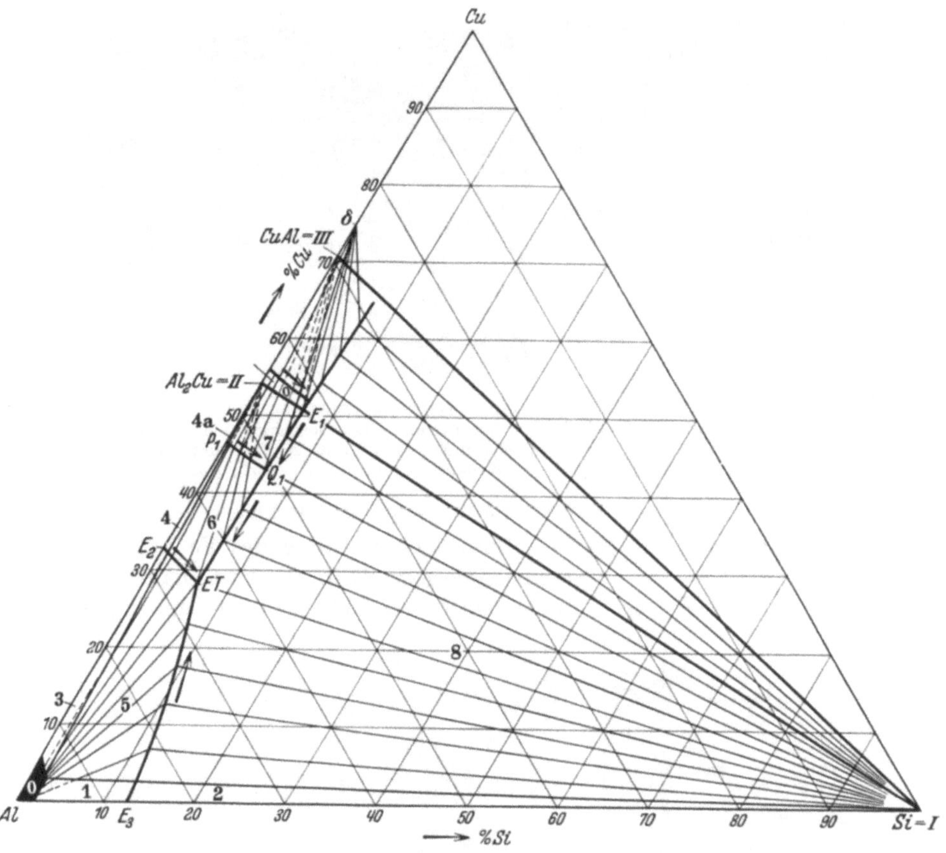

Abb. 122. Zustandsschaubild der Al-Ecke des Systems Al—Cu—Si.

schon feste Al_3Fe, das trennend zwischen Restschmelze und α lagert, zum Teil verhindert. Das Schliffbild derartiger gegossener Legierungen zeigt eine Grundmasse aus unvollkommen gesättigten Mischkristallen, dazwischen eingebettet Al_3Fe statt T, stellenweise Peritektikum oder Inseln von ternärem Eutektikum (s. Abb. 120 und 121). Erstere zeigt Eutektikum $Al_3Fe + \alpha$, letztere eine ternär eutektische Insel $Al_2Cu/T/\alpha$ (α enthält Segregate von Al_2Cu). Durch Einformungsvorgänge erscheinen die im „Eutektikum“ liegenden Verbindungskristalle quasiprimär. Auf die Störung der Sättigung der α-Mischkristalle durch Al_3Fe

ist sicherlich die festgestellte hemmende Wirkung des Fe-Zusatzes (141, 171i, 71c) auf die Selbstvergütung zurückzuführen.

Weiteres Schrifttum über Al—Cu—Si-Guß: 10f, 249, 9a, 53a, 240.

Aluminium—Kupfer—Silizium.

Schrifttum: 212g, 75, 75a, 94e, 101, 274, 56i.

Erste Angaben über die Konstituenten dieses Systems finden sich in (101). In (274) ist ein ternäres Eutektikum festgestellt. Gelegentlich einer Abhandlung über die Eigenschaften der Al—Cu—Si-Gußlegierungen (56i) werden die Gefügebestandteile besprochen. Nach (75a) ist der Schnitt Al_2Cu—Si quasibinär. Zustandsschaubild s. Tafel IV. Das Zustandsschaubild nach (75) für das Teilsystem Al—Si—Al_2Cu, das mit den Ergebnissen in (94e) übereinstimmt, ist in Abb. 122 wiedergegeben.

Kristallisation zu Abb. 122.

Feld	Primär	Sekundär	Tertiär
0	α	—	—
1	α	Eutektikum α + *I*	—
2	*I*	Eutektikum α + *I*	—
3	α	Eutektikum α + *II*	—
4	*II*	Eutektikum α + *II*	—
4a	*III*	Eutektikum α + *III*, bei P_1 peritektische Reaktion *III* + Schmelze = *II*, wobei *III* aufgezehrt wird, dann aus der Restschmelze Eutektikum α + *II*	—
5	α	Eutektikum α + *I* oder α + *II*	tern. Eut. α + *I* + *II*
6	*II*	Eutektikum *II* + *I* oder α + *II*	tern. Eut. α + *I* + *II*
7	*III*	Rechts von O—Q_1: Eutektikum *III* + *I*, im Punkt Q_1 peritektische Reaktion *III* + Schmelze = *II*, wobei *III* aufgezehrt wird, dann Eutektikum *II* + *I*, dann .	tern. Eut. α + *I* + *II*
		Links von O—Q_1: Peritektische Reaktion *III* + Schmelze = *II* entlang P_1—Q_1; auf einem bestimmten Punkte dieser Kurve ist alles *III* aufgezehrt und die Restschmelze verhält sich weiter wie solche aus Feld 6	
8	*I*	Oberhalb der Geraden Si—Q_1: *I* + *III*; im Vierphasenpunkt Q_1 durch Hinzutreten der peritektischen Reaktion *III* + Schmelze = *II* Vierphasengleichgewicht, bis alles *III* aufgezehrt ist, dann weiter Eutektikum *I* + *II* und endlich	tern. Eut. α + *I* + *II*
		Unterhalb der Geraden Si—Q_1: Eutektikum *I* + *II* oder Eutektikum *I* + α in beiden Fällen endlich	tern. Eut. α + *I* + *II*

Abkürzungen: α = feste Lösung von Cu und Si in Al, *I* = Si, *II* = Al_2Cu, *III* = AlCu.

Das ternäre Eutektikum schmilzt bei 525° und enthält nach (75) 29% Cu, 5,2% Si und 65,8% Al, nach (212g und 94e) 26% Cu, 6,5% Si und 67,5% Al.

Abb. 123 gibt das Gefüge einer Legierung vom binären Schnitt Al_2Cu—Si. Das binäre Eutektikum $\alpha + Al_2Cu$ und das feinkörnige ternäre α + Si + Al_2Cu sind aus Abb. 124 zu ersehen (Feld 6, fast auf der Grenze von

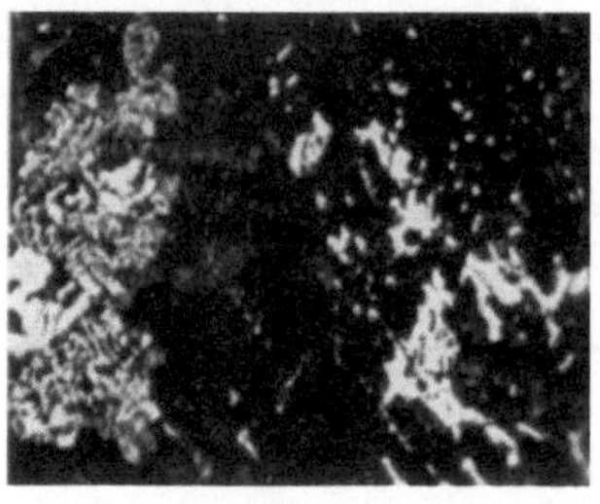

Abb. 123. Schnitt Al_2Cu—Si. 95% Al_2Cu, 5% Si. Primär Si (hell). Sekundär Eutektikum: Si + Al_2Cu. V = 730; Ätzung HNO_3.

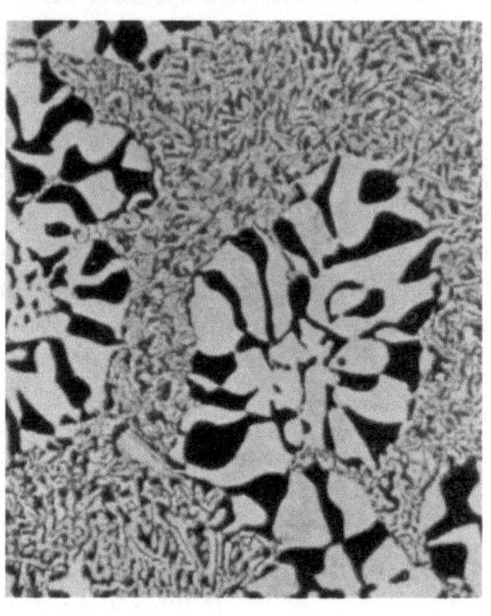

Abb. 124*. Feld 5/6. 28% Cu, 5% Si. Primär Eutektikum $Al_2Cu + \alpha$. Sekundär Eutektikum $Al_2Cu + \alpha$ + Si. (Al_2Cu dunkel gefärbt.) V = 500; Ätzung $Fe(NO_3)_3$.

5 und 6). Abb. 125 zeigt ein Beispiel der Ausscheidungsformen von Al_2Cu und Si in der vergütbaren Lautalgußlegierung (Feld 0), die aus gesättigter Lösung von Cu und Si in Al besteht (α); in den Korngrenzen sitzen die infolge Kornsaigerung zurückgebliebenen eutektischen Bestandteile Al_2Cu und Si. Die länglichen schwarzen Teile sind die Kristallart T des vorbesprochenen Systems Al—Fe—Cu. Nach (94e) liegt Fe in den Al—Cu—Si-Legierungen als quaternäres Eutektikum Al—Al_2Cu—Si—T vor.

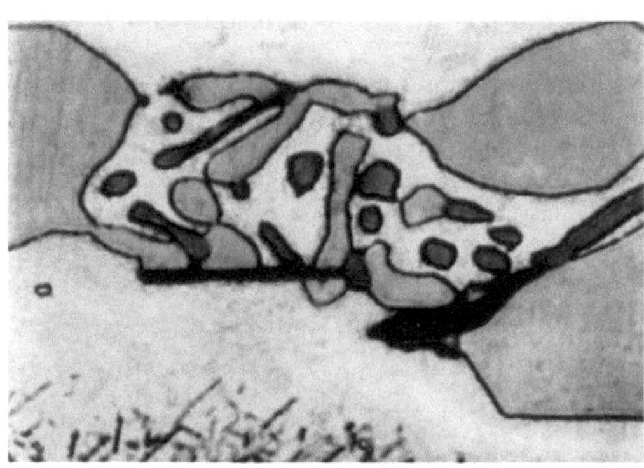

Abb. 125. Grenze der Felder 0 und 5. Überschüssiges Al_2Cu, Si (und Al—Cu—Fe-Verbindung). V = 1067; Ätzung Lösung von 25 cm^3 HCl, 8 cm^3 HNO_3, 7,5 cm^3 HF in Wasser (3 Min.).

Abb. 126a zeigt das Gefüge einer etwas Mn enthaltenden Al—Cu—Si-Legierung nach schneller Erstarrung. Man sieht die typischen durch Kornsaigerung zonigen α-Kristalle, in den

Korngrenzen die durch denselben Vorgang überschüssig gewordenen Kristallarten Al_2Cu, Si und Al_3Mn als grobe binäre und feine mehrstoffige Eutektika. Abb. 126b gibt einen Einblick in das Gefüge der gleichen Legierung bei sehr langsamer Abkühlung. In den Korngrenzen die gleichen Kristallarten gröber und in den α-Kristallen Segregate von Al_2Cu. Aus Abb. 127 ist die Schrumpfung des α-Gebietes mit fallender Temperatur zu ersehen.

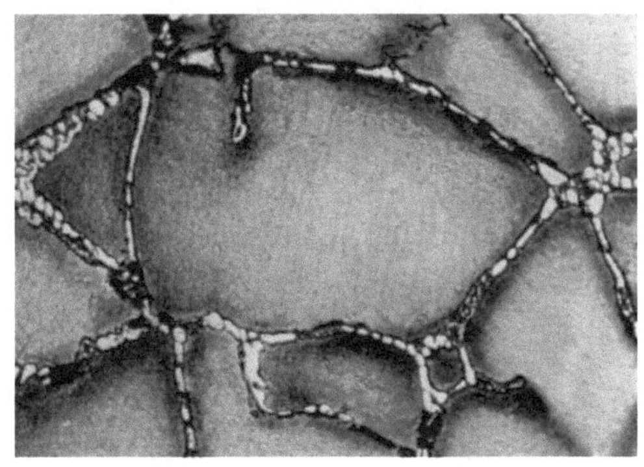

Abb. 126a. Rasch gekühlt. Gefüge s. Text (4,5 Cu, 1 Si, 0,5 Mn). V = 375; ungeätzt.

Gefügebilder gewalzter und thermisch vergüteter Al—Cu—Si-Legierung (Lautal) wurden schon in den Abb. 88—90 gebracht.

Die Legierungen aus dem Grenzgebiet der Felder 5, 6 und 8 sind als Lagermetall brauchbar. Auch als Kolbenmaterial kommen sie in Frage.

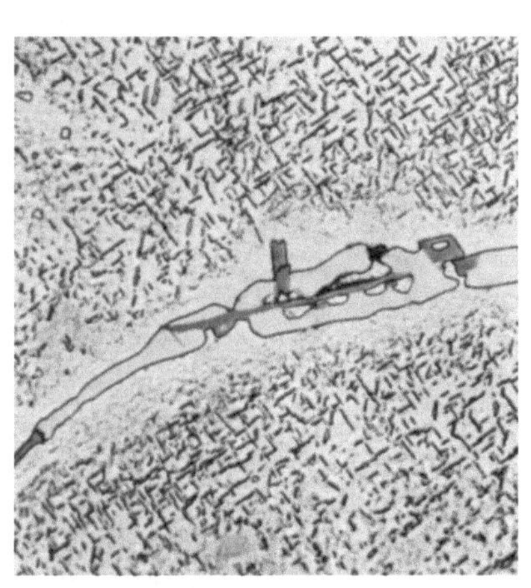

Abb. 126b. Langsam gekühlt. Gefüge s. Text. V = 500; ungeätzt.

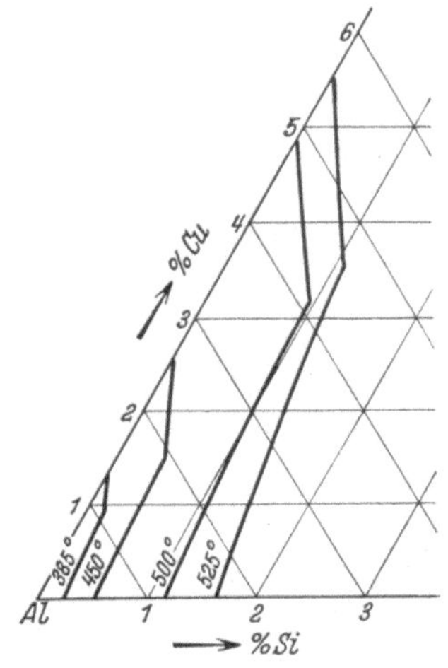

Abb. 127. Löslichkeit von Si und Cu in Al in Abhängigkeit von der Temperatur.

Ätzmittel:
nach (94e): HNO_3 heiß, oder 10% $Fe(NO_3)_3$ kalt, 2—3 Min.
Al_2Cu schwarz
12,5% NaOH, Al_2Cu satt braun.

Ungeätzt gut zu erkennen: Si bläulich glänzend, Al_2Cu grau glänzend mit blaßrosa Schimmer.

Ätzmittel anderer Autoren s. unter Al—Cu und Al—Si.

Technisch minderwertig sind die Legierungen aus der oberen Hälfte von Feld 6, die aus Feld 8 und der rechten Hälfte von Feld 8.

Abb. 128 a. Ansicht einer überhitzten Überwurfmutter aus Al—Cu—Si-Legierung. V = 2; ungeätzt (nur in Sodalösung und nach Abspülung mit Wasser in Salpetersäure gebeizt, zur Erzielung eines klareren Bildes).

In Feld 1, 3, 5 und dem linken Drittel von 2 finden sich Gußlegierungen für alle möglichen Zwecke. In Dünnflüssigkeit und Gießbarkeit übertreffen sie die reinen Al—Cu-Legierungen bedeutend. Solche mit 3—5% Cu und 2—3% Si ersetzen vorteilhaft die ältere „amerikanische" Legierung mit 8% Cu und 92% Al. Nach (56k und 53a) zeigen sie weniger Poren, Schwindungsrisse und Schwindungslunker. Verfasser führte sie 1923 als vergütbaren Guß ein. Mit 4% Cu und 2% Si ist sie die Grundlegierung der vergütbaren Knetlegierung Lautal (75b, c, f—h, k, 33b), erreicht gegossen und veredelt (Abschrecken von 505—515° und Anlassen während 24—72 Std. bei 120—140°) Festigkeitswerte bis 30 kg/mm² bei 3—10% Dehnung und ist insbesondere hinsichtlich dynamischer Festigkeit vielen der üblichen Gußlegierungen weit überlegen. Weiteres Schrifttum über Al—Cu—Si-Guß: 10f, 249, 9a, 244.

Abb. 128 b. Überhitzung einer Al—Cu—Si-Legierung bei der Veredelungsglühung. Abrundung der Polygone und tropfenförmige Anschmelzungen in ihrem Inneren. V = 100; Ätzung NaOH.

Vergütet kommen reine α-Walzlegierungen auf Festigkeitswerte bis 48 kg/mm² bei rd. 20% Dehnung (Lautal, amerikanische Legierung 25 S).

Wie im Kapitel über die Vergütung ausgeführt wurde, kommt es darauf an, die α-Mischkristalle möglichst an Cu und Si zu sättigen. Je höher die Abschrecktemperatur und damit die Sättigung, desto besser die erreichbaren mechanischen Werte. Ein häufig begangener Fehler bei nicht peinlich genauer Temperaturkontrolle ist das „Anschmoren“ der Legierung. Bei Überschreitung der ternär eutektischen Temperatur von 525° schmilzt das Eutektikum und fängt an, α aufzulösen. Dies ist im Schliffbild an den abgerundeten Polyederecken (Abb. 128b) zu erkennen, äußerlich an Rauheit, manchmal kleinen Warzen (Abb. 128a). Oft äußert sich der das Material völlig verderbende Fehler in Unregelmäßigkeiten bei der Festigkeitsprüfung; während die Oberfläche noch glatt und blank ist, findet man im Mikrobild die beginnende Anschmelzung mit Sicherheit.

Aluminium — Kupfer — Magnesium.

Aus dem in (262a) mitgeteilten reichhaltigen Material an Gefügebildern, Daten der thermischen Analyse und dem Liquidusflächenmodell

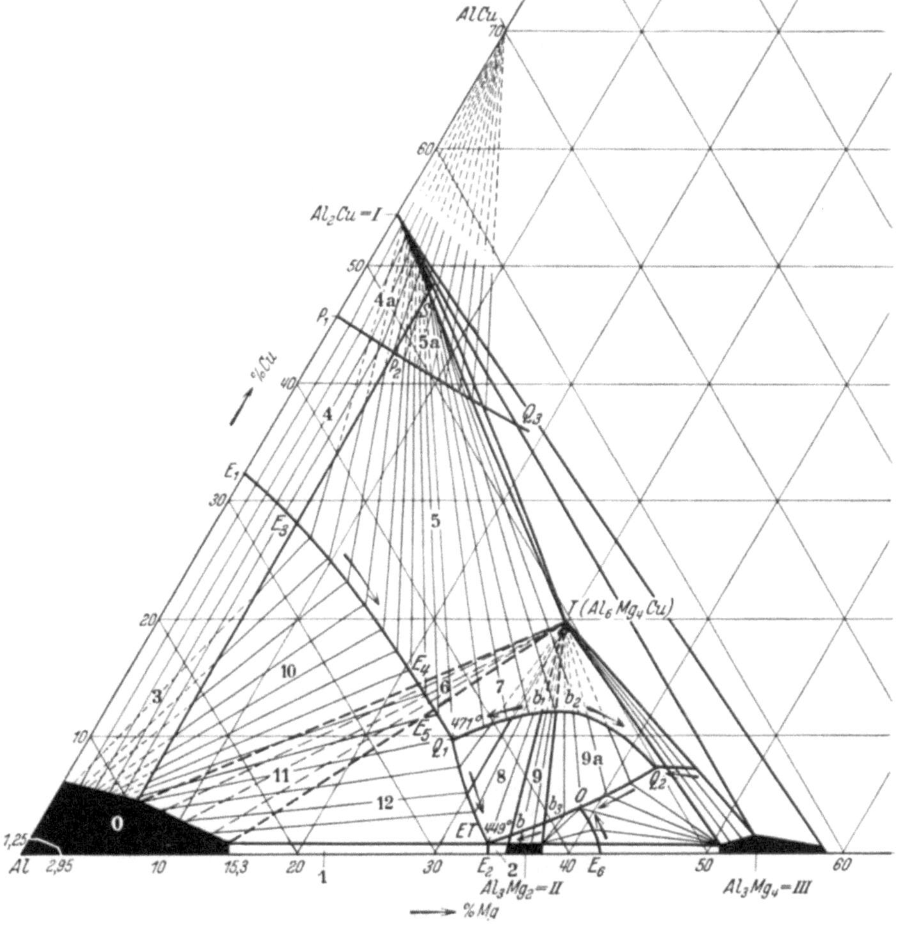

Abb. 129. Zustandsschaubild der Al-Ecke des Systems Al—Cu—Mg.

ließ sich das Zustandsschaubild für den kristallinen Zustand unter Berücksichtigung der damals noch nicht bekannten Verbindung Al_3Mg_2 konstruieren (Abb. 129). Es gilt für die Temperatur von 435° (Phasenaufteilung s. Tafel III). Der Schnitt Al_3Mg_2—Al_2Cu ist nicht binär; er wird von dem von einer ternären Verbindung (nach 262a: Al_6Mg_4Cu) aus zur Al-Ecke laufenden geteilt (die Diagramme der beiden Schnitte s. in Tafel IV).

Die Al-Ecke zerfällt in die beiden Teilsysteme Al—Al_2Cu—Al_6Mg_4Cu und Al—Al_3Mg_2—Al_6Mg_4Cu.

Abkürzungen: α = feste Lösung von Cu und Mg in Al, I = Al_2Cu (enthält Mg festgelöst), II = Al_3Mg_2 (enthält Al, Mg und Cu festgelöst), III = Al_3Mg_4 (enthält gleichfalls die drei Metalle festgelöst), T = ternäre Verbindung Al_6Mg_4Cu.

Kristallisation zu Abb. 129.

Feld	Primär	Sekundär	Tertiär
0	α	—	—
1	α	Eutektikum $\alpha + II$	—
2	II	Eutektikum $\alpha + II$	—
3	α	Eutektikum $\alpha + I$	—
4	I	Eutektikum $\alpha + I$	—
4a	AlCu	Peritektische Reaktion AlCu + Schmelze = I, entlang P_1P_2; AlCu wird völlig aufgezehrt, dann primär weiter I und wie Feld 4	—
5	I	1. Links von der Verbindungslinie S—Q_1: Eutektikum $I + \alpha$. Die Schmelze ändert ihre Zusammensetzung entlang E_3—Q_1. Im Punkt Q_1 (471° C) kommt es durch peritektische Reaktion I + Schmelze = T zum Vierphasengleichgewicht; die Schmelze wird aufgezehrt und im Gefüge sind α, I und T (T umhüllt I)	—
		2. Rechts von der Linie S—Q_1: Peritektische Reaktion I + Schmelze = T entlang b_1Q_1 oder b_2Q_2. Es kommt im ersten Falle zum Vierphasengleichgewicht Q_1: I + Schmelze + T + α, wobei die Schmelze verschwindet; im zweiten Falle zum Vierphasengleichgewicht Q_2 : I + Schmelze + T + III, wobei die Schmelze gleichfalls aufgebraucht wird	—
5a	AlCu	Peritektische Reaktion AlCu + Schmelze = I entlang P_2—Q_3. Nach völliger Aufzehrung von AlCu bleibt Schmelze übrig, die je nach Lage der Ausgangskonzentration links oder rechts von der Linie S—Q_1 wie Schmelzen aus Feld 5_1 oder 5_2 zu Ende kristallisiert	—

Kristallisation zu Abb. 129 (Fortsetzung).

Feld	Primär	Sekundär	Tertiär
6	I	1. Links von S—Q_1: Eutektikum $I + \alpha$; die Schmelze ändert ihre Zusammensetzung entlang E_3—Q_1. Im Punkt Q_1 kommt es durch Hinzutreten der Reaktion I + Schmelze = T zum Vierphasengleichgewicht I + Schmelze + $T + \alpha$. Schmelze und I werden unter Bildung von T völlig aufgebraucht. Im Gefüge bleiben T und α	—
		2. Rechts von S—Q_1: peritektische Reaktion I + Schmelze = T entlang $b_1 Q_1$ oder $b_2 Q_2$. In Q_1 und Q_2 werden die Schmelzen in den schon unter 5_2 genannten Vierphasengleichgewichten aufgebraucht, nur mit dem Unterschied, daß auch die Phase I aufgezehrt wird. Im Gefüge bleiben nur α und T	—
7	I	1. Links der Geraden S—Q_1: Eutektikum $I + \alpha$ entlang E_5—Q_1. In Q_1 durch Reaktion I + Schmelze = T Vierphasengleichgewicht, bis T aufgezehrt ist. Es bleibt Schmelze übrig, die entlang Q_1—ET Eutektikum $T + \alpha$ ausscheidet. In ET	tern. Eut. $\alpha + T + II$
		2. Rechts der Geraden S—Q_1: Peritektische Reaktion I + Schmelze = T entlang b_1—Q_1 oder b_2—Q_2. Lag die Ausgangszusammensetzung oberhalb der Linie T—Q_1, so wird Q_1 erreicht, wo im Vierphasengleichgewicht I + Schmelze + T+ α alles I aufgezehrt wird. Die Restschmelze scheidet Eutektikum $T + \alpha$ aus und endlich	tern. Eut. $\alpha + T + II$
		Lag die Ausgangszusammensetzung unterhalb T—Q_1, so werden, weil I vorher aufgezehrt ist, die Vierphasenpunkte Q_1 und Q_2 nicht mehr erreicht, aus der Schmelze kristallisiert T primär; sie verhält sich weiter wie Ausgangsschmelzen aus Feld 8, 9 oder 9a	—
8	T	Eutektikum $T + \alpha$ entlang Q_1—ET oder Eutektikum $T + II$ entlang b—ET in beiden Fällen	tern. Eut. $\alpha + T + II$
9	T	Eutektikum $T + II$. Infolge Mischkristallbildung Al in II kein ternäres Eutektikum	—
9a	T	Eutektikum $T + II$ entlang Q_2—O oder Eutektikum $T + III$ entlang b_3—O in beiden Fällen	tern. Eut. $II + T + III$

Kristallisation zu Abb. 129 (Fortsetzung).

Feld	Primär	Sekundär	Tertiär
10	α	Eutektikum $\alpha + I$ entlang E_4—Q_1. In Q_1 durch Reaktion Schmelze $+ I = T$: Vierphasengleichgewicht $\alpha + I +$ Schmelze $+ T$. Die Schmelze wird aufgezehrt, ohne alles I in T verwandeln zu können. Im Gefüge α, I und T; letzteres umhüllt I	—
11	α	Eutektikum $\alpha + I$ entlang E_4—Q_1. Vierphasengleichgewicht wie eben, jedoch wird nicht nur die Schmelze, sondern auch I restlos aufgezehrt, so daß im Gefüge nur α und T	—
12	α	Eutektikum $\alpha + I$ entlang E_5—Q_1 oder Eutektikum $\alpha + T$ entlang Q_1—ET oder Eutektikum $\alpha + II$ entlang E_2—ET. Im ersten Falle kommt es in Q_1 zum Vierphasengleichgewicht $\alpha + I +$ Schmelze $=$ T, wobei nach Aufzehrung von I noch Schmelze übrig ist, die nun weiter Eutektikum ausscheidet, bis sie im Punkte ET wie alle Restschmelzen des Feldes 12 erstarrt als	tern. Eut. $\alpha + T + II$

Die beiden Teildreiecke, in die der Schnitt Al—T die Al-Ecke zerlegt, haben nur ein gemeinsames ternäres Eutektikum. Es liegt dicht beim binären Al $+ II$, enthält etwa 33% Mg, 1% Cu, 66% Al und schmilzt bei 449°.

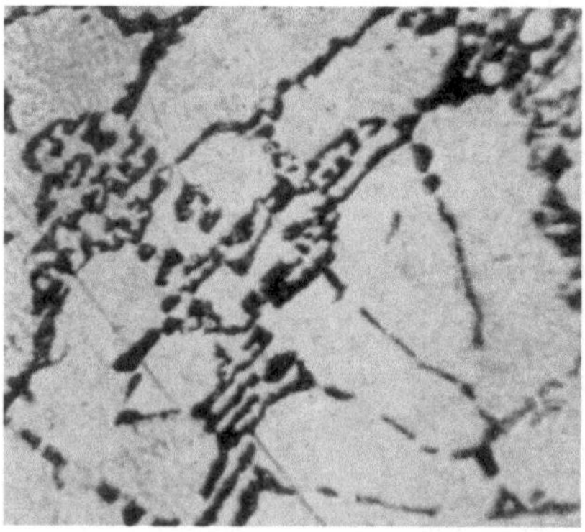

Abb. 130*. Feld 10. 10% Cu, 10% Mg. Primär α (hell). Sekundär $\alpha + Al_2Cu$. Infolge Kornsaigerung noch Tertiär-Eutektikum $\alpha + T + Al_3Mg_2$. V=220; Ätzung HNO_3.

Das peritektische Gleichgewicht stellt sich bei normaler Abkühlung nie vollkommen ein, weil entweder durch Umhüllung von I mit T die Reaktion zum Stillstand kommt oder die Schmelze an die im Eutektikum $\alpha + I$ eingesperrten Teilchen von I nicht heran kann. In den Feldern 3 und 4 bleibt infolge Kornsaigerung Schmelze übrig, die noch peritektische Reaktion (Q_1) zuläßt oder die Kristallart T im ternären Eutektikum direkt bildet. Deshalb sind fast in allen Fällen mehr Phasen im Gefüge, als bei vollkommenem Gleichgewicht zulässig.

Abb. 130 (Feld 10, linke Hälfte) läßt erkennen, daß das im Eutektikum $\alpha + I$ eingesperrte I der peritektischen Reaktion entzogen war, so daß sich ternäres Eutektikum bilden konnte, das α, *II* und *T* enthält (rechte obere Ecke des Bildes). Die Legierungen aus Feld 11 (s. Abb. 131), die theoretisch zweiphasig sind, zeigen schon viel Eutektikum $\alpha + T$ (farnkrautartig); die dunkle Mitte des Bildes ist Eutektikum $\alpha + I$. Die peritektische Bildung von *T* ist in Legierungen aus Feld 7 (Abb. 132), zu erkennen. Primärnadeln von *I* sind umhüllt von *T* (in der rechten oberen Ecke des Bildes können Kern und Umhüllung unterschieden werden). An die umhüllten Nadeln ist Eutektikum $T + \alpha$ gelagert. Die helle Grundmasse ist ternäres Eutektikum, bestehend aus sehr viel *II*, wenig α und *T*.

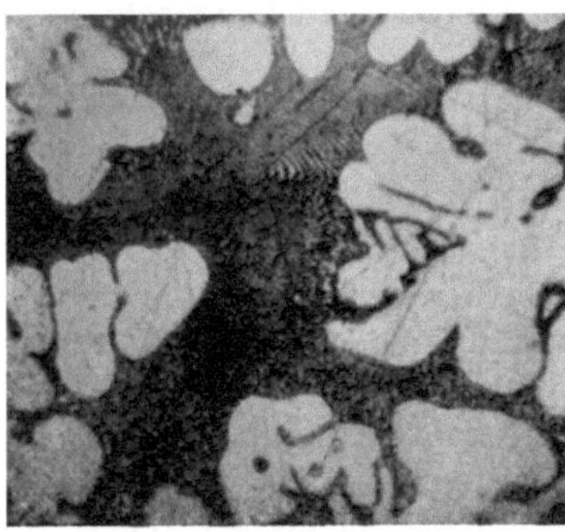

Abb. 131*. Feld 11. 15% Mg, 5% Cu. Primär α (hell). Sekundär $\alpha + Al_2Cu$. Infolge Kornsaigerung erweitert: Eutektikum $\alpha + T$ (farnkrautartig) und $\alpha + T + Al_3Mg_2$. V = 180; Ätzung HNO_3.

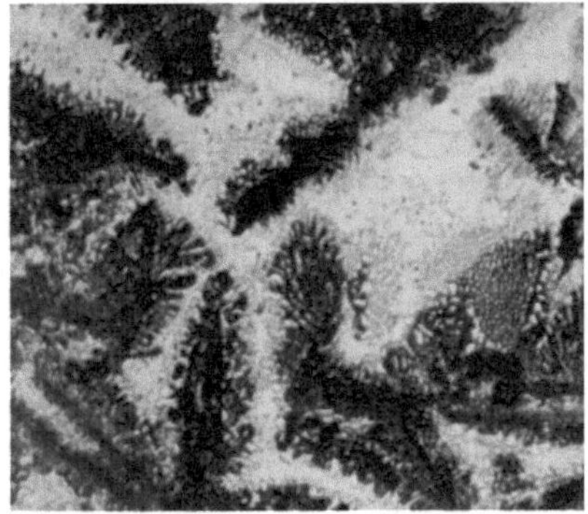

Abb. 132*. Feld 7. 26% Mg, 14% Cu. Primär Al_2Cu, umhüllt von ebenfalls dunklem *T*. Sekundär Eutektikum $T + \alpha$. Tertiär $Al_3Mg_2 + T + \alpha$. V = 63; Ätzung HNO_3

Ätzmittel nach (262a): Konzentrierte HNO_3, ein Tropfen verteilt.
I in 30—50 Sek. schwarz.
T langsamer braun bis schwarz.
Eutektikum $II + \alpha$ gelblich.
α bleibt hell.
Bei Zusatz eines Tropfens H_2O: *I* wird rot.
T schnell geschwärzt.
Duraluminätzmittel s. bei (60, 43 und 147).

Technisch minderwertig sind infolge ihrer Sprödigkeit die Legierungen der Felder 4a, 5, 5a, 6, 7, 8, 9, 9a sowie die unter 8—9a liegenden. Man kann sie zu Pulver zerschlagen und zerreiben. Die Legierungen der Felder 1, 12, 11 und 10 sind nur in ihrer äußersten linken Ecke eventuell als Gußmaterial verwendbar, aber auch noch hart und spröde. Legierungen der Felder 3 und 4 dagegen kommen als Motorkolben- und Lagermaterial in Frage (nach 53b mit Fe- und Ni-Zusätzen).

Im α-Gebiet können nach (53b) in Gußlegierungen durch Abschrecken von 500° und Anlassen Festigkeitswerte von 33,4 kg/mm² erreicht werden (kleine Zusätze: 0,2—1% Si, 0,3—1,5% Fe, 0—1% Mn, 0—0,5% Cr).

Man kommt bei Al—Cu-Guß mit geringeren Vergütungszeiten aus, wenn Mg zugegen ist. [Weiteres Schrifttum über Al—Cu—Mg-Guß: (93k, m, 10f, 249, 9a).]

Gießt man in kühle Kokillen oder Sand mit Kühlplatten, so ist die Vorbedingung der Vergütung, die Abschreckung, schon gegeben. Nach einigen Tagen hat der Guß beträchtliche Festigkeitswerte erreicht. Nach diesem Prinzip arbeiten die seinerzeit aufgekommenen Strasseschen Legierungen Neonalium und Alneon (231b, 171f, 245a).

In Deutschland hat die Siluminverwendung den Typ der vergütbaren Gußlegierungen nicht so recht aufkommen lassen, während im Ausland der guten Ermüdungsfestigkeit wegen viel davon Gebrauch gemacht wird.

Die weitaus wichtigste Anwendung der α-Legierungen ist das Duralumin (21). Bei Zimmertemperatur ist das α-Gebiet auf den kleinen abgegrenzten Raum (Abb. 129) in der Al-Ecke zusammengeschrumpft. Die Untersuchungen fast aller Duraluminforscher kümmern sich um die Verbindung T überhaupt nicht. Zwar kann sie bei einem Mg-Gehalt, wie er im Duralumin üblich ist, nicht sichtbare Segregate bilden, weil ihre Menge bei Zimmertemperatur in α noch voll löslich ist. Da aber nach den bisherigen Ergebnissen der Vergütungsforschung die Vergütung auf nicht sichtbare Atomumgruppierungen zurückzuführen ist, kann die Umgruppierung zwecks Bildung des T-Moleküls größere Bedeutung haben, als man allgemein annimmt. Eingehende Untersuchungen (171i, 10) haben immerhin gezeigt, daß die Selbstvergütung des Duralumins auch ohne Si, dessen Gegenwart in Gestalt von Mg_2Si lange Zeit für erforderlich gehalten wurde (77a, b, 175e, 171a), in ebenso hohem Grade eintritt. In Al—Cu-Legierung ohne Mg bleibt die Selbstvergütung nur minimal. Erst durch Anlassen bei 90^0 und mehr kommt es zu der nach der Ausscheidungshypothese erforderlichen hochdispersen Ausscheidung von Al_2Cu, des Hauptvergüters. Nach der Röntgenforschung weitet das Mg das Al-Gitter so weit auf, daß die zur Vergütung notwendigen Atom- oder Molekularbewegungen auch bei Zimmertemperatur, also von selbst, vor sich gehen können.

Diese Hypothese hat viel für sich, obwohl es noch nicht gelang, ihr Zutreffen metallo- oder röntgenographisch zu erweisen. Die erste Methode sucht der Sache durch Entgütungsversuche beizukommen, sind doch die Schliffbilder, in welchen wirklich Ausscheidungen zu sehen sind, Entgütungsbilder. In der berechtigten Erwägung, daß die bei der Entgütung grobdispers ausgeschiedenen Verbindungen bei der Vergütung feinstdispers mitwirken, kann diese Methode zu praktisch brauchbaren Ergebnissen führen. Abb. 133a und b zeigen das Gefüge langsam und rasch erstarrter gegossener Legierung der Duraluminzusammensetzung.

In ersterer erkennt man kristallographisch angeordnete Segregate von Al_2Cu, in den Korngrenzen überschüssigen Al_2Cu und eine MnAl-Verbindung. Infolge Einformung von Al_2Cu in das eutektische Al_2Cu

blieben die Ränder der α-Kristalle segregatarm. In der rasch abgekühlten, stark zonigen Legierung ist das kaum der Fall. Die eutektische Aufteilung des Al_2Cu ist filigranartig fein [derartige Aufteilung ist nach (209i) charakteristisch für Mg- und Mg + Mn-haltige Legierung]; die Al—Mn-Verbindung selbst ist gröber aufgeteilt. Die durch Ausglühung bei niedriger Temperatur erzeugte Segregatbildung (Abb. 133b) ist staubfein, während die durch langsame Abkühlung über den Entgütungstemperaturbereich entstandene nadelförmig und gröber ist (Abb. 133a).

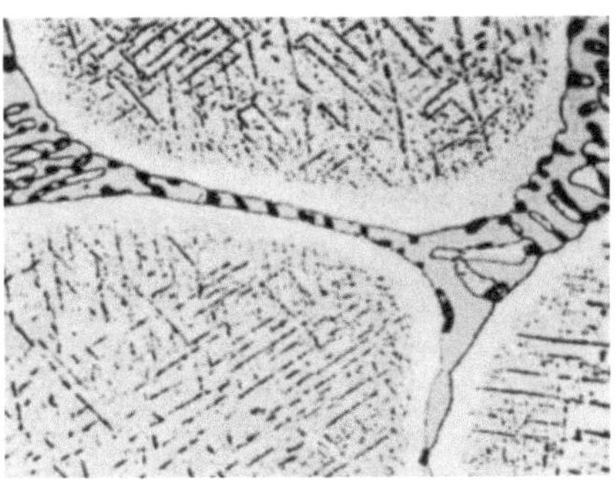

Abb. 133a. Feld 0. Langsam gekühlt. Duralminzusammensetzung. 0,4% Mn-haltig. V = 500; Ätzung Lösung von 25 ccm HCl, 8 ccm HNO_3 und 7,5 ccm HF in 1000 ccm Wasser, 3 Min.

Abb. 134a und b zeigen nach (56m) den Einfluß von 0,5% Mg bzw. von 1,42% Mg + Si im ungefähren Verhältnis von Mg_2Si auf die Löslichkeit des Cu im Al. Danach setzen 0,5% Mg die binär-eutektische Temperatur $\alpha + Al_2Cu$ auf 533° und die Löslichkeit des Cu bei ihr auf 5% herab. Die Einengung der Löslichkeit bleibt auch bei fallender Temperatur bestehen. In Anlehnung an die Ausscheidungshypothese könnte man sagen, der kleine Mg-Zusatz vergrößere die Ausscheidungsenergie des Al_2Cu, bzw. wäre der Anschauung der Röntgenographen zuzustimmen, daß die Gitteraufweitung durch Mg die Ausscheidung erleichtere. Abb. 134b läßt erkennen, daß durch die genannte Menge Mg_2Si die Löslichkeit des Cu auf etwa 4,75%, die Temperatur der eutektischen Erstarrung auf 510° C heruntergedrückt wird. Andererseits zeigt sich, daß die Löslichkeit des Mg_2Si in α durch Cu von 1,65% auf mindestens unter 1,42% herabgedrückt wird, denn bei diesem Zustand ist in Feld *B* (Abb. 134b) bis zu beginnendem Schmelzen überschüssiges Mg_2Si im Schliffbild. Oberhalb 3% Cu erscheint ein neuer Konstituent im Schliffbild, der sich bis

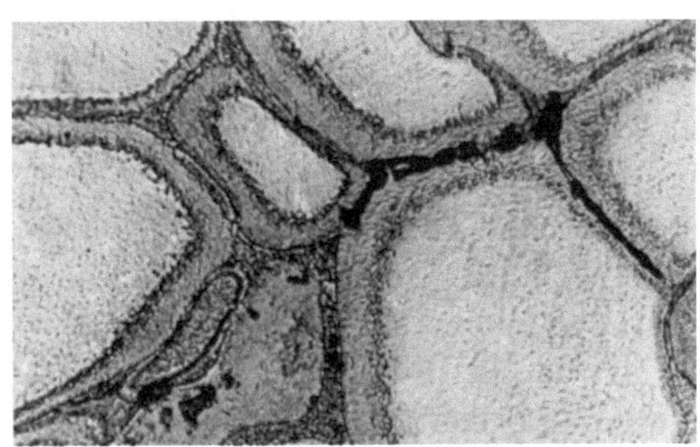

Abb. 133b. Feld 0. Rasch gekühlt, dann bei 250° geglüht und abgeschreckt. Duraluminzusammensetzung. 0,4% Mn-haltig. V = 500; Ätzung wie bei 133a, jedoch 8 Min.

zur Solidustemperatur dort behauptet und von den Autoren als quaternäre Verbindung $Al_uCu_vMg_wSi_x$ angesprochen wird, da bei größerem Si-Überschuß Mg_2Si aus dem Schliffbild verschwindet. Möglich, daß dieser Konstituent an der Vergütung des Mg und Si-reicheren Duralumins ebenso entscheidenden Anteil nimmt, wie er beim normalen Duralumin dem Al_2Cu bzw. dem Mg_2Si zugesprochen wird. Nach Abb. 134b wird wenigstens im entgüteten Duralumin, das 0,84% Mg und 0,58% Si enthält, Mg_2Si, Al_2Cu und die quaternäre Verbindung gefunden. Nimmt man noch dazu, daß Mn im Duralumin auch zum Teil festgelöst vorkommt, so kommen noch weitere Vergütungsfaktoren, etwa Al_3Mn, oder ternäre Verbindungen oder eine Al—Mn-Mehrstoffverbindung hinzu. Ob die Durchprüfung des Duralumins, der Y-Legierung, der Legierung RR 50 u. a. auf neue Konstituenten, die, wie sich aus den ternären Zustandsschaubildern der betreffenden Zusätze mit Al und Cu ergibt, sicherlich vorliegen, mit Hilfe von Entgütungsbildern allein zur Aufklärung des Wesens der Vergütung viel beitragen wird, ist ungewiß. Sicher aber ist, daß die Bestimmung der Zusammensetzung der Konstituenten durch planmäßige Konstitutionsforschung notwendig ist, wenn man die vergütbaren Legierungen systematisch verbessern will. Abb. 135 zeigt ein Schliffbild aus Feld *C* der Abb. 134b, das die Entgütungsausscheidungsformen von Al_2Cu und der quaternären Al—Cu—Si—Mg-Verbindung erkennen läßt. Mg_2Si ist durch Si-Überschuß zum Verschwinden gebracht. Abb. 136 gibt die Entgütungsausscheidungsformen der genannten Verbindungen und von Mg_2Si. Nach (56m) ätzt 10%ige heiße HNO_3 das $CuAl_2$ braun, frißt aber die quaternäre Verbindung aus; 10%ige NaOH, 70°, 4 Sek., ätzt $CuAl_2$ braun, läßt das blaue Mg_2Si unangegriffen und umreißt die quaternäre Verbindung, ist also, da HF das Al_2Cu und die quaternäre Verbindung lediglich umreißt, das geeignetere Ätzmittel. Wie aus der Besprechung des Systems Al—Cu—Fe hervorgeht, hemmt Fe die Vergütung. Bevor die Homogenisierung der

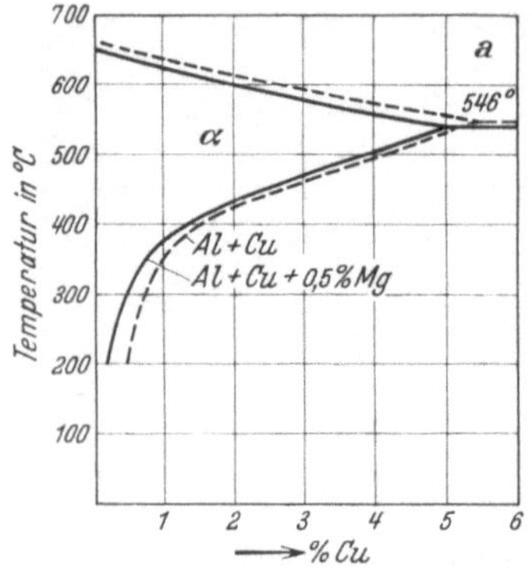

Abb. 134a*. Einfluß von 0,5% Mg auf die Löslichkeit von Cu in Al.

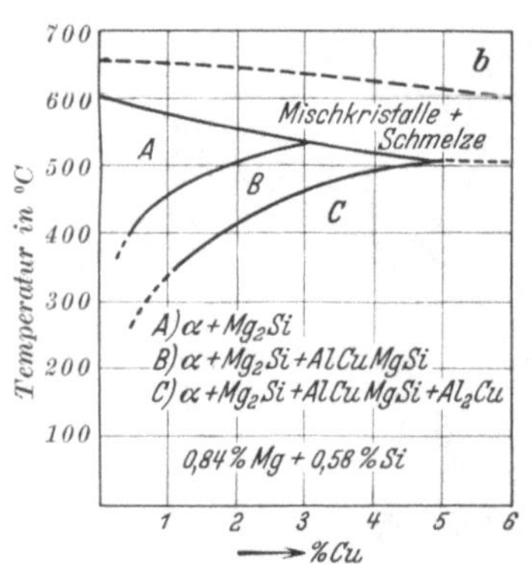

Abb. 134b*. Bei gleich bleibendem Gehalt an Mg + Si mit verändertem Cu-Gehalt auftretende Konstituenten.

α-Kristalle durch Diffusion und Cu-Aufnahme aus der Schmelze erledigt ist, kommt schon das Eutektikum: ungesättigtes $\alpha + Al_3Fe$ zur Ausscheidung. Wo Al_3Fe sich anlagerte, bleibt der α-Kristall zu niedrig gekupfert. Zwar wird durch Warm- und nachfolgendes Kaltwalzen sowie den Vergütungsprozeß eine Homogenisierung gewährleistet; in Gußlegierungen ist Fe aber möglichst zu vermeiden, wenn sie vergütet werden sollen. Nach (171i) ist bei ganz kleinen Fe-Gehalten eine Festigkeitssteigerung zu erzielen. Nach (141a) ist bei 0,5% Fe schon eine erhebliche Benachteiligung festzustellen. Es ergeben sich unmittelbar nach dem Abschrecken geringere Festigkeitswerte, auch steigen die Härtewerte bei der Selbstvergütung erheblich schwächer an.

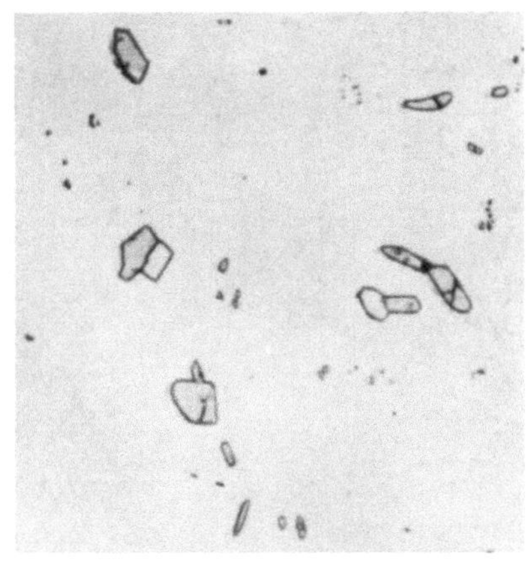

Abb. 135*. 3,05%Cu, 1,31%Mg Si,0,12%Si. 16 Tage bei 500° homogenisiert, dann langsam auf 450° gekühlt (16 Tage) und dann abgeschreckt. Segregate von $CuAl_2$ und der Al—Cu—Mg—Si-Verbindungen sind koaguliert. Kein Mg_2Si. (Hell Al_2Cu; Halbton Al—Cu—Mg—Si-Verbindung; Grundmasse α.)
V = 500; Ätzung 10% NaOH, 70°, 4 Sek.

Durch Warmvergütung läßt sich im Duralumin die Festigkeit, auch Streck- und Elastizitätsgrenze auf Kosten von Dehnung und Korrosionsbeständigkeit steigern (171a, k, l).

Das Duralumin hat viele Nachahmungen gefunden, ohne daß es gelungen wäre, es in seinen Eigenschaften zu übertreffen. Insbesondere sind gleichzeitige Beständigkeit gegen interkristalline Korrosion, Dauerfestigkeit, hohe Querkontraktion bei der Zerreißung und Spannungsunempfindlichkeit in warmfeuchter Atmosphäre (s. Abschnitt technologische Proben) selten erreicht worden.

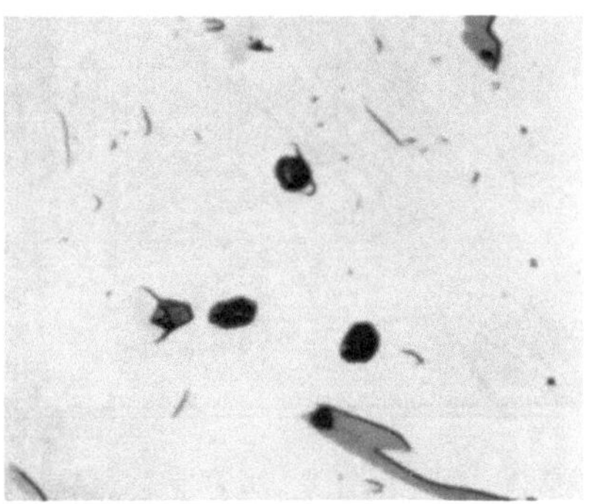

Abb. 136*. 2,83% Cu, 1,38% Mg_2Si (= 0,87% Mg, 0,51% Si). 16 Tage bei 500° homogenisiert, langsam auf 450° gekühlt (17 Tage), dann abgeschreckt. Die Segregate von $CuAl_2$ (hell), Mg_2Si (schwarz) und der Al—Cu—Mg—Si-Verbindung sind koaguliert.
V = 500; Ätzung 10% NaOH, 70°, 4 Sek.

Aluminium—Kupfer—Nickel.

Schrifttum: 204a, 93n, 212g, 14, 25, 75a.

In (204a) und (93n) ist der Einfluß von Cu und Ni auf die technischen Eigenschaften des Al geprüft. Nach der mehr auf die Konstitution eingehenden Untersuchung (212g) bringt ein verhältnismäßig geringer Ni-Zusatz in Al—Cu-Legierungen Al_2Cu zum Verschwinden zugunsten eines ternären Körpers. In (14) ist ohne näheres Eingehen auf die Konstitution der Al-Ecke ein Liquidusflächenmodell des ganzen

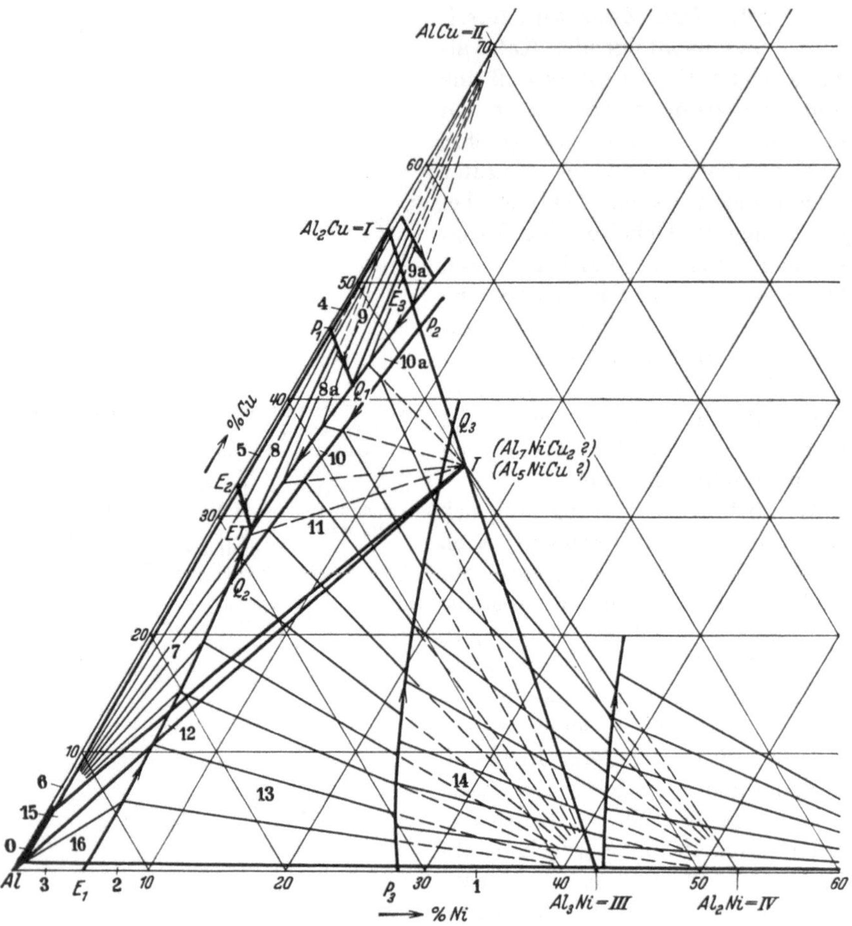

Abb. 137. Zustandsschaubild der Al-Ecke des Systems Al—Cu—Ni.

Systems ausgearbeitet. Über eingehende Untersuchungen in der Al-Ecke bis zu 10% Ni und 12% Cu berichtet (25). Festgestellt wird eine peritektische Reaktion Al_3Ni + Schmelze = T (T = ternäre Verbindung der die Formel Al_5NiCu_2 zugeschrieben ist). Nach (75a) ist der Schnitt Al_2Cu—Al_3Ni quasibinär (Diagramm s. Tafel IV). Entsprechend den Ergebnissen in (25) erfuhren einige thermische Effekte eine etwas andere Deutung. Abb. 137 enthält das nach den Angaben der verschiedenen Autoren konstruierte Zustandsschaubild für den kristallinen Zustand.

T ist aus theoretischen Gründen die Zusammensetzung Al_7NiCu_2 zugrunde gelegt.

Abkürzungen: α = feste Lösung von Cu und Ni in Al, $I = Al_2Cu$, $II = AlCu$, $III = Al_3Ni$, $IV = Al_2Ni$, T = ternäre Verbindung.

Kristallisation zu Abb. 137.

Feld	Primär	Sekundär	Tertiär
0	α	—	—
1	*IV*	Peritektische Reaktion IV + Schmelze = III in unmittelbarer Nähe von P_3 entlang P_3—Q_3. Nach völliger Aufzehrung von IV verhält sich die Schmelze wie solche aus Feld 2	—
2	*III*	Eutektikum $III + \alpha$	—
3	α	Eutektikum $III + \alpha$	—
4	*II*	Peritektische Reaktion AlCu + Schmelze = I in unmittelbarer Nähe von P_1 entlang P_1—Q_1. Nach völliger Aufzehrung von II verhält sich die Schmelze wie solche aus Feld 5	—
5	*I*	Eutektikum $I + \alpha$	—
6	α	Eutektikum $I + \alpha$	—
7	α	Eutektikum $I + \alpha$ entlang E_2—ET oder Eutektikum $T + \alpha$ entlang Q_2—ET oder Eutektikum $III + \alpha$ entlang E_1—Q_2; in letzterem Falle tritt in Q_2 die peritektische Reaktion III + Schmelze = T ein, wobei III völlig aufgezehrt wird. Alsdann Kristallisation des Eutektikums $T + \alpha$ und endlich in allen drei Fällen	tern. Eut. $\alpha + T + I$
8	*I*	Eutektikum $I + \alpha$ entlang E_2—ET, dann	tern. Eut. $\alpha + T + I$
8a	*I*	Eutektikum $I + T$ entlang Q_1—ET, dann	tern. Eut. $\alpha + T + I$
9	*II*	Peritektische Reaktion II + Schmelze = I eine Strecke entlang P_1—Q_1, wobei II aufgezehrt wird. Alsdann verhält sich die Schmelze wie solche aus Feld 8 oder 8a	tern. Eut. $\alpha + T + I$
9a	*II*	Eutektikum $II + T$ entlang E_3—Q_1. In Q_1 tritt die peritektische Reaktion II + Schmelze I ein, wobei II völlig aufgezehrt wird. Alsdann kristallisiert Eutektikum $I + T$ entlang Q_1—ET, endlich	tern. Eut. $\alpha + T + I$
10	*T*	Eutektikum $T + I$ entlang Q_1—ET, schließlich	tern. Eut. $\alpha + T + I$
10a	*T*	Eutektikum $T + II$ entlang E_3—Q_1, in Q_1 peritektische Reaktion II + Schmelze = I, wobei II aufgezehrt wird; hierauf Eutektikum $T + I$ entlang Q_1—ET und schließlich	tern. Eut. $\alpha + T + I$

Kristallisation zu Abb. 137 (Fortsetzung).

Feld	Primär	Sekundär	Tertiär
11	*III*	1. Rechts von der Geraden Al_3Ni—Q_2: Peritektische Reaktion *III* + Schmelze = *T* eine Strecke entlang P_2—Q_2; alsdann Kristallisation von *T* (nachdem alles *III* aufgezehrt ist) und weiteres Verhalten der Schmelze wie solcher aus Feld 10a bzw. 10, schließlich	tern. Eut. $\alpha + T + I$
		2. Links von der Geraden Al_3Ni—Q_2: Eutektikum *III* + α entlang E_1Q_2; in Q_2 durch Hinzutreten der Reaktion *III* + Schmelze = *T* Vierphasengleichgewicht bis zur Aufzehrung von *III*; alsdann Eutektikum *T* + α entlang Q_2—*ET* und schließlich	tern. Eut. $\alpha + T + I$
12	*III*	1. Wie 11_1, nur mit dem Unterschied, daß bei der Reaktion *III* + Schmelze = *T* sowohl *III* als auch die Schmelze aufgezehrt werden. Im Gefüge bleiben also nur *T* und α	—
		2. Wie 11_2, nur mit dem Unterschied, daß in Q_2 bei der Reaktion *III* + Schmelze = *T* sowohl *III* als auch die Schmelze verbraucht werden. Im Gefüge bleiben also nur *T* und α.	—
13	*III*	1. Rechts der Geraden Al_3Ni—Q_2: Peritektische Reaktion *III* + Schmelze = *T*. Die Schmelze ist verbraucht, ohne daß sie *III* ganz aufzehren konnte	—
		2. Links der Geraden Al_3Ni—Q_2: Eutektikum *III* + α entlang E_1—Q_2. Beim Vierphasengleichgewicht α + *III* + Schmelze Q_2 + *T* wird die Schmelze unter Umhüllung von *III* mit *T* aufgebraucht. .	—
14	*IV*	Peritektische Reaktion *IV* + Schmelze = *III* entlang P_3—Q_3, wobei alles *IV* aufgezehrt wird; alsdann Kristallisation von *III* und je nach Lage der Ausgangsschmelze rechts oder links von der Geraden Al_3Ni—Q_2 weiteres Verhalten wie das von Schmelzen aus Feld 11, 12 und 13	—
15	α	Eutektikum α + *III* entlang E_1—Q_2. In Q_2 peritektische Reaktion *III* + Schmelze = *T*, wobei Schmelze und *III* aufgezehrt werden. Im Gefüge bleiben α und *T* .	—
16	α	Eutektikum α + *III* entlang E_1—Q_2; in Q_2 wird bei der peritektischen Reaktion *III* + Schmelze = *T* nur die Schmelze aufgebraucht, ohne *III* aufzehren zu können. Im Gefüge also α und *III* umhüllt von *T*	—

Nach (75a) ist die Zusammensetzung des ternären Eutektikums 68,9% Al, 28,6% Cu, 2,5% Ni; Schmelzpunkt 532° C. Das peritektische Gleichgewicht bleibt nur unvollkommen. In den Feldern 15 und 12, die theoretisch zweiphasig sind, kommt es vielfach gar nicht zur peritektischen Reaktion, weil das im fest gewordenen binären Eutektikum $Al_3Ni + \alpha$ liegende Al_3Ni nicht mit der Schmelze in Berührung kommt. Infolgedessen scheidet diese entlang Q_1/ET Eutektikum $\alpha + T$ und ternäres Eutektikum aus, so daß die Legierungen vierphasig sind (Abb. 138, Feld 15). Aus dem gleichen Grunde sind die Legierungen der Felder 13 und 16 nicht drei-, sondern vierphasig. Abb. 139 zeigt das Gefüge einer Legierung voin Schnitt Al_3Ni—Al_2Cu. Dunkelgraue Kerne von Al_2Ni sind umhüllt von Al_3Ni; letzteres ist umhüllt von T. Infolge unvollständiger Reaktion blieb viel Eutektikum $T + Al_2Cu$ übrig.

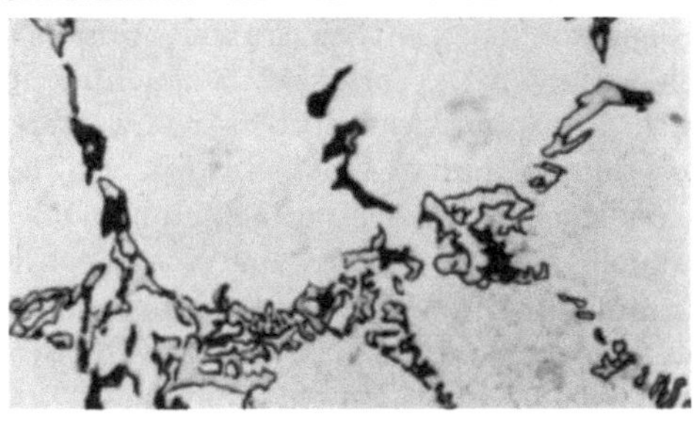

Abb. 138. Feld 15; 9,5% Cu, 3% Ni. Primär α (Grundmasse). Sekundär Eutektikum $\alpha + Al_3Ni$ (grau), nur stellenweise peritektischer Angriff unter Bildung von T, Eutektikum $c + T$. Tertiär $\alpha + T + Al_2Cu$. V=730; Ätzung HNO_3.

Ätzmittel nach (56d):

0,5% HF, 15 Sek., T umrissen, nicht angegriffen

1% NaOH, 10 Sek., T umrissen, ungefärbt

10% NaOH, 5 Sek. 70°, T umrissen, ungefärbt

20% H_2SO_4, 30 Sek. 70°, T umrissen, nicht gefärbt, oft schwarze Kerne

25% HNO_3, 40 Sek. 70°, T ausgefressen, geschwärzt.

(Sonst) K_4FeCy_6, T braungrau, Al_2Ni dunkelgrau, Al_3Ni hellgrau, Al_2Cu braun.

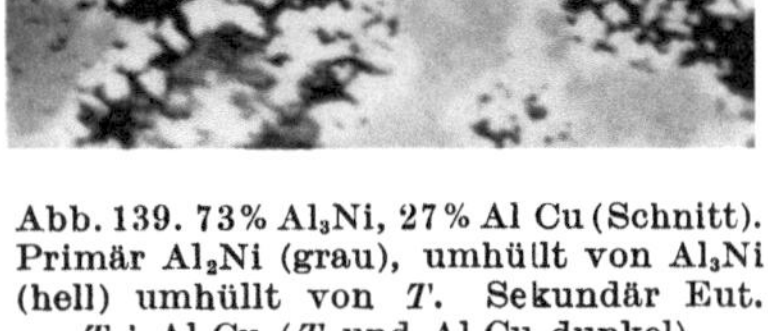

Abb. 139. 73% Al_3Ni, 27% Al Cu (Schnitt). Primär Al_2Ni (grau), umhüllt von Al_3Ni (hell) umhüllt von T. Sekundär Eut. $T + Al_2Cu$ (T und Al_2Cu dunkel). V = 250; Ätzung K_4FeCy_6.

Die Verbindung T ist weniger störend als die des sonst ähnlichen Systemtyps Al—Cu—Fe. Die Legierungen der Felder 9, 9a, 10a, 14 und die des rechten Teiles der Felder 2, 11, 12, 13 sind techniseh wertlos. In den Feldern 5, 6, 7, 8a und 10 liegen Kolben- und Lagermetalle, in 3, 15 und 16 ergeben sich Gußlegierungen guter Festigkeit.

Im α-Gebiet liegen vergütbare Guß- und Walzlegieru gen. Die Y-Legierung, ein Duralumin mit bis zu 2% Ni, soll seinetwegen erhöhte Warmfestigkeit aufweisen. Da Ni die Vergütung etwas beeinträchtigt, können in reinen Duraluminkombinationen bessere Gesamtfestigkeitseigenschaften erzielt werden. Die englischen RR-Legierungen. die außer

Ni noch andere Schwermetallzusätze enthalten, haben ähnlichen Charakter wie die Y-Legierung.

Nach (211) zerfallen Legierungen der Felder 9 und 9a nach längerem Liegen an der Luft zu Pulver, woraus auf innere Umwandlungen geschlossen wird. Verfasser beobachtete diesen Zerfall, der mit Geruch nach Phosphorwasserstoff, Arsenwasserstoff u. ä. verbunden ist, auch auf dem Schnitt Al_3Ni—Al_2Cu wie bei den meisten anderen hochschmelzenden Mischungsgebieten von Verbindungskristallarten. Es handelt sich demnach um eine Verwitterungserscheinung unter dem Einfluß der Luftfeuchtigkeit, zurückzuführen auf P, As, C und andere Stoffe, die aus den zulegierten Schwermetallen, dem Tiegelmaterial und ähnlichem stammen können.

Aluminium—Nickel—Eisen.

In diesem System ist der die Al-Ecke abschließende Schnitt Al_3Fe—Al_3Ni nach (75a) quasibinär (s. Tafel IV). Abb. 140 gibt das Zustandsschaubild des durch den Schnitt abgegrenzten Teilgebietes.

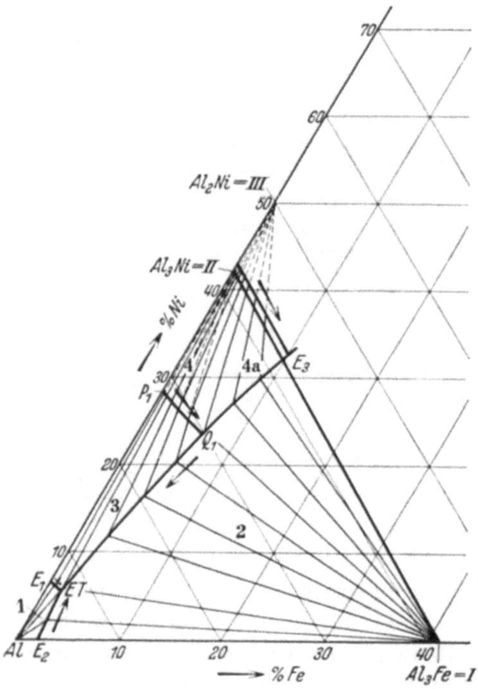

Abb. 140. Zustandsschaubild der Al-Ecke des Systems Al—Ni—Fe.

Eine ternäre Verbindung wurde nicht festgestellt. Das ternäre Eutektikum enthält 5,5% Ni, 1,5% Fe, 93% Al und schmilzt bei 630°.

Abb. 141 zeigt das Gefüge einer Legierung von der Grenze der Felder 1 und 2. Die reinen Al—Fe—Ni-Legierungen sind technisch von geringem Wert: in einer zu weichen Grundmasse große und spröde Kristallarten. Unterkühlte Legierungen des ternär eutektischen Gebietes liefern unter Kornfeinung und Heraufsetzung der ternär eutektischen Fe- und Ni-Menge brauchbare Gußlegierung, insbesondere, wenn Cu und Mg zugesetzt werden. Die RR-50-Legierungen umfassen derartige Zusammensetzungen, desgl. die Hyblumlegierungen. Sie mögen spezielle Eigenschaften wie Warmfestigkeit und andere haben. Im großen ganzen sind sie den reinen Al—Cu—Mg—Si—Mn-Legierungen (Duralumin) unterlegen.

Kristallisation zu Abb. 140.

Feld	Primär	Sekundär	Tertiär
0	α	In der Al-Ecke nicht eingezeichnet, weil zu klein	—
1	α	Eutektikum $\alpha + I$ oder $II + \alpha$	$\alpha + I + II$
2	I	Eutektikum $\alpha + I$ oder Eutektikum $I + II$ oder Eutektikum $I + III$, in letzterem Falle in Q_1 peritektische Reaktion III + Schmelze = II und nach völliger Aufzehrung von III Eutektikum $I + II$. In allen drei Fällen	$\alpha + I + II$
3	II	Eutektikum $II + \alpha$ oder $I + \alpha$	$\alpha + I + II$
4	III	Peritektische Reaktion III + Schmelze = II entlang P_1—Q_1, wobei III aufgezehrt wird. Weiteres Verhalten wie bei Schmelzen aus Feld 3	
4a	III	Eutektikum $III + I$ entlang E_3—Q_1. In Q_1 Reaktion III + Schmelze = II, wobei III aufgezehrt wird. Alsdann Eutektikum $II + I$ entlang Q_1—ET und endlich	$\alpha + I + II$

Abkürzungen: $I = Al_3Fe$, $II = Al_3Ni$, $III = Al_2Ni$.

Aluminium—Eisen—Magnesium.

In diesem System ist nach (75a) der Schnitt Al_3Fe—Al_3Mg_2 binär, desgleichen der von Al_3Fe nach Al_3Mg_4. Auf diesen Schnitten kristallisiert primär alles Al_3Fe restlos aus und die Restschmelze kristallisiert dann wie

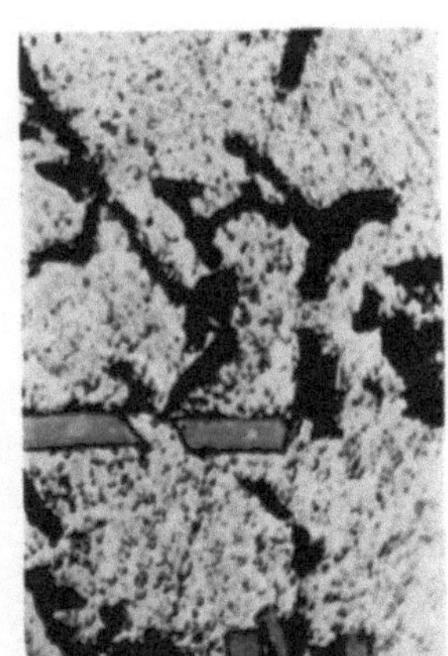

Abb. 141. Feld 1/2. 1,86% Fe, 1,64% Ni. Primär α (aufgerauhte Grundmasse). Sekundär Eutektikum α + Al_3Fe (Al_3Fe grau). Tertiär Eutektikum α + Al_3Fe + Al_3Ni (Al_3Ni grauschwarz). V = 1500; Ätzung NaOH.

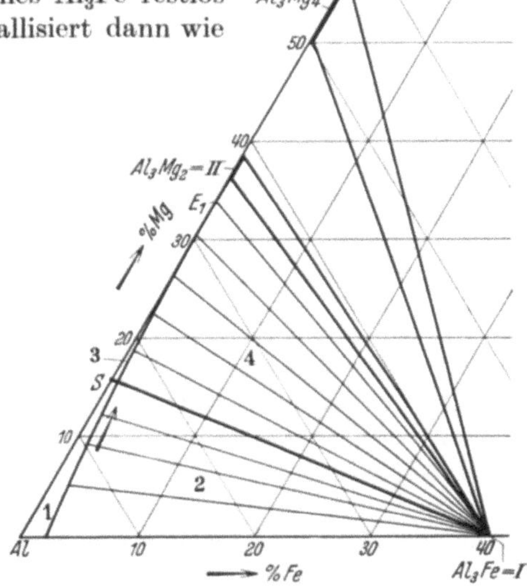

Abb. 142. Zustandsschaubild der Al-Ecke des Systems Al—Fe—Mg.

reine Al—Mg-Legierung. Das Zustandsschaubild des Dreistoffsystems Al—Al_3Mg_2—Al_3Fe (s. Abb. 142) ist deshalb sehr einfach.

Kristallisation zu Abb. 142.

Feld	Primär	Sekundär	Tertiär
1	α	Eut. α + *I*	—
2	*I*	Eut. α + *I*	—
3	α	Eut. α + *I*	Eut. α + *II*
4	*I*	Eut. *I* + α und.	Eut. α + *II*
		oder nur	Eut. α + *II*

Abkürzungen: α = feste Lösung von Mg in Al; *I* = Al_3Fe, *II* = Al_3Mg_2.

Al_3Fe sinkt in langsam gekühlten Schmelzen zu Boden, so daß der Schliff durch einen ganzen Regulus den Eindruck eines Zweischichtensystems macht. Bei rascher Abkühlung ist die Verteilung regelmäßiger.

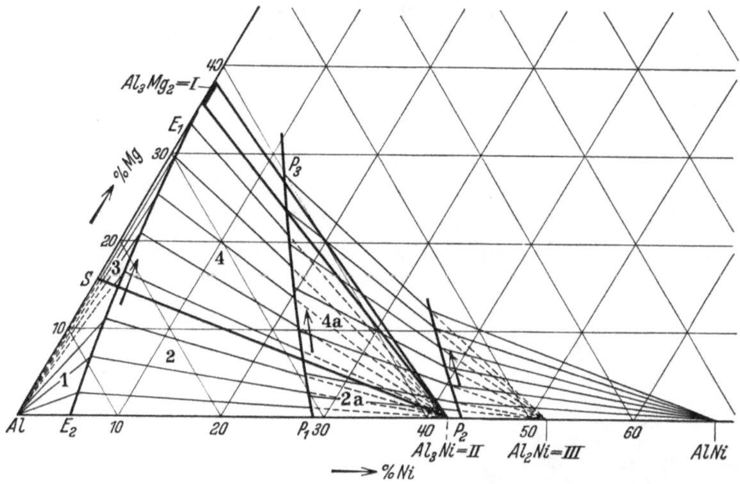

Abb. 143. Zustandsschaubild der Al-Ecke des Systems Al—Ni—Mg.

Auf der Grenzlinie von Feld 1 und 2 kann man durch rasche Abkühlung feine Aufteilung des Eutektikums erzielen. Abb. 70 und 71 geben das Gefüge von Legierungen wieder, die als ternäre aus Feld 1 und 3 angesehen werden können. Die Al_3Fe-Verunreinigung hat sich bei langsamer Abkühlung in Gestalt sternförmiger Nester pseudoeutektisch abgeschieden. Aus den korrosionsfesten Al—Mg-Legierungen läßt man Fe am besten soweit wie möglich heraus. Im großen ganzen sind die Al—Mg—Fe-Legierungen technisch geringwertig.

Aluminium—Nickel—Magnesium.

In diesem System ist nach (75a) der Schnitt Al_3Ni—Al_3Mg_2 binär (s. Tafel IV). Primär scheidet sich alles Ni in Gestalt von Al_3Ni bzw. Al_2Ni und Al_3Ni aus und es bleibt eine rein binäre Schmelze von der

Kristallisation zu Abb. 143.

Feld	Primär	Sekundär	Tertiär
1	α	Eutektikum α + *II*	—
2	*II*	Eutektikum α + *II*	—
2a	*III*	Peritektische Reaktion *III* + Schmelze = *II* entlang P_1—P_3. Nach einer gewissen Strecke ist alles *III* aufgezehrt; weitere Kristallisation wie in Feld 2	—
3	α	Eutektikum α + *II* entlang E_2—E_1, in E_1	α + *I*
4	*II*	Eutektikum α + *II* oder α + *I*, im ersten Falle nachher noch	α + *I*
4a	*III*	Peritektische Reaktion *III* + Schmelze = *II* entlang P_1—P_3. Nach einer gewissen Strecke ist *III* völlig aufgezehrt. Die Restschmelzen verhalten sich dann wie solche aus Feld 4	α + *I*

Abkürzungen: α = feste Lösung von Mg und Ni in Al, *I* = Al_3Mg_2, *II* = Al_3Ni, *III* = Al_2Ni.

Zusammensetzung der Verbindung Al_3Mg_2 übrig, die als solche erstarrt. Das Zustandsschaubild für das Dreistoffsystem Al—Al_3Ni—Al_3Mg_2 ist dementsprechend einfach (s. Abb. 143).

Ein ternäres Eutektikum besteht nicht, vielmehr mündet die binäre Eutektikale Al + *II* im binären Eutektikum Al + *I* aus. Abb. 144 zeigt das Gefüge einer Legierung aus Feld 2; infolge Kornsaigerung erweckt es den Eindruck eines solchen aus Feld 4, insofern als es Pseudoeutektikum *I* + α enthält (s. System Al—Mg).

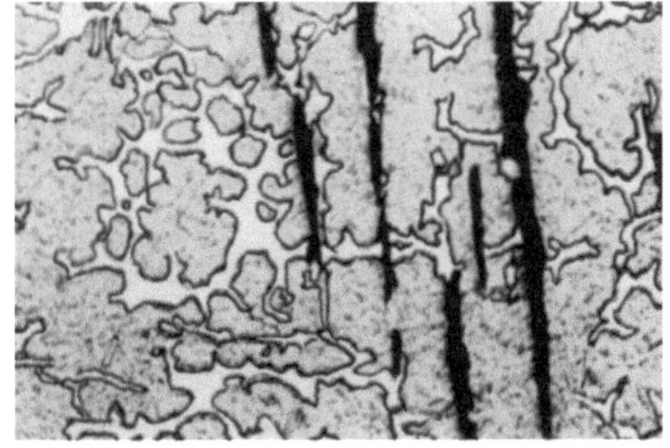

Abb. 144. Feld 2. 10% Mg, 10% Ni. Primär Al_3Ni (schwarz). Sekundär Eutektikum α + Al_3Ni (α aufgerauht). Infolge Kornsaigerung noch: Eutektikum α + Al_3Mg_2, fast aus reinem Al_3Mg_2 bestehend, hell. V = 70; Ätzung NaOH.

Aluminium—Nickel—Silizium.

In diesem System ist nach (75a) der Schnitt Si—Al_3Ni quasibinär (s. Tafel IV). Abb. 145 gibt das Zustandsschaubild des ternären Teilsystems Al—Si—Al_3Ni für den kristallinen Zustand.

Das ternäre Eutektikum liegt bei 84,3% Al, 3,9% Ni 11,8% Si und schmilzt bei 568° C. Es ist recht feinkörnig; aus diesem Grunde ist Ni ein geeigneter Zusatz zum Silumineutektikum. Bei Zusatz von 3—5% Cu unter Verfestigung der Grundmasse ergeben sich für Lager und Motorkolben geeignete Legierungen. Die Legierungen der Felder 8, 8a, ferner der oberen Hälfte von 7, 7a und 6, endlich des größeren rechten Teils von 2 und 6 sind technisch minderwertig.

Kristallisation zu Abb. 145.

Feld	Primär	Sekundär	Tertiär
0	α	—	—
1	α	Eutektikum $\alpha + I$	—
2	α	Eutektikum $\alpha + I$	—
3	α	Eutektikum $\alpha + II$	—
4	II	Eutektikum $\alpha + II$	—
4a	III	Peritektische Reaktion III + Schmelze = II ein ganzes kurzes Stück entlang P_1—Q_1, wobei III aufgezehrt wird. Alsdann weiteres Verhalten der Schmelze wie das von Ausgangsschmelzen aus Feld 4	—
5	α	Eutektikum $\alpha + I$ oder $\alpha + II$	tern. Eut. $\alpha + I + II$
6	I	1. Unterhalb Si—Q_1: Eutektikum $I + \alpha$ oder $I + II$	tern. Eut. $\alpha + I + II$
		2. Oberhalb Si—Q_1: Eutektikum $I + III$ entlang E_1—Q_1; in Q_1 durch peritektische Reaktion III + Schmelze = II Vierphasengleichgewicht, bis III aufgezehrt ist, alsdann kristallisiert Eutektikum I + II und schließlich	tern. Eut. $\alpha + I + II$
7	II	Eutektikum $II + I$ entlang Q_1—ET . .	tern. Eut. $\alpha + I + II$
7a	II	Eutektikum $II + \alpha$ entlang E_4—ET . .	tern. Eut. $\alpha + I + II$
8	III	Eutektikum $III + I$ entlang E_1—Q_1; in Q_1 durch Hinzutreten der peritektischen Reaktion III + Schmelze = II Vierphasengleichgewicht, bis III völlig aufgezehrt ist, alsdann Eutektikum $II + I$ entlang Q_1—ET	tern. Eut. $\alpha + I + II$
8a	III	Peritektische Reaktion III + Schmelze = II entlang einer Strecke auf P_1—Q_1; wenn III völlig aufgezehrt ist, Verhalten der Restschmelze wie das von Ausgangsschmelzen der Felder 7 oder 7a, schließlich	tern. Eut. $\alpha + I + II$

Abkürzungen: α = feste Lösung von Ni und Si in Al, I = Si, II = Al_3Ni, III = Al_2Ni.

Das α-Feld ist klein und liefert nur geringfügige Vergütung. Bei Zusatz von Cu oder Mg, bzw. beiden ergeben sich wertvolle vergütbare Legierungen (Y-Alloy und Rolls-Royce-Alloy, RR 50).

Aluminium—Kupfer—Mangan.

Schrifttum: 2121, 140, 109a, b.

Nach (140), wo außer den ferromagnetischen, im Cu- und Mn-reichen Gebiet (Schnitt $AlCu_3$—$AlMn_3$) liegenden Heuslerschen Legierungen (109a, b) die Verhältnisse in der Al-Ecke geprüft sind, ist der Schnitt Al_4Mn—Al_2Cu binär (s. Tafel IV). Nach (152a) kann Al_4Mn nur der an Al gesättigte Mischkristall Al_3Mn (s. Tafel I) sein, dessen Liquiduspunkt in Übereinstimmung mit (152a) bei 980° C liegt. Die auf Grund der Abkühlungskurven in (140) gemachte Annahme, daß „Al_4Mn“ beträchtliche Mengen von Al_2Cu zu lösen vermöge, ist zweifelhaft, da das gefundene Intervall ebensogut von der binären Mischkristallbildung im

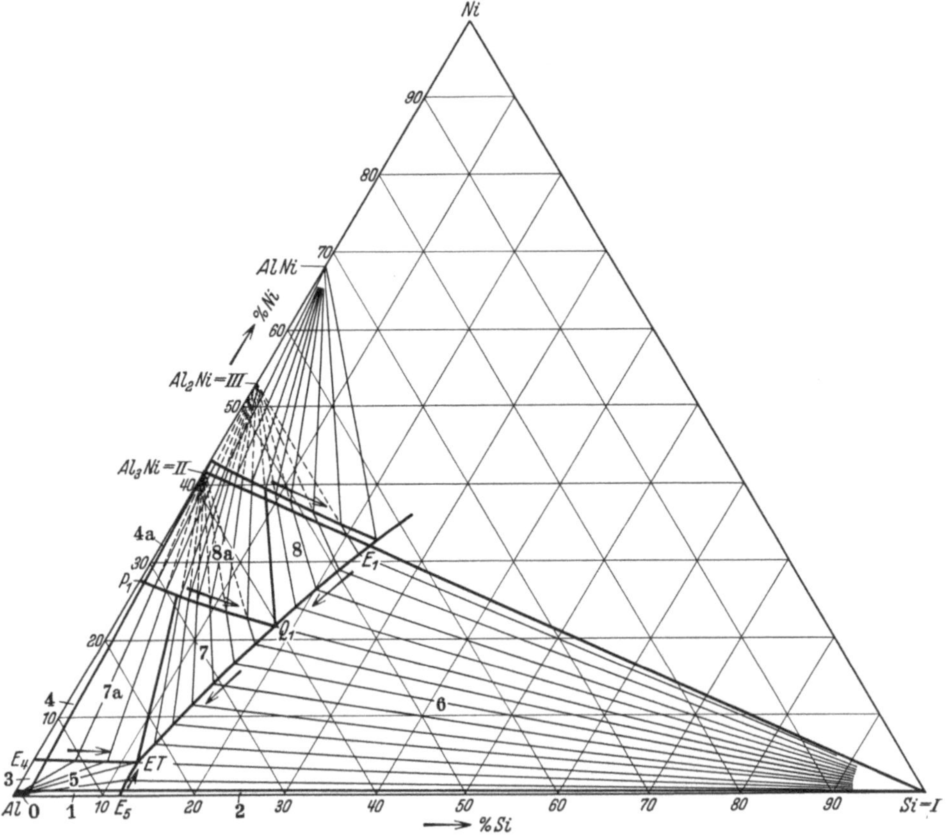

Abb. 145. Zustandsschaubild der Al-Ecke des Systems Al–Ni–Si.

reinen Al—Mn-Gebiet herrühren kann. Auch wurde die peritektische Bildung von Al_7Mn aus Al_3Mn und Schmelze übersehen. Sie ist in einem der Gefügebilder nach (140) selbst (s. Abb. 147) an der Umhüllung der Primärkristalle zu erkennen. Mit Al_2Cu muß Al_7Mn ein binäres Eutektikum bilden, weil sonst das nach (140) gefundene ternäre nicht möglich wäre. Da eine ternäre Verbindung links des Schnittes Al_3Mn—Al_2Cu nicht existiert, muß auch der Schnitt Al_7Mn—Al_2Cu binär sein. Abb. 146 gibt das entsprechend umgearbeitete Zustandsschaubild Al—Al_3Mn—Al_2Cu für den kristallinen Zustand.

Das ternäre Eutektikum enthält nach (140) 67,4% Al, 3% Mn, 29,6% Cu und schmilzt bei 538° C.

Ätzmittel nach (140): Verdünnte HNO_3: *IV* dunkelgrau, *III* grau, *II* braun bis schwarz, α unverändert.

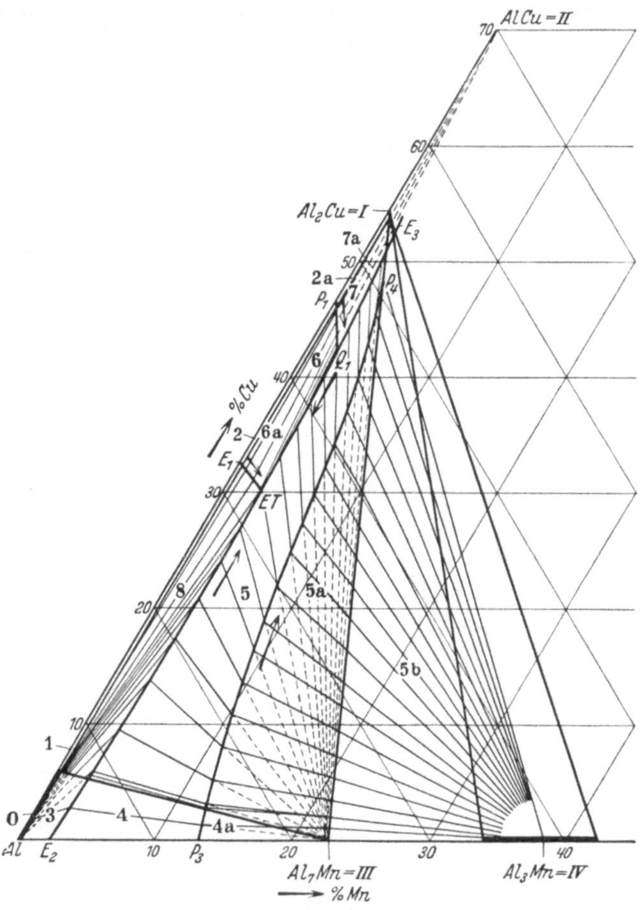

Abb. 146. Zustandsschaubild der Al-Ecke des Systems Al—Cu—Mn.

Abb. 147 gibt das Gefüge einer Legierung aus Feld 5a. Man erkennt deutlich die Umhüllung von *IV* durch *III*. Infolge unvollständigen Vollzugs der peritektischen Reaktion ist *IV* nicht aufgezehrt.

Die Legierungen der Felder 4a, 5a, 5b, 7, 7a, des oberen Teils von 5, 6 und 6a sind technisch wertlos. In der Gegend des Zusammentreffens von 4, 6a, 6, 5 und 8 liegen für Lager und Kolbenguß verwertbare Legierungen. In Feld 0, 3 und der unteren Hälfte von 8 liegen vergütbare Gußlegierungen, in Feld 0 die bekannten vergütbaren

Kristallisation zu Abb. 146.

Feld	Primär	Sekundär	Tertiär
0	α	—	—
1	α	Eutektikum α + *I*	—
2	*I*	Eutektikum α + *I*	—
2a	*II*	Peritektische Reaktion *II* + Schmelze = *I* an P_1, wobei *II* völlig aufgezehrt wird. Alsdann primär *I* und zum Schluß Eutektikum *I* + α	—
3	α	Eutektikum α + *III*	—
4	*III*	Eutektikum α + *III*	—
4a	*IV*	Peritektische Reaktion *IV* + Schmelze = *III*, wobei *IV* völlig aufgezehrt wird. Alsdann Verhalten der Schmelzen wie das von Ausgangsschmelzen aus Feld 4	
5	*III*	1. Rechts der Linie Al_7Mn— Q_1: Eutektikum *III* + *II*; entlang E_3—Q_1, in Q_1 durch Hinzutreten der Reaktion *II* + Schmelze = *I* Vierphasengleichgewicht bis *II* völlig aufgezehrt ist. Alsdann Eutektikum *III* + *I* entlang Q_1—*ET*, in *ET*	tern. Eut. α + *I* + *III*
		2. Links der Linie Al_7Mn— Q_1: Eutektikum *III* + *I* oder *III* + α, in beiden Fällen	tern. Eut. α + *I* + *III*
5a	*IV*	Peritektische Reaktion *IV* + Schmelze = *III* entlang einer gewissen Strecke auf P_3—P_4, wobei *IV* völlig aufgezehrt wird; alsdann weiteres Verhalten der Schmelzen wie das von Ausgangsschmelzen aus Feld 5	tern. Eut. α + *I* + *III*
5b	*IV*	Zunächst wie 5a, bei der peritektischen Reaktion wird *IV* nicht ganz aufgezehrt; die Schmelze erreicht einen auf dem Schnittpunkt von P_3—P_4 mit E_3—Q_1 liegenden Vierphasengleichgewichtspunkt und erstarrt als Eutektikum *IV* + *I* unter Reaktion von Schmelze + *IV* = *III* . . .	—
6	*I*	Eutektikum *I* + *III* entlang Q_1—*ET* . .	tern. Eut. α + *I* + *III*
6a	*I*	Eutektikum *I* + α entlang E_1—*ET* . . .	tern. Eut. α + *I* + *III*
7	*II*	Peritektische Reaktion *II* + Schmelze = *I* eine Strecke entlang P_1—Q_1. Nach Aufzehrung von *II* weiteres Verhalten der Schmelzen wie das von Ausgangsschmelzen der Felder 6 oder 6a	tern. Eut. α + *I* + *III*
7a	*II*	Eutektikum *II* + *III* entlang E_3—Q_1; in Q_1 durch Hinzutreten der peritektischen Reaktion *II* + Schmelze = *I* Vierphasengleichgewicht, bis *II* völlig aufgezehrt ist. Alsdann Eutektikum *II* + *I* entlang Q_1—*ET*	tern. Eut. α + *I* + *III*
8	α	Eutektikum α + *I* oder α + *III*	tern. Eut. α + *I* + *III*

Abkürzungen: α = feste Lösung von Cu und Mn in Al, *I* = Al_2Cu, *II* = AlCu, *III* = Al_7Mn, *IV* = Al_3Mn.

Walzlegierungen Lautal, 25 S u. a. Gegenüber den reinen Al_2Cu-Legierungen sind die mit Mn korrosionsfester; wahrscheinlich durch Aufnahme von Mn in α. Die durch Kornsaigerung zwischen den α-Kristallen zu findenden Al_7Mn-Teile können ungünstig wirken. Abb. 148 und 149 geben das Gefüge von α-Legierung und die Ausscheidungsformen von Al_7Mn darin wieder. Nach (209i) wird bei Mg-Zusatz das Eutektikum filigranartig verfeinert (s. Abb. 150).

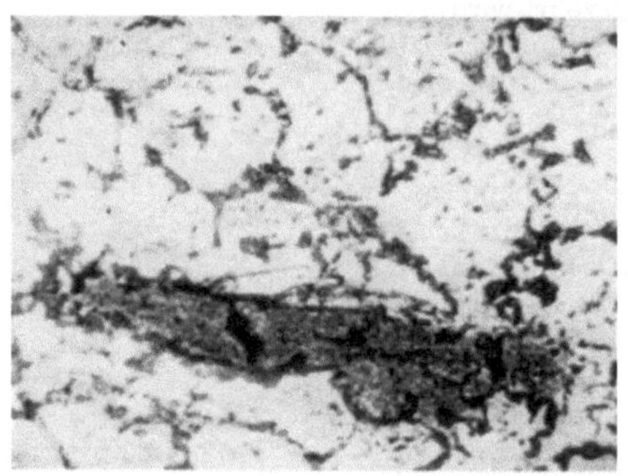

Abb. 147*. Feld 5a. 10,3% Cu; 9,7% Mn. Primär Al_3Mn-Mischkristalle (dunkel) umhüllt von Al_7Mn. Sekundär Eutektikum $Al_7Mn + \alpha$. Tertiär Eutektikum $\alpha + Al_7Mn + Al_2Cu$. V = 180; Ätzung HNO_3.

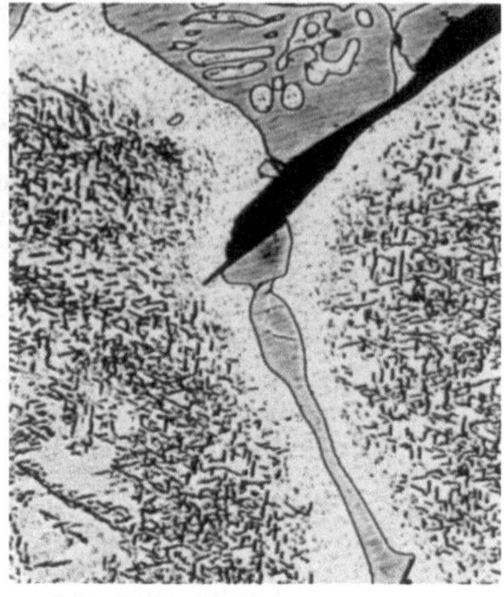

Abb. 148*. Feld 0. Grundmasse α mit Al_2Cu-Segregat. Im Eutektikum Al_2Cu (grau), Al_7Mn (schwarz). V = 500; Ätzung, Lösung von 25 ccm HCl, 8 ccm HNO_3 und 7,5 ccm HF in 1000 ccm Wasser, 3 Min.

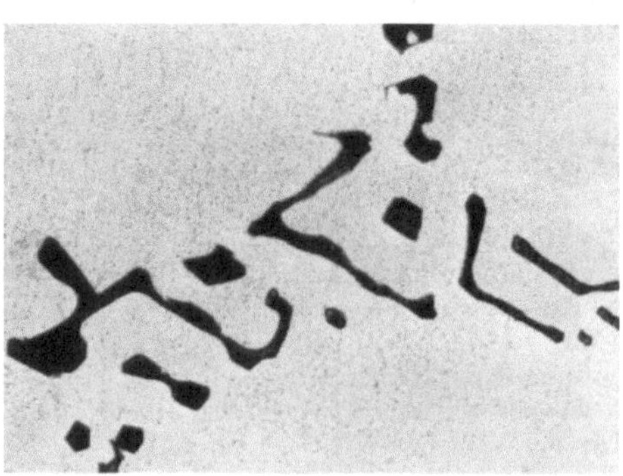

Abb. 149*. Ausscheidungsformen von Al_7Mn. V = 300; Ätzung wie bei 148, jedoch 5 Min.

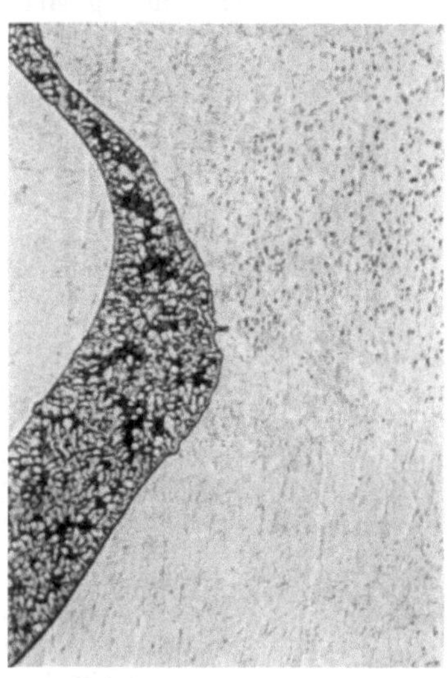

Abb. 150*. Feine Al_7Mn-Aufteilung bei Gegenwart von Mg. V = 500; Ätzung wie bei 148.

Schrifttum über Walzlegierungen (931), über Gußlegierungen (244).

Aluminium — Kupfer — Zink.

Schrifttum: 212g, 150, 39c, 102, 126.

Die seit der umfangreichen Arbeit (126) erfolgte Neugestaltung des Systems Al—Zn ist im folgenden, sonst nach ihr ausgebildeten

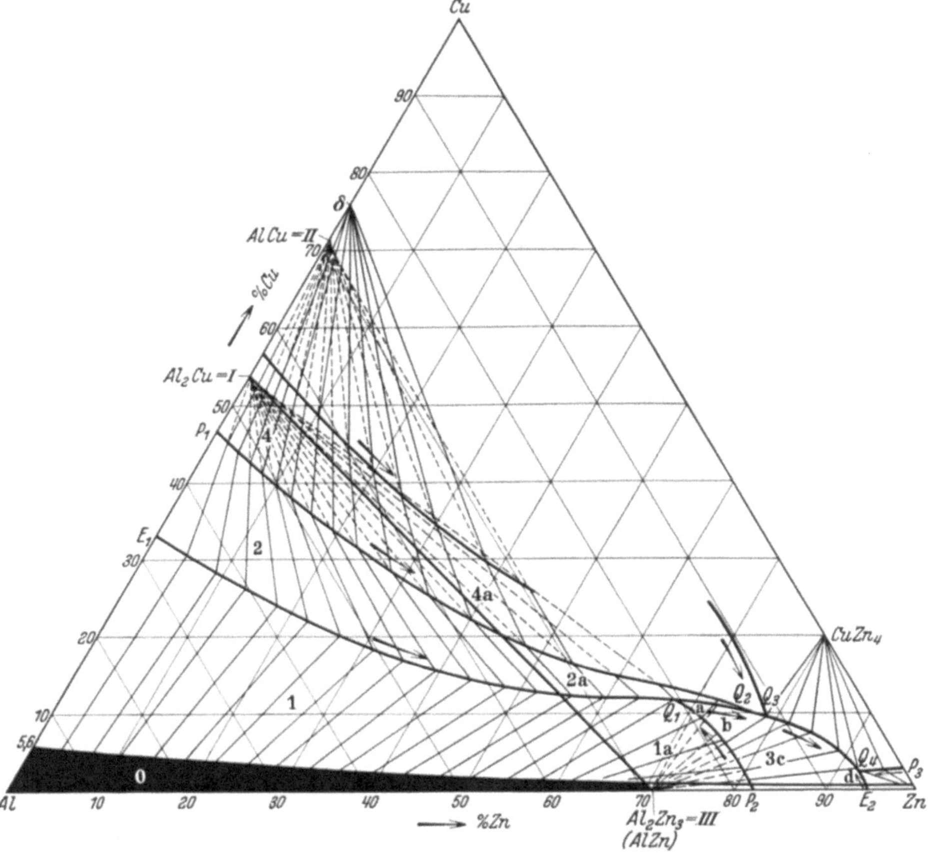

Abb. 151. Zustandsschaubild der Al-Ecke des Systems Al—Cu—Zn.

Zustandsschaubild der Abb. 151 berücksichtigt. Es gilt für den kristallinen Zustand.

Wegen unvollkommener Einstellung der verschiedenen peritektischen Reaktionen, sei es durch Umhüllung, sei es durch eutektische Abriegelung der mit der Schmelze in Reaktion treten sollenden Kristallarten, erreichen fast alle Schmelzen aus Feld 1 und 2 über Q_1, Q_2, Q_3 den Punkt Q_4. Abb. 152 zeigt das Gefüge einer Legierung aus Feld 2, Abb. 153 das einer solchen aus Feld 4a.

Kristallisation zu Abb. 151.

Feld	Primär	Sekundär	Tertiär
0	α	—	—
1	α	Eutektikum $\alpha + I$ entlang E_1—Q_1. In Q_1 durch Hinzutreten der Reaktion α + Schmelze = *III* Vierphasengleichgewicht, wobei die Schmelze aufgezehrt wird nach nur teilweiser Umwandlung von α in *III*.	—
1a	α	Peritektische Reaktion α + Schmelze = *III* entlang P_2—Q_1 eine gewisse Strecke, wobei α völlig aufgezehrt wird. Alsdann kristallisiert primär *III*, d. h. die Restschmelzen verhalten sich wie Ausgangsschmelzen aus den Feldern 3a, b, c, d	—
2	*I*	Eutektikum $I + \alpha$ entlang E_1—Q_1. In Q_1 peritektische Reaktion α + Schmelze = *III*. Das Vierphasengleichgewicht dauert bis zur Aufzehrung der Schmelze bei nur teilweiser Umwandlung von α in *III* . . .	—
2a	*I*	Wie 2, jedoch wird α im nonvarianten Punkt Q_1 völlig aufgezehrt und die übrig bleibende Schmelze scheidet entlang Q_1—Q_2 Eutektikum $I + III$ aus. In Q_2 kommt es durch die peritektische Reaktion *I* + Schmelze = *II* zu einem zweiten Vierphasengleichgewicht, das nach (126) praktisch ausbleibt; die Schmelze scheidet jetzt entlang Q_2—Q_3 ein Eutektikum $III + II$ aus. Erst im nonvarianten Vierphasengleichgewicht Q_3, zustande gekommen durch die Reaktion *II* + Schmelze = $CuZn_4$, wird die Schmelze aufgebraucht. Im Gefüge also: *I*, *III*, $CuZn_4$. Infolge unvollkommenen Gleichgewichts Q_1 auch noch α	—
3	*III*	a) Eutektikum $III + I$ entlang Q_1—Q_2. Q_2 wird nach (126) ohne Reaktion durchlaufen, Eutektikum $II + III$ entlang Q_2—Q_3. In Q_3 Vierphasengleichgewicht infolge Hinzutretens der Reaktion *II* + Schmelze = $CuZn_4$, wobei alles erstarrt	—
		b) Eutektikum $III + II$ entlang Q_2—Q_3. In Q_3 Erstarrung wie vorbeschrieben	—
		c) Eutektikum $III + CuZn_4$ entlang Q_3—Q_4. In Q_4 durch Hinzutreten der Reaktion $CuZn_4$ + Schmelze = $CuZn_x$ Vierphasengleichgewicht bis $CuZn_4$ verbraucht. Hier erstarrt alles, da die Kristallart $CuZn_x$ Zn in fester Lösung zu halten vermag	—
		d) Eutektikum *III* + vorgenannte feste Lösung entlang E_2—Q_4, wo durch Hinzutreten von $CuZn_4$ alles erstarrt	—
4	*II*	Peritektische Reaktion *II* + Schmelze = *I*, wobei *II* völlig aufgezehrt wird. Alsdann weiteres Verhalten der Restschmelzen wie das von Ausgangsschmelzen aus Feld 2	—
4a	*II*	Wie eben, jedoch kann *II* nicht völlig aufgezehrt werden; die Restschmelzen erreichen dabei Q_2; ihre Menge ist = 0 geworden	—

Abkürzungen: α = feste Lösung von Cu und Zn in Al, $I = Al_2Cu$, $II = AlCu$, $III = \beta$ des Systems Al—Zn (s. Tafel II, Al_2Zn_3 oder AlZn).

Bei diesem reichlich komplizierten System ist noch zu berücksichtigen, daß auch viele der Schmelzen des α-Gebietes infolge Kornsaigerung Reste von Q_1 bis Q_4 hinterlassen, des weiteren, daß AlZn dem Zerfall in α und γ unterliegt (s. System Al—Zn).

Abb. 152*. Feld 2. 30% Cu, 20% Zn. Primär Al_2Cu (hell). Sekundär $Al_2Cu + \alpha$ (α dunkel). V = 66; Ätzung 2% NaOH.

Die Al-reichen Legierungen aus Feld 0 und 1 haben als Lagermetall, Zündermaterial u. ä. Anwendung gefunden. Die der übrigen Felder sind technisch minderwertig oder so reich an Cu und Zn, daß sie keine Leichtmetalle mehr sind.

In Feld 0 sind harte und gut verspanbare Legierungen vorhanden. Bekannt unter den Gußlegierungen ist die lange Zeit als „deutsche Legierung" gehandelte mit 2% Cu und 10% Zn (über Al—Cu—Zn-Guß s. 249, 130, 263).

Die α-Legierungen sind bei nicht zu hohen Cu-Gehalten walzbar und liefern, da sie thermisch vergütbar sind, technisch wertvolle Produkte; Preßstücke eignen sich ihrer guten Verspanung wegen zu Automatenmaterial (s. 244d). Auf dem System Al—Cu—Zn basieren die Skleronlegierungen; sie enthalten in geringen Mengen noch Mn und Li. Letzteres hat eine erhebliche Selbstvergütung der Al—Zn—α-Legierung zur Folge. Allerdings ist sie mit einer so starken Erhöhung der Spannungsempfindlichkeit verbunden, daß der Legierungstyp im Konstruktionswesen bedenklich erscheint. Ob sie auf den Zerfall der AlZn-Verbindung oder auf das Li zurückzuführen ist, steht noch nicht fest.

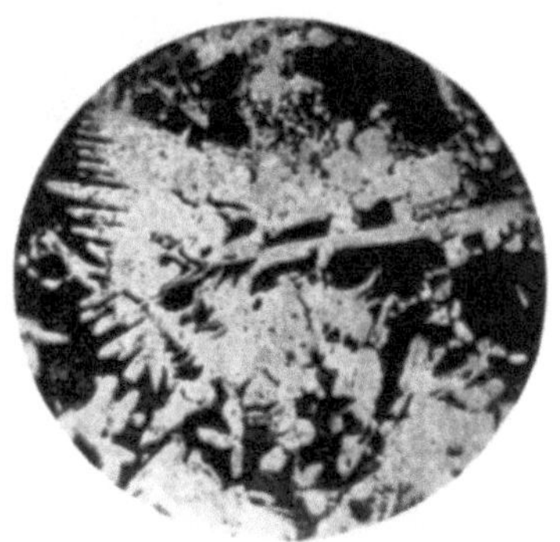

Abb. 153*. Feld 4a. 30% Cu, 30% Zn. Primär AlCu, peritektisch umgewandelt in Al_2Cu und anschließend direkt ausgeschiedenes Al_2Cu (hell). Sekundär Eutektikum $Al_2Cu + \alpha$ (α dunkel), dann peritektische Rückbildung von AlCu, erkennbar an den ausgefransten Rändern der Al_2Cu-Vierecke. V = 230; Ätzung 2% NaOH.

In den Walzlegierungen machen sich die Zeilen der überschüssigen, infolge Kornsaigerung zurückgebliebenen Kristallarten unangenehm bemerkbar (s. Abb. 178).

Aluminium—Magnesium—Zink.

Die hierüber vorliegende Arbeit (65) stellt eine ternäre Verbindung $Zn_6Al_3Mg_7$ fest, und zwar auf dem Schnitt Al_3Mg_4—$MgZn_2$. Aus dem Diagramm dieses Schnittes (s. Tafel IV) ergibt sich, daß die ternäre Verbindung Al und Zn in fester Lösung aufzunehmen vermag. Da der

Schnitt $MgZn_2$—Al ebenfalls binär ist, muß es auch der Schnitt Al—$Al_3Zn_6Mg_7$ sein. Die Arbeit fußt im übrigen auf inzwischen veralteten Zustandsschaubildern von Al—Zn und Al—Mg. Aus den zahlreichen

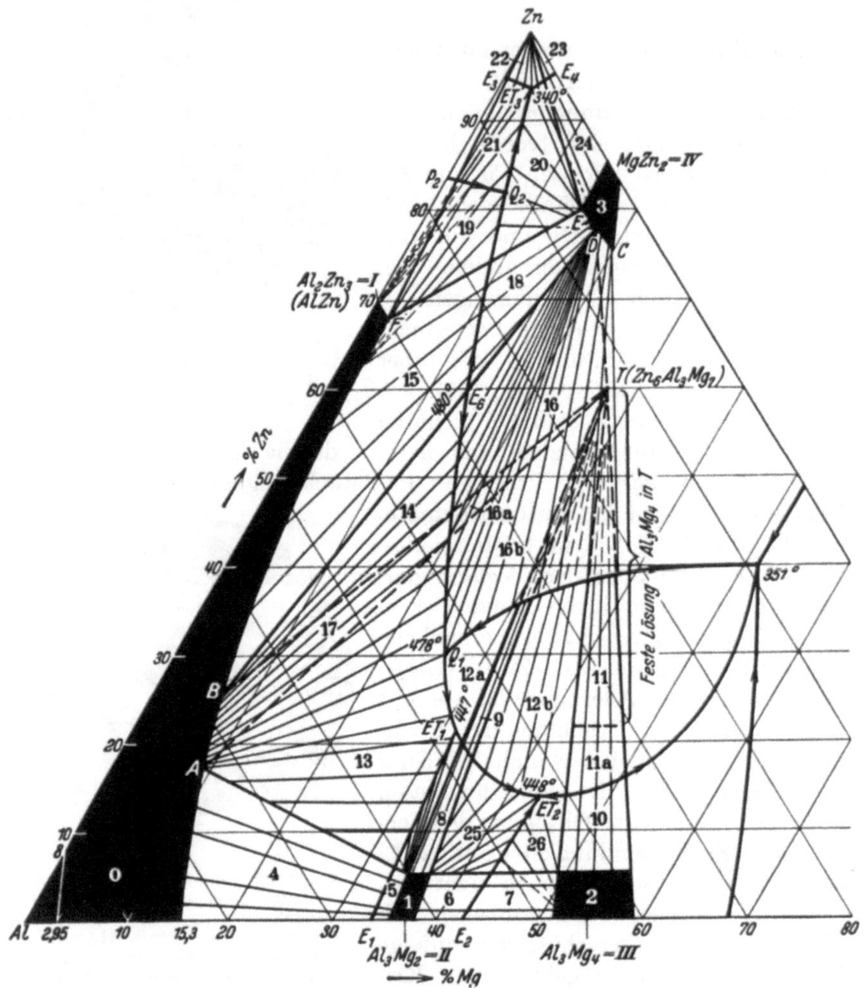

Abb. 154. Zustandsschaubild der Al-Ecke des Systems Al–Mg–Zn.

Schnittdiagrammen jedoch ließ sich das Zustandsschaubild des Systems Al—Zn—Mg den neueren Forschungsergebnissen entsprechend umkonstruieren.

Die peritektischen Reaktionen vollziehen sich auch hier nur unvollständig. Welchen Einfluß das Mg auf die Zerfallserscheinungen der Verbindung AlZn ausübt, ist nicht geprüft in (65). Weiteres hierüber

Abkürzungen: α = feste Lösung von Zn und Mg in Al, I = AlZn (β im System Al—Zn), II = feste Lösung von Al, Mg und Zn in Al_3Mg_2, III = feste Lösung von Al, Mg und Zn in Al_3Mg_4, IV = feste Lösung von Al, Mg und Zn in $MgZn_2$, T = $Zn_6Al_3Mg_7$, V = feste Lösung von Al und Mg in Zn.

Kristallisation zu Abb. 154.

Feld	Primär	Sekundär	Tertiär
0	α	—	—
1	II	—	—
2	III	—	—
3	IV	—	—
4	α	Eutektikum $\alpha + II$	—
5	II	Eutektikum $\alpha + II$	—
6	II	Eutektikum $III + II$	—
7	III	Eutektikum $III + II$	—
8	II	Eutektikum $II + T$	—
9	T	Eutektikum $II + T$	—
10	III	Eutektikum $III + T$-Mkr.	—
11		Feste Lösung von III in T	—
11a	T-Mkr	Eutektikum $III + T$-Mkr.	—
12a	T	Eutektikum $\alpha + T$ oder $II + T$	tern. Eut. $\alpha + II + T$
12b	T	Eutektikum $T + II$ oder $T + III$ . . .	tern. Eut. $II + III + A$
13	α	Oberhalb $A—Q_1$ wie bei 16b beschrieben; unterhalb $A—Q_1$: Eutektikum $\alpha + T$ oder $\alpha + II$	tern. Eut. $\alpha + II + T$
14	α	Wie bei 16 beschrieben	—
15	α	Eutektikum $\alpha + IV$	—
16	IV	Eutektikum $IV + \alpha$ entlang $E_6—Q_1$. In Q_1 kommt es durch peritektische Reaktion IV + Schmelze = T zum Vierphasengleichgewicht, wobei die Schmelze aufgezehrt wird, ohne IV völlig in T umwandeln zu können	—
16a	IV	Eutektikum $IV + \alpha$, und wie eben peritektische Reaktion in Q_1, nur werden jetzt Schmelze und IV völlig aufgezehrt, so daß Gefüge nur α und T	—
16b	IV	1. Links der Linie $T—Q_1$: wie 16a, nur mit dem Unterschied, daß nach Aufzehrung von IV in Q_1 noch Schmelze übrig bleibt, aus der dann Eutektikum $T + \alpha$ entlang $Q_1—ET_1$ ausscheidet und endlich . . .	tern. Eut. $\alpha + II + T$
		2. Rechts der Linie $T—Q_1$: Peritektische Reaktion IV + Schmelze = T entlang $P_1—Q_1$ eine gewisse Strecke lang; dann ist IV völlig aufgezehrt und es bleibt noch Schmelze übrig, die sich weiter verhält wie Ausgangsschmelzen aus den Feldern 11, 12b, 9 oder 12a	—
17	α	Wie bei 16a beschrieben	—
18	IV	Eutektikum $\alpha + IV$	—

Kristallisation zu Abb. 153 (Fortsetzung).

Feld	Primär	Sekundär	Tertiär
19	α	1. Rechts der Linie $F—Q_2$: Eutektikum $\alpha + IV$, in Q_2 Umsetzung α + Schmelze $= I$, dann Eutektikum $I + IV$ und . .	tern. Eut. $I + IV + V$
		2. Links von der Linie $F—Q_2$: Peritektische Reaktion α + Schmelze $= I$ entlang $P_2—Q_2$; die nach Aufzehrung von α restierende Schmelze verhält sich weiter wie Ausgangsschmelzen des Feldes 21	—
20	IV	Unterhalb $E—Q_2$ sekundär wie 19_1 . . .	tern. Eut. $I + IV + V$
		Oberhalb $E—Q_2$: Eutektikum $IV + I$ oder $IV + V$	tern. Eut. $I + IV + V$
21	I	Eutektikum $I + V$ oder $I + IV$	tern. Eut. $I + IV + V$
22	V	Eutektikum $V + I$ oder $V + IV$	tern. Eut. $I + IV + V$
23	V	Eutektikum $V + IV$	—
24	IV	Eutektikum $V + IV$	—
25	II	Eutektikum $II + T$ oder $II + III$ . . .	tern. Eut. $II + III + T$
26	III	Eutektikum $III + II$ oder $III + T$ . . .	tern. Eut. $II + III + T$

s. beim System Al—Zn. Die Abb. 155a bis 156b zeigen das Gefüge verschiedener Legierungen des ternären Systems.

Ätzmittel (nach 65): HF färbt α dunkel, die Mg-haltigen Verbindungskristalle bleiben hell. HCl läßt α hell, färbt die Mg-haltigen Verbindungen dunkel. Untereinander sind die Mg-Verbindungen schlecht zu unterscheiden.

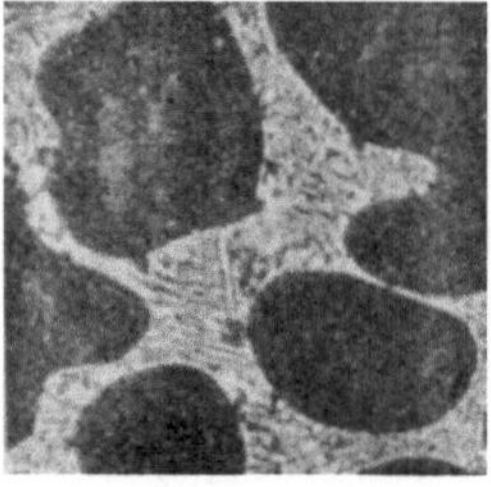

Abb. 155a*. Feld 13. 70% Al, 10% Mg, 20% Zn. Primär α (dunkel). Sekundär Eutektikum $\alpha + MgZn_2$ bzw. Eutektikum $\alpha + T$. Tertiär wenig $\alpha + T + Al_3Mg_2$. V = 185; Ätzung HF.

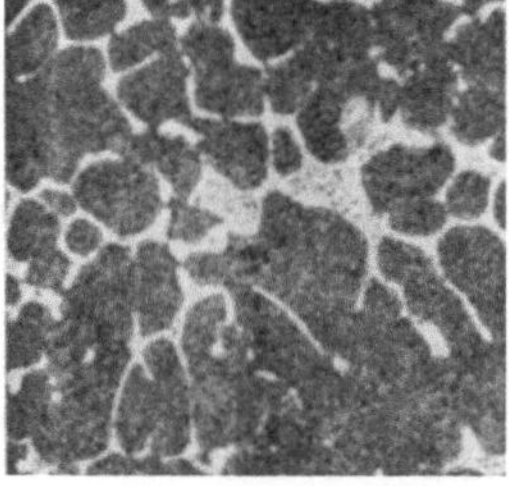

Abb. 155b*. Feld 0. 68,5% Al, 1,5% Mg, 30% Zn. Infolge Kornsaigerung außer α noch Eutektikum $\alpha + MgZn_2$. V = 46; Ätzung HF.

Die Legierungen rechts des Bereiches der α-Legierungen sind mit zunehmendem Gehalt an Mg spröde und technisch unbrauchbar. Nach (65) lassen sich die Legierungen von ungefähr der rechten Hälfte der Felder 4, 13, 14, 14a, 15 an mit den Fingern zerbröckeln.

Im α-Feld, und zwar auf dem Schnitt Al—Zn_2Mg, streng genommen $B—D$, wurden nach (89d und 218b) bemerkenswerte Leistungen an vergütbaren Legierungen erzielt. Den entsprechend der Ausscheidungshypothese hochdispers ausgeschiedenen $MgZn_2$-Teilchen bzw. den mit dieser Absicht auf gewissen Gittergeraden oder Netzebenen gesammelten Atomen des Moleküls wird die starke Vergütungswirkung zugeschrieben.

Über die Vergütung dieses Konstruktal benannten Legierungstyps s. auch (265a).

Die vergütbaren Al—Mg—Zn-Legierungen haben bei gleicher Festigkeit den Al—Zn—Cu—Li-Legierungen den Vorteil der erheblich geringeren Spannungsempfindlichkeit voraus.

Im α-Gebiet liegen feste selbstvergütende Gußlegierungen; sie zeichnen sich durch gute Spanbildung aus. Über die eutektischen Legierungen $\alpha + MgZn_2$ s. (200a).

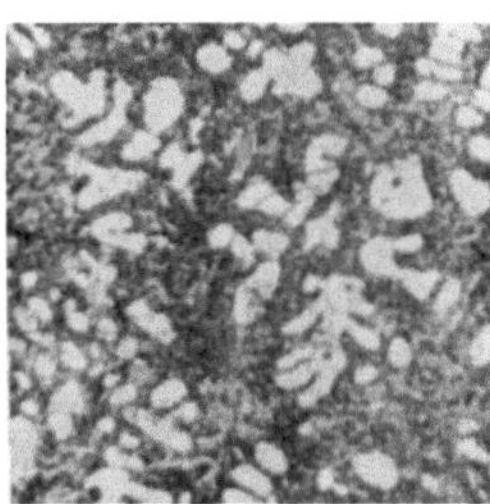

Abb. 156a*. Feld 13. 60% Al, 30% Mg, 10% Zn. Primär α (hell). Sekundär $\alpha + Al_3Mg_2$ (dunkel). Tertiär $\alpha + Al_3Mg + T$ (dunkel). V = 50; Ätzung HCl.

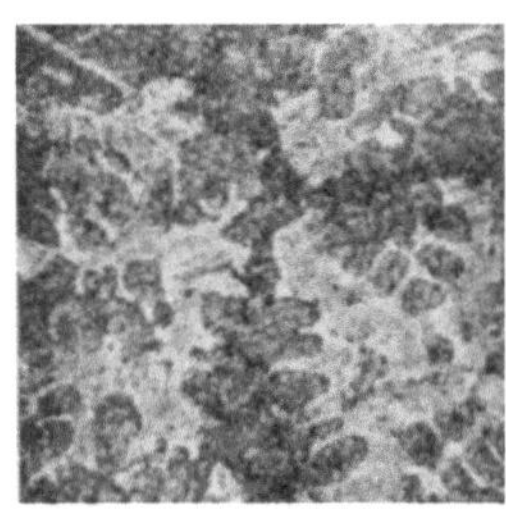

Abb. 156b*. Feld 14. 51% Al, 9% Mg, 40% Zn. Primär α (dunkel). Sekundär $\alpha + MgZn_2$ bzw. $\alpha + T$ nach peritektischer Umwandlung von $MgZn_2$ in T. V = 46; Ätzung HF.

Bei den vergütbaren Legierungen auf Al—Zn-Basis bedarf die Zerfallserscheinung von β (s. System Al—Zn) noch eines eingehenderen Studiums.

Aluminium—Zink—Lithium.

Eine systematische Durchforschung dieser Legierungen liegt nicht vor. Die α-Legierungen bilden die Grundlage der vergütbaren Skleronlegierungen (Al—Zn—Cu—Li—Mn). Über weitere Kombinationen dieses Typs berichtet (12a). Ob von einer Zn—Li-Verbindung her ein binärer Schnitt nach der Aluminiumecke läuft oder ob der im Al vorhandene Si-Gehalt mit Li ein einen Eckenschnitt lieferndes Lithiumsilizid bildet, ist nicht bekannt. Eine Erforschung dieser Verhältnisse würde die Hindernisse, die einer Einreihung in die unbedenklich verwertbaren Konstruktionslegierungen noch im Wege stehen, wohl leichter überwinden lassen.

Aluminium—Zink—Silizium.

In diesem System ist nach (75a) der Schnitt Si—AlZn(Al_2Zn_3) binär (s. Tafel IV). Soweit die Legierungen überhaupt herstellbar sind — von etwa 1000° C ab dampft das Zn heraus — kristallisiert auf diesem Schnitt Si bei einem Gehalt von etwa 1% schon primär. Dort schneidet die vom Al—Si-Eutektikum herkommende Eutektikale ein.

Dann wird ein Vierphasengleichgewicht durchlaufen, verursacht durch die peritektische Reaktion des binären Systems Al—Zn bei fast der gleichen Temperatur, wobei die Restschmelze aufgebraucht wird; in allen Fällen macht die Al—Zn-Verbindung den Zerfall in α und γ

(s. System Al—Zn) mit. Auch treten alle dort beschriebenen Störungen durch Kornsaigerung ein. Abb. 157 gibt das Zustandsschaubild des ternären Teilsystems Al—AlZn—Si für den kristallinen Zustand.

Rechts der Felder 5 und 6 bleibt nach der peritektischen Reaktion Restschmelze, die entlang P_1—ET zum ternären Eutektikum $I + II +$ Si

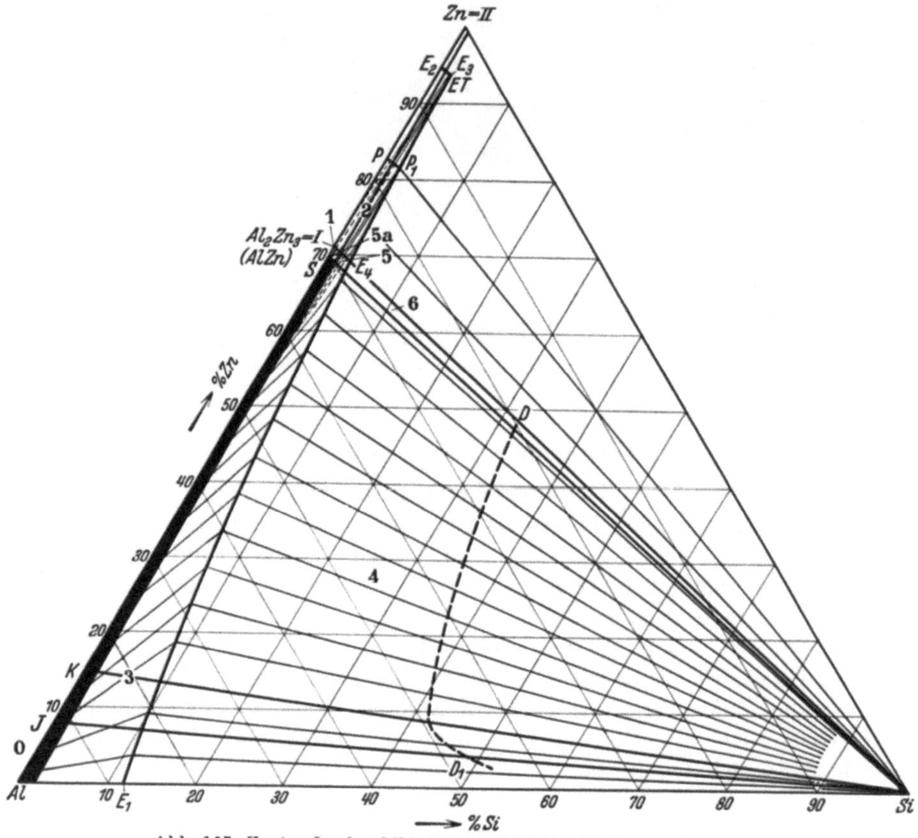

Abb. 157. Zustandsschaubild der Al-Ecke des Systems Al—Zn—Si.

gelangt (an Stelle von Si könnte auch ein Zinksilizid darin vorliegen). Durch Kornsaigerung und Unvollständigkeit der peritektischen Reaktion weisen oft Schmelzen der Felder 3 und 4 diese Resterstarrung auf.

Mit fallender Temperatur treten aus dem α der erstarrten Legierungen des Bereichs zwischen den Linien J—Si und K—Si Segregate von II, zwischen K—Si und S—Si Segregate von I und aus I wieder Segregate von α und II. Schließlich zerfällt bei 256° I vollends in α und II.

Die Legierungen der Gebiete Si—D—D_1 sind wegen Zn-Verdampfung bei Atmosphärendruck nicht herstellbar. Abb. 158 zeigt das feinkörnige

Kristallisation zu Abb. 157.

Feld	Primär	Sekundär	Tertiär
0	α	—	—
1	α	Peritektische Reaktion α + Schmelze = I in P, wobei die Schmelze aufgezehrt wird, ohne alles α umwandeln zu können	—
2	α	Wie eben, es wird aber α völlig aufgezehrt und es bleibt Schmelze übrig, die in E_2 als Eutektikum $I + II$ erstarrt	—
3	α	Eutektikum α + Si	—
4	Si	Eutektikum α + Si	—
5	α	Eutektikum α + Si entlang E_4—P_1; in P_1 durch Hinzutreten der peritektischen Reaktion α + Schmelze = I Vierphasengleichgewicht, das bis zur Aufzehrung der Schmelze besteht. α wird nicht völlig in I umgewandelt	—
5a	α	Peritektische Reaktion α + Schmelze = I entlang PP_1, wobei die Schmelze völlig aufgezehrt wird. α wird nicht ganz in I umgewandelt	—
6	Si	Eutektikum α + Si entlang E_4—P_1: in P_1 Vierphasengleichgewicht wie eben	—

Abkürzungen: α = feste Lösung von Zn und Si in Al, I = AlZn (bzw. Al_2Zn_3), II = feste Lösung von Al in Zn.

Gußgefüge einer langsam erkalteten Legierung aus Feld 3. Man erreicht durch Si-Zusatz zum Silumineutektikum eine Verfeinerung, wenn auch nicht in dem Grade wie durch Na-Veredelung. Nach (61) sind Zn-Gehalte in veredeltem Silumin nicht sonderlich günstig.

Bis zu Gehalten von 8% Zn dürften die Al—Zn—Si-Legierungen als Gußmaterial brauchbar sein. Darüber hinaus treten die mit dem Zerfall von I verbundenen Längenänderungen ein. Im reinen α-Gebiet liegen vergütbare Guß- und Knetlegierungen.

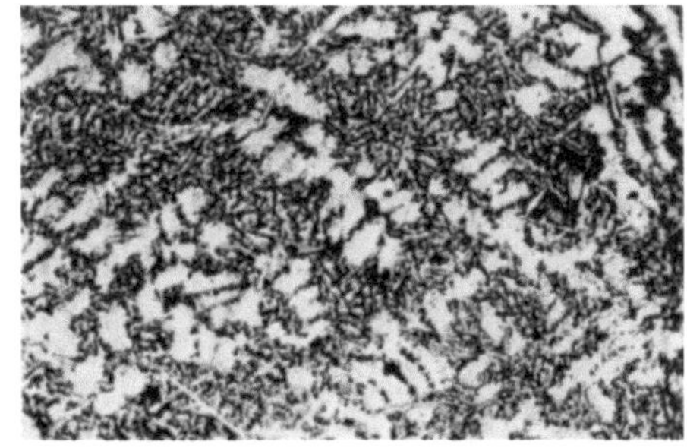

Abb. 158. Feld 3/4. Etwa 10% Si und 10% Zn. Legierung eutektisch, α nur noch eben primär. V = 50; Ätzung NaOH.

Aluminium—Zink—Eisen.

In diesem System ist nach (75a) der Schnitt Al_3Fe—AlZn(Al_2Zn_3) binär (s. Tafel IV). Primär kristallisiert alles Al_3Fe, so daß, wenigstens nach der thermischen Analyse, kein Eutektikum zwischen den beiden Kristallarten besteht. In Wirklichkeit wird ein ganz wenig Fe enthaltendes Eutektikum vorhanden sein, so daß sich folgendes Zustands-

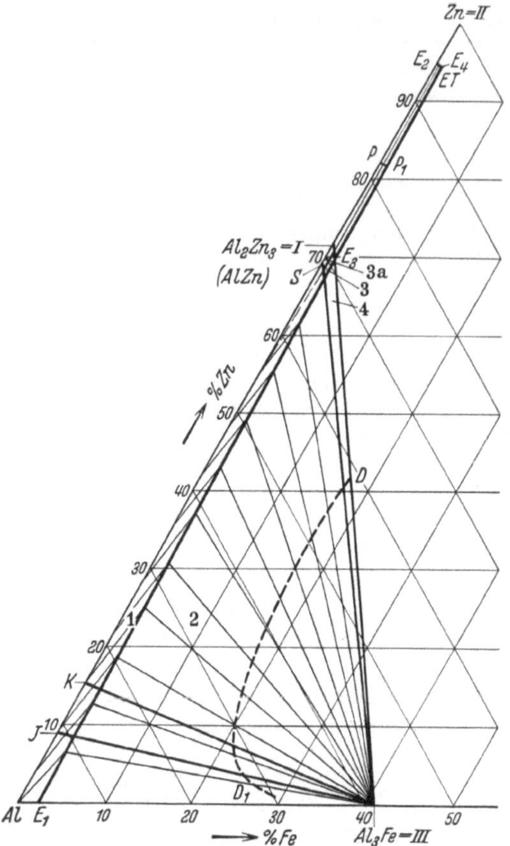

Abb. 159. Zustandsschaubild der Al-Ecke des Systems Al–Zn–Fe.

schaubild des ternären Teilsystems Al—Al_3Fe—AlZn(Al_2Zn_3) ergibt (Abb. 159).

Erst rechts des Schnittes Al_3Fe—AlZn wird α in P_1 völlig aufgezehrt und es bleiben Restschmelzen, die entlang P_1—ET ternäres Eutektikum $I + II + Al_3Fe$ (oder $FeZn_7$) erreichen. Infolge Kornsaigerung und unvollkommenen Vollzuges der peritektischen Reaktion wird dieses Eutektikum auch häufig in Legierungen der Felder 1 und 2, immer in denen der Felder 3 und 4 gefunden.

Mit fallender Temperatur treten aus den α-Kristallen zwischen den Linien J—Al_3Fe und K—Al_3Fe Segregate von II, oberhalb der Linie K—Al_3Fe Segregate von I aus, ferner aus I Segregate von II und α. Außerdem zerfällt bei 256° C I vollends in II und α.

Im nicht genauer festgelegten Gebiet Al_3Fe—D—D_1 sind die Legierungen bei Atmosphärendruck nicht herstellbar.

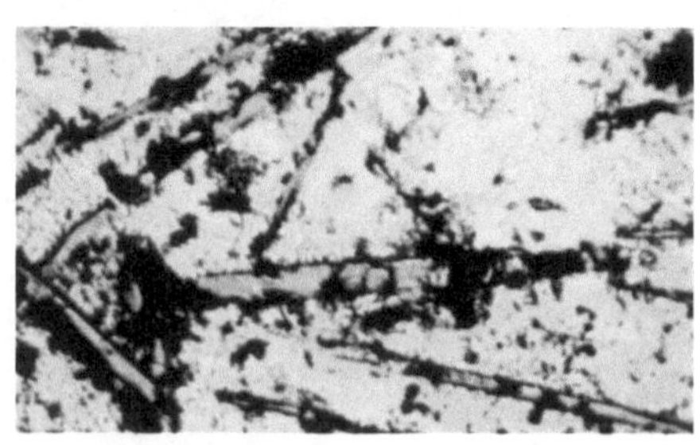

Abb. 160. Feld 2. 7,5% Zn, 2,5% Fe. Primär Al_3Fe. Sekundär $Al_3Fe + \alpha$. V = 730; Ätzung NaOH.

Abb. 160 zeigt das Gefüge einer langsam erstarrten Legierung aus Feld 2: grobe, spröde Nadeln oder Platten von Al_3Fe in der α-Grundmasse. Sie machen die Al—Zn-Gußlegierungen minderwertig, wenn es in Menge von mehr als etwa 1% vorkommt. In dünnwandigem Kokillenguß ist etwas mehr noch ohne

Schaden zulässig. In den vergütbaren Al—Zn-Walzlegierungen, die sich ohnehin nur schwierig verarbeiten lassen, ist Fe besser ganz zu vermeiden.

Kristallisation zu Abb. 159.

Feld	Primär	Sekundär	Tertiär
0	α	(praktisch Linie Al—S)	—
1	α	Eutektikum α + *III*	—
2	*III*	Eutektikum α + *III*	—
3	α	Eutektikum α + *III* entlang E_3—P_1; in P_1 durch Umsetzung α + Schmelze = *I* Vierphasengleichgewicht bis zur Aufzehrung der Schmelze. α wird nicht völlig umgewandelt	—
3a	α	Peritektische Reaktion α + Schmelze = *I* entlang *P*—P_1, wobei die Schmelze völlig aufgezehrt wird, ohne daß alles α in *I* umgewandelt werden kann	—
4	*III*	Eutektikum α + *III* entlang E_3—P_1; in P_1 Vierphasengleichgewicht wie eben	—

Abkürzungen: α = feste Lösung von Zn und Si in Al, *I* = AlZn (bzw. Al_2Zn_3), *II* = feste Lösung von Al in Zn, *III* = Al_3Fe.

Aluminium—Nickel—Zink.

In diesem System ist nach (75a) der Schnitt Al_3Ni—AlZn(Al_2Zn_3) binär (s. Tafel IV). Fast über den ganzen Bereich des Schnittes kristallisiert

Kristallisation zu Abb. 161.

Feld	Primär	Sekundär	Tertiär
0	α	(Praktisch Linie Al—S)	—
1	α	Eutektikum α + *III*	—
2	*III*	Eutektikum α + *III*	—
3	α	Eutektikum α + *III* entlang E_1—P_1; in P_1 durch Hinzutreten der Umsetzung α + Schmelze = *I* Vierphasengleichgewicht bis zur Aufzehrung der Schmelze. α wird nicht völlig umgewandelt in *I*.	—
3a	α	Peritektische Reaktion α + Schmelze = *I* entlang PP_1, wobei die Schmelze aufgezehrt wird, ohne alles α in *I* verwandelt zu haben	—
4	*III*	Eutektikum α + *III* entlang E_1—P_1; in P_1 Vierphasengleichgewicht wie eben	—
5	*IV*	Peritektische Reaktion *IV* + Schmelze = *III* entlang einer gewissen Strecke auf P_2—P_3. Nach Aufzehrung von *IV* verhält sich die Restschmelze wie Ausgangsschmelze aus Feld 2	—
6	*IV*	Peritektische Reaktion wie eben, danach Verhalten der Restschmelzen wie das von Ausgangsschmelzen aus Feld 4	—

Abkürzungen: α = feste Lösung von Zn und Ni in Al, *I* = AlZn(Al_2Zn_3), *II* = feste Lösung von Al in Zn, *III* = Al_3Ni, *IV* = Al_2Ni.

primär Al_3Ni bzw. Al_2Ni, das sich peritektisch in Al_3Ni umwandelt, sekundär ein Eutektikum $\alpha + Al_3Ni$. Da α mit Schmelze unter Bildung von AlZn (Al_2Zn_3) reagiert und letzteres später bei 256° zerfällt, finden sich im Schnittdiagramm noch die entsprechenden Horizontalen. Oberhalb 1000° sind die Legierungen wegen Zn-Verdampfung nicht herstellbar.

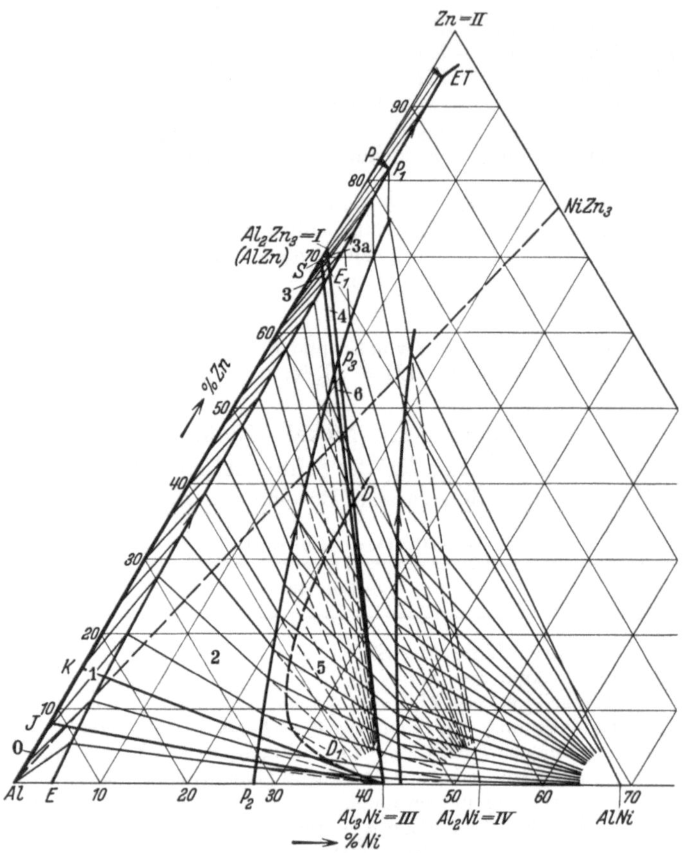

Abb. 161. Zustandsschaubild der Al-Ecke des Systems Al—Ni—Zn.

Abb. 161 enthält das Zustandsschaubild des ternären Teilsystems Al—Al_3Ni—AlZn (Al_2Zn_3) für den kristallinen Zustand.

Erst rechts der Felder 3, 4 und 6 wird in P_1 alles α in I verwandelt, und es bleibt Schmelze übrig, die entlang P_1—ET ein ternäres Eutektikum erreicht ($I + II + III$ o. $NiZn_3$). Infolge Kornsaigerung und Unvollständigkeit der peritektischen Reaktion wird dieses Eutektikum auch häufig in Legierungen der Felder 1, 2, 5 und immer in denen der Felder 3, 4 und 6 gefunden.

Alle Legierungen zwischen den Geraden J—Al_3Ni und K—Al_3Ni scheiden bei Abkühlung aus α Segregat von *II*, die oberhalb der Linie K—Al_3Ni solches von *I* aus, während aus *I* Segregate von *II* und α treten. Bei 256° C zerfällt *I* vollends in *II* und α.

Im nicht näher festgelegten Gebiet Al_3Ni—D—D_1 sind die Legierungen wegen Zn-Abdampfens nicht herstellbar.

Abb. 162 zeigt das Gefüge einer langsam gekühlten Legierung aus Feld 2. Anscheinend wird das Eutektikum Al + *III* vergröbert, sobald das Al Zn enthält.

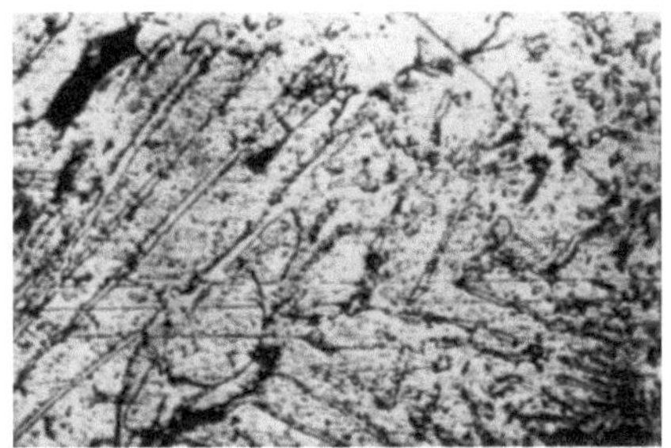

Abb. 162. Feld 2. 15% Zn, 5% Ni. Primär Al_3Ni (Nadeln). Sekundär Eutektikum Al_3Ni + α. V = 150; Ätzung NaOH.

Die Legierungen im System Al—Zn—Ni erscheinen nicht besonders wertvoll; immerhin sind im α-Gebiet und seiner Nähe in Feld 1 brauchbare Guß- und Walzlegierungen zu erwarten.

In den bekannten vergütbaren Legierungen auf Al—Zn-Basis dürfte Ni-Zusatz keine besonderen Wirkungen hervorrufen.

Aluminium—Magnesium—Antimon.

Nach (152) und (89h, k) ist der Schnitt Al—Mg_3Sb_2 (s. Tafel IV) binär. Maßgebend für Konstitution des Mg- und Sb-haltigen Al sind die beiden Teildreiecke Al—AlSb—Mg_3Sb_2 und Al—Mg_3Sb_2—Al_3Mg_2.

Kristallisation zu Abb. 163.

Feld	Primär	Sekundär	Tertiär	Abb.
0	α	—	—	
1	α	Eutektikum α + *I*	—	
2	*I*	Eutektikum α + *I*	—	
3	α	Eutektikum α + *III*	—	164
4	*III*	Eutektikum α + *III*	—	165
5	α	Eutektikum α + *III* oder α + *I* .	tern. Eut. α + *I* + *III*	
6	*III*	Eutektikum α + *III* oder *I* + *III*	tern. Eut. α + *I* + *III*	
7	*I*	Eutektikum α + *I* oder *I* + *III* .	tern. Eut. α + *I* + *III*	
8	α	Eutektikum α + *II*	—	
9	*II*	Eutektikum α + *II*	—	
10	α	Eutektikum α + *II* oder α + *III*	tern. Eut. α + *II* + *III*	
11	*II*	Eutektikum α + *II* oder *II* + *III*	tern. Eut. α + *II* + *III*	
12	*III*	Eutektikum α + *III* oder *II* + *III*	tern. Eut. α + *II* + *III*	166

Zu Feld 0: *III* ist zu höchstens 0,2% in Al löslich.

Abkürzungen: α = feste Lösung von Mg und Sb in Al, *I* = Al_3Mg_2, *II* = AlSb, *III* = Mg_3Sb_2.

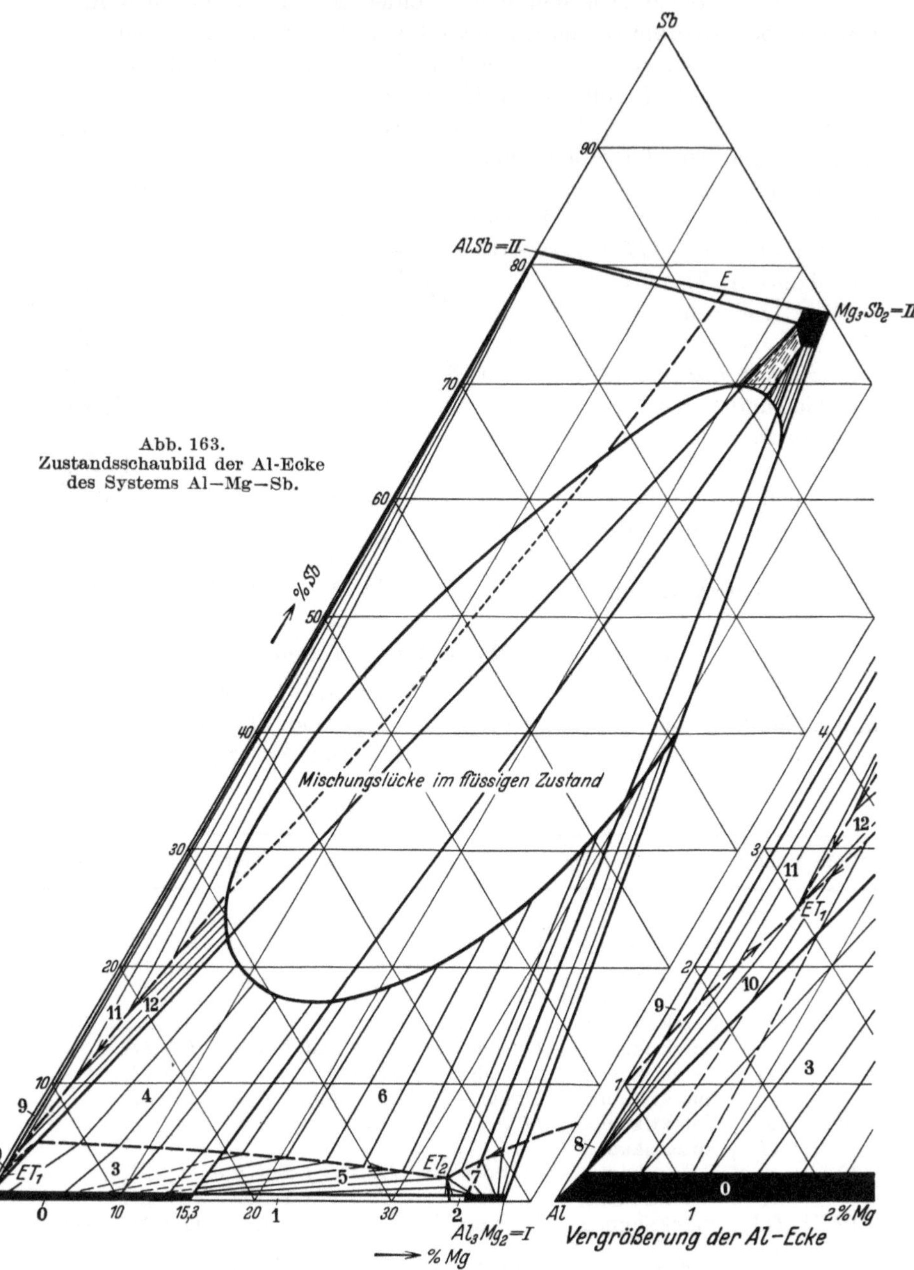

Abb. 163.
Zustandsschaubild der Al-Ecke
des Systems Al—Mg—Sb.

Abb. 163 enthält das nach (152) gezeichnete Zustandsschaubild der Al-Ecke für den kristallinen Zustand.

In Feld 0 bzw. 8 und 10 gehören die technisch wertvollen Legierungen KS—Seewasser und BSS, die ausgezeichnete Seewasserbeständigkeit besitzen (s. 224a und 19). Sie bestehen im wesentlichen aus dem α-Mischkristall des vorliegenden Systems (1,6% Mg, 0,2% Sb) und enthalten noch bis 1,6% Mn und kleine Mengen Si, so daß eigentlich ein 5-Stoffmischkristall vorliegt. Sobald der Mg-Gehalt reichlicher bemessen ist, muß durch Ausglühen auf die Beseitigung etwaiger Kornsaigerung hingearbeitet werden, weil freies Al_3Mg_2 ungünstig wirkt. Diese Legierungen sind sehr empfindlich gegen Cu-Gehalt. Kleine Mengen schon verderben die Seewasserfestigkeit. Wird der Sb-Gehalt von 0,2% wesentlich überschritten, so fällt dieselbe ebenfalls ab (244c).

Die genannten Legierungen sind sowohl als Guß- als auch als Knetmaterial brauchbar. Im abgeschreckten Zustand vergüten sie von selbst.

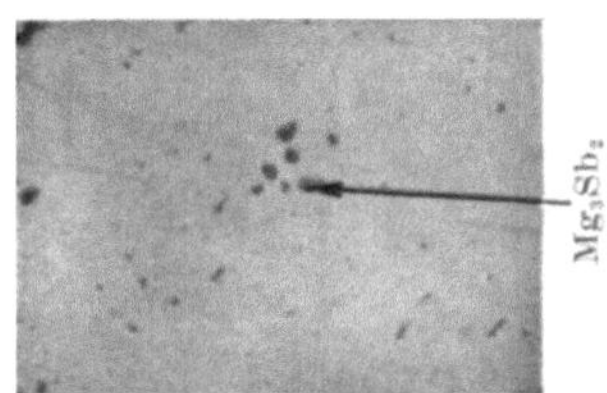

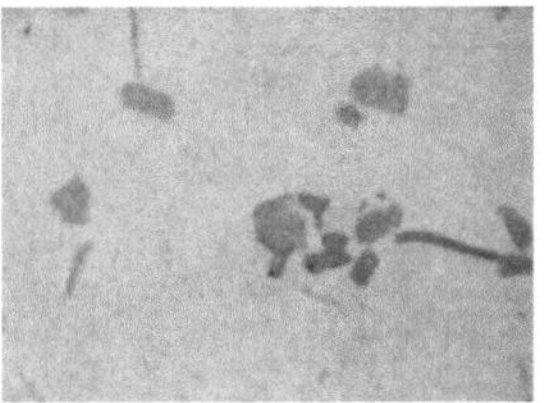

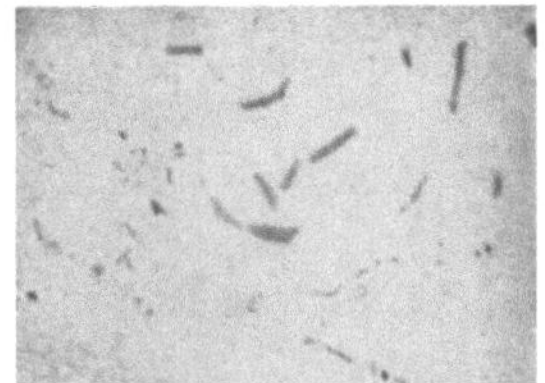

Abb. 164*. Abb. 165*. Abb. 166*.

Abb. 164*. Feld 3. 1% Sb, 5% Mg. Primär α. Sekundär Eutektikum $\alpha + Mg_3Sb_2$. V = 162; ungeätzt.

Abb. 165*. Feld 4. 5% Sb, 2% Mg. Primär Mg_3Sb_2. Sekundär Euktektikum $Mg_3Sb_2 + \alpha$. V = 360; ungeätzt.

Abb. 166*. Feld 12. 4% Sb, 1% Mg. Primär Mg_3Sb_2. Sekundär $Mg_3Sb_2 + \alpha$. Tertiär $Mg_3Sb_2 + \alpha + AlSb$. V = 162; ungeätzt.

Bei Abschrecktemperaturen zwischen 540 und 570° C lassen sich beachtenswerte Festigkeitswerte ohne sonderliche Einbuße an Seewasserbeständigkeit erzielen. Warm vergütet, verlieren sie erheblich an Korrosionsbeständigkeit. Die günstige Wirkung des Sb soll auf der Bildung einer schwer angreifbaren Oxychloridhaut beruhen, die sich bei Angriff durch Seewasser zunächst bildet und dann vor weiterem Angriff schützt. Der Abfall der Seewasserbeständigkeit bei höherem Sb-Gehalt scheint aber eher dafür zu sprechen, daß die Aufnahme von Sb im α-Kristall diesem eine höhere Widerstandsfähigkeit verleiht.

Nicht zu Mg-reiche Legierungen des Systems mögen als Lagermetall brauchbar sein.

Eigenartig ist in diesem System die bei völliger Mischbarkeit in den binären Systemen festgestellte Mischungslücke im ternären Bereich.

Aluminium — Calcium — Silizium.

Nach (57) und (87a) ist der Schnitt Al—$CaSi_2$ binär (Schnittdiagramm nach 57, s. Tafel IV). Die Schnitte der anderen Silizide werden durch den von $CaSi_2$ nach Al_3Ca gekreuzt und sind somit ungültig.

Die beiden Teildreiecke Al—Si—$CaSi_2$ und Al—$CaSi_2$—$CaAl_3$, in die die Al-Ecke zerlegt wird, sind einfach ternär eutektisch. Die Löslichkeit von $CaSi_2$ in α ist gering.

Abb. 167 gibt das Zustandsschaubild der Al-Ecke für den kristallinen Zustand nach (67) wieder.

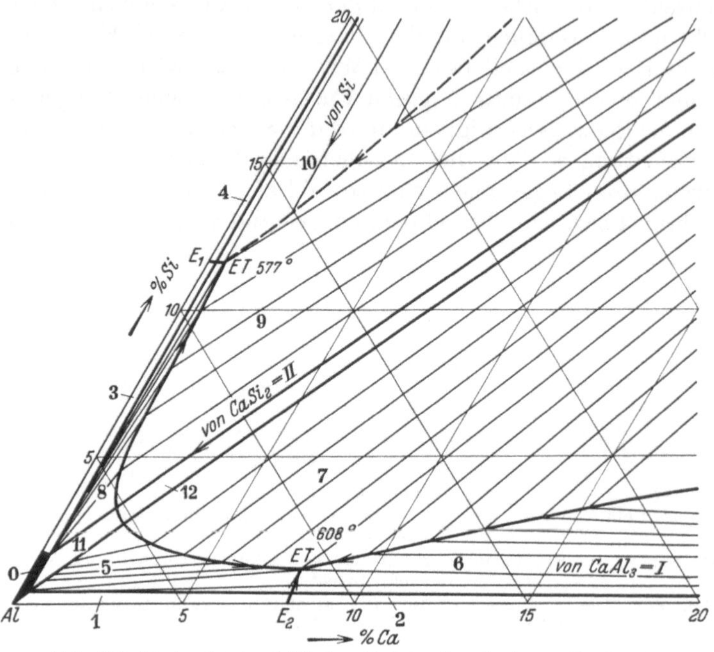

Abb. 167. Zustandsschaubild der Al-Ecke des Systems Al—Ca—Si.

Kristallisation zu Abb. 167.

Feld	Primär	Sekundär	Tertiär	Abb.
0	α	—	—	
1	α	Eutektikum $\alpha + I$	—	
2	*I*	Eutektikum $\alpha + I$	—	
3	α	Eutektikum α + Si	—	
4	Si	Eutektikum α + Si	—	
5	α	Eutektikum $\alpha + I$ oder $\alpha + II$.	tern. Eut. $\alpha + I + II$	
6	*I*	Eutektikum $\alpha + I$ oder $I + II$.	tern. Eut. $\alpha + I + II$	
7	*II*	Eutektikum $\alpha + II$ oder $I + II$.	tern. Eut. $\alpha + I + II$	168
8	α	Eutektikum α + Si oder $\alpha + II$.	tern. Eut. α + Si + *II*	
9	*II*	Eutektikum $\alpha + II$ oder Si + *II*	tern. Eut. α + Si + *II*	
10	Si	Eutektikum α + Si oder Si + *II*	tern. Eut. α + Si + *II*	
11	α	Eutektikum $\alpha + II$	—	169
12	*II*	Eutektikum $\alpha + II$	—	

Abkürzungen: α = feste Lösung von Si und Ca in Al, $I = Al_3Ca$, $II = CaSi_2$.

Die Schmelzpunkte der ternären Eutektika sind ins Schaubild eingetragen. Nach (57) ist die Schmelzpunktserniedrigung der binären Eutektika sehr gering, die ternären liegen in unmittelbarer Nachbarschaft der binären, und zwar enthält das Eutektikum $\alpha + I + II$ etwa 1% Si, 8% Ca und 91% Al, das Eutektikum α + Si + II etwa 0,5% Ca, 11,6% Si und 87,9% Al.

Die Kristallart $CaSi_2$ ist im Tageslicht silberweiß und erscheint unter Wasser und Tonerde poliert bläulichgrau. In ihrem Habitus hat sie

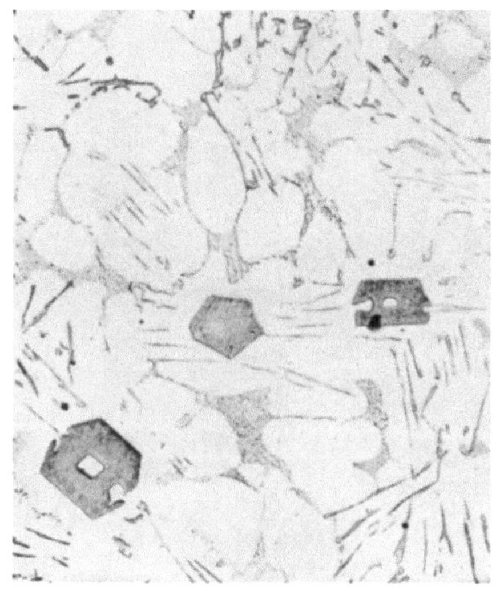

Abb. 168*. Feld 7. 2% Ca, 2,5% Si. Primär $CaSi_2$ (Polygone). Sekundär Eutektikum $CaSi_2 + \alpha$. Tertiär Eutektikum $\alpha + CaSi_2 + CaAl_3$. V=385; Ätzung 1% HF.

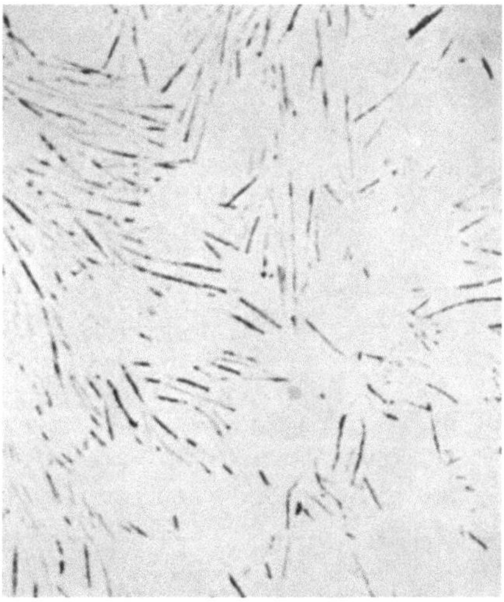

Abb. 169*. Feld 11. 1% Ca, 1,35% Si. Primär α. Sekundär $\alpha + CaSi_2$. V = 500; Ätzung 1% HF.

große Ähnlichkeit mit der Kristallart Mg_2Si. Im Eutektikum mit α bildet sie schlanke Nadeln.

Nach (87a) entzieht das Ca dem Mg_2Si in duraluminähnlichen Legierungen das Si und hebt so die Selbstvergütung auf. Erst bei Steigerung des Si-Gehaltes über den von Ca verbrauchten hinaus kann sich wieder Mg_2Si bilden, und die Selbstalterung kehrt wieder.

Die Ca-reichen Legierungen sind spröde und grobgefügt, kommen deshalb für eine technische Verwendung nicht in Frage.

Das Eutektikum Al—$CaSi_2$ ist vermutlich durch Na kornfeinungsfähig.

Entsprechend der Abnahme der festen Lösung von Si in Al mit steigendem Ca-Gehalt (s. 87a) wird die elektrische Leitfähigkeit des Al besser. Dies Verhalten ist technisch verwertet in der Leitlegierung Montegal (s. 89d).

Die angebliche Verbesserung der Walzbarkeit des Duralumins durch Ca (s. System Al—Ca) könnte auf die Si-Verarmung der α-Kristalle zurückzuführen sein.

Aluminium — Silizium — Beryllium.

Nach (163f) ist das System Si—Be einfach eutektisch. Da das auch für die beiden Systeme Al—Si und Al—Be zutrifft und Verbindungen

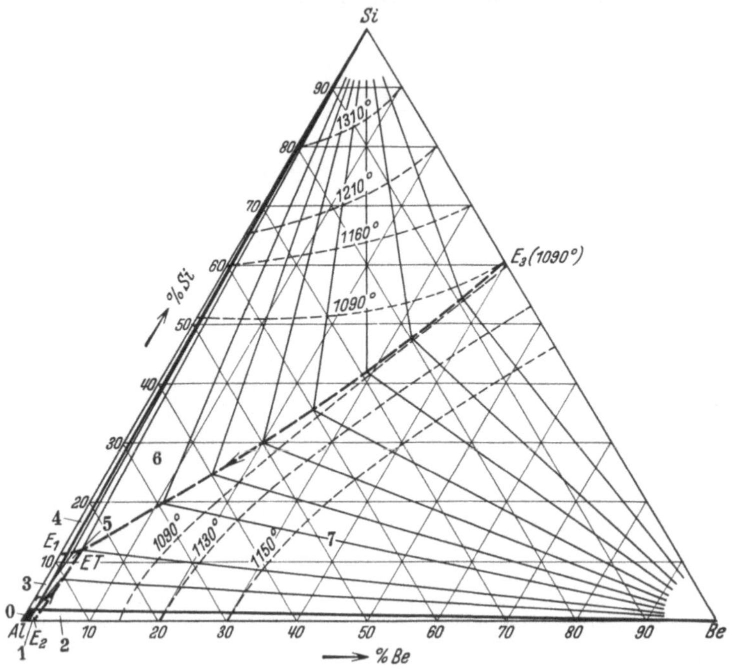

Abb. 170. Zustandsschaubild des Systems Al—Si—Be.

in allen dreien nicht vorkommen, ist auch das ternäre System Al—Si—Be einfach eutektisch; es sei denn, daß noch eine ternäre Verbindung gefunden würde. Das ternäre Eutektikum dürfte in der Nähe des niedrigst schmelzenden binären Al—Si liegen, da das ebenfalls verhältnismäßig niedrig schmelzende Al—Be nahe bei Al liegt.

Abb. 170 enthält das Schema des Zustandsschaubildes der Al-Ecke nebst Andeutung des vermutlichen Verlaufes der drei Eutektikalen.

Nach dem Habitus der binären Eutektika ist das ternäre höchstwahrscheinlich feinkörnig und wird eine gute Ergänzung des Silumins sein. Für ein Versagen weiterer Kornfeinung durch Na liegen keine Anhaltspunkte vor. Auf der Eutektikalen $ET—E_3$ sind evtl. hitzebeständige, feingekörnte, harte Legierungen von geringem thermischen Ausdehnungskoeffizienten zu erwarten, die als Kolbenlegierungen brauchbar sind.

Kristallisation zu Abb. 170.

Feld	Primär	Sekundär	Tertiär
0	α	—	—
1	α	Eutektikum α + Be	—
2	Be	Eutektikum α + Be	—
3	α	Eutektikum α + Si	—
4	Si	Eutektikum α + Si	—
5	α	Eutektikum α + Si oder α + Be	tern. Eut. α + Si + Be
6	Be	Eutektikum α + Be oder Si + Be	tern. Eut. α + Si + Be
7	Si	Eutektikum α + Si oder Si + Be	tern. Eut. α + Si + Be

Aluminium—Beryllium—Magnesium.

Aus (163f) geht hervor, daß die Al-Ecke dieses Systems nicht durch einen binären Schnitt geteilt wird und der sie abschließende von Be

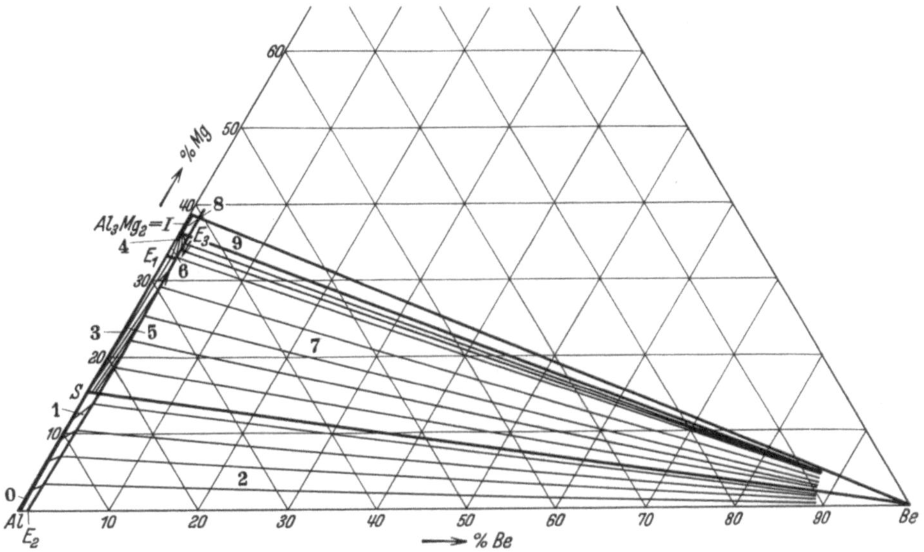

Abb. 171. Zustandsschaubild der Al-Ecke des Systems Al—Be—Mg.

nach Al_3Mg_2 binär sein muß. Da die Liquidustemperatur von Be her zu Al_3Mg_2 steil abfällt, wird ein evtl. bestehendes binäres Eutektikum Be + Al_3Mg_2 nahe der Mg—Al-Seite angenommen. Es ergibt sich nach (163f) das in Abb. 171 gegebene Zustandsschaubild der Al-Ecke.

Die Legierungen der Felder 3, 4, 5, 6, 7, 8 und 9 sind technisch wertlos, brauchbar sind die der Felder 0, 1 und der linken Seite von 2.

Es ist möglich, daß Be im Al—Mg-Mischkristall, auf dem die neueren seewasserfesten Legierungen BSS und Hydronalium beruhen, weitere günstige Wirkungen hervorruft.

Kristallisation zu Abb. 171.

Feld	Primär	Sekundär	Tertiär
0	α	—	—
1	α	Eutektikum α + Be	—
2	Be	Eutektikum α + Be	—
3	α	Eutektikum α + *I*	—
4	*I*	Eutektikum α + *I*	—
5	α	Eutektikum α + *I* oder Eutektikum α + Be	tern. Eut. α + *I* + Be
6	*I*	Eutektikum α + *I* oder Eutektikum *I* + Be	tern. Eut. α + *I* + Be
7	Be	Eutektikum Be + α oder Eutektikum Be + *I*	tern. Eut. α + *I* + Be
8	*I*	Eutektikum Be + *I*	—
9	Be	Eutektikum Be + *I*	—

Abkürzungen: α = feste Lösung von Mg und Be in Al, *I* = Al_3Mg_2.

Die nach (142c, d, e) festgestellte, auf Be zurückgeführte Förderung der Selbstvergütung in Si-freien Al—Mg—Cu-Legierungen erscheint

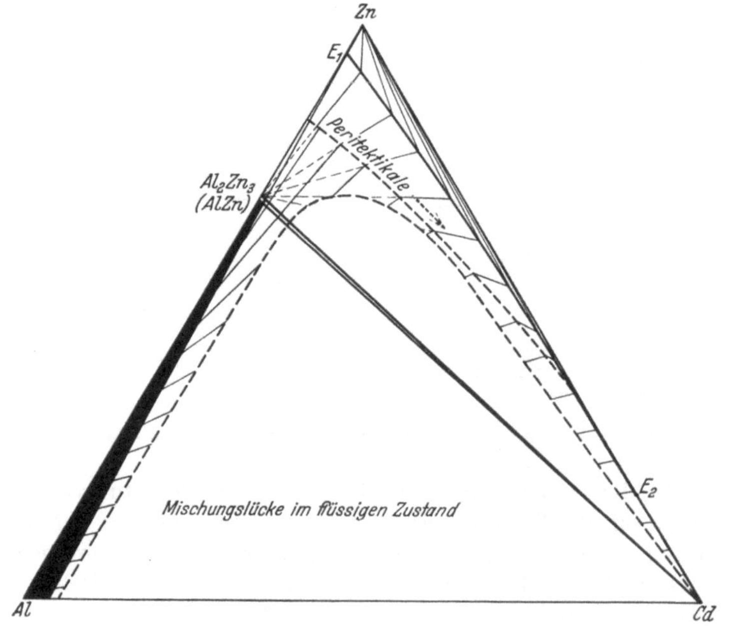

Abb. 172. Zustandsschaubild des Systems Al–Zn–Cd.

fraglich, seit feststeht, daß auch Si-freie Al—Mg—Cu-Legierungen selbstvergütend sind.

Aluminium—Zinn—Antimon.

Nach (62) wird die Al-Ecke dieses Systems durch den Schnitt Sn—SbAl abgeschlossen, woraus sich für die technischen Al-Legierungen keine neuen Wirkungen ergeben. Schlägt man den bisher nicht trennbaren Metallen Sb und Sn genügend Al zu, so läßt sich fast alles Sb in Gestalt der hochschmelzenden Verbindung AlSb durch Aussaigern vom Sn-reichen, niedrig schmelzenden Eutektikum Sn + AlSb trennen.

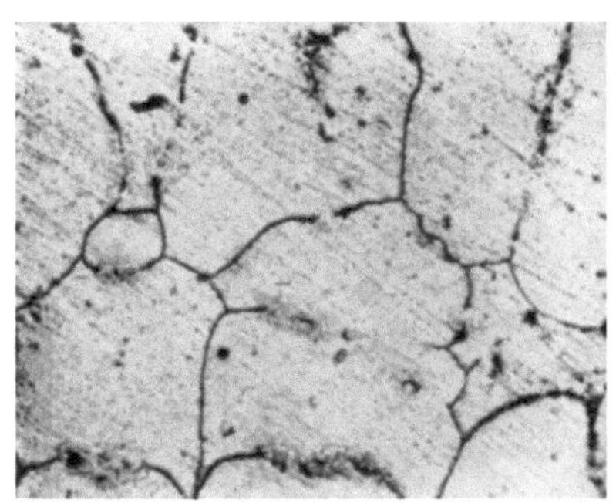

Abb. 173a*. Homogene α-Mischkristalle (feste Lösung von Zn und Cd in Al). V = 23; Ätzung NaOH.

Aluminium—Zink—Cadmium.

Nach (36a) und (126a) schließt sich, wie das nach (36a) gezeichnete Zustandsschaubild Abb. 172 zeigt, die Mischungslücke im flüssigen Zustand Al und Cd. Bis zu 60% Zn verhält sich die feste Lösung von Zn in Al gegenüber Cd wie Rein-Al. Erst von da ab macht sich die Nähe der Schließung der Mischungslücke bemerkbar (ihr Aufhören ist von Bedeutung für die Weichlotherstellung). In der Al-Ecke besteht nach (36a) ein ausgedehnteres Mischkristallgebiet von Cd und Zn im Al (α). Der Verlauf der Peritektikalen, die sich aus dem binären System Al—Zn entwickelt, konnte aus Schnittdiagrammen und der Gestalt des Liquidusraummodells angenommen werden. Im α-Gebiet mögen sich geeignete Hartlote und auch vergütbare Legierungen befinden. Beachtlich ist die in (36a) ermittelte Heraufsetzung der Zerfallstemperatur von β (s. System Al—Zn) durch 2% Cd von 256° auf 276° C.

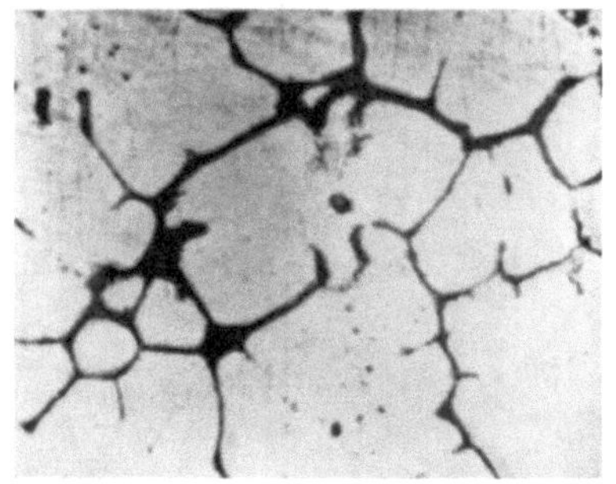

Abb. 173b*. Primär α-Mischkristalle (hell). Sekundär Cd (dunkel). Infolge zu geringen Unterschiedes im spezifischen Gewicht zwischen α-Kristallen und Schmelze erstarrte das Cd als Monotektikum in den Korngrenzen der α-Kristalle. V = 23; Ätzung NaOH.

Abb. 173a zeigt das Schliffbild einer noch homogenen festen Lösung von 2% Cd und 10% Zn in Al, Abb. 173b eines aus dem Gebiet der Mischungslücke.

Aluminium—Magnesium—Cadmium.

Auf Grund des Schaubildes, in welchem allerdings die vom binären Eutektikum $Al_3Mg_2 + Al_3Mg_4$ ausgehende Eutektikale fehlt, und der sonstigen Angaben in (260) wurden das Phasenaufteilungsdreieck (Tafel III) und das Zustandsschaubild für den kristallinen Zustand (Abb. 174) konstruiert.

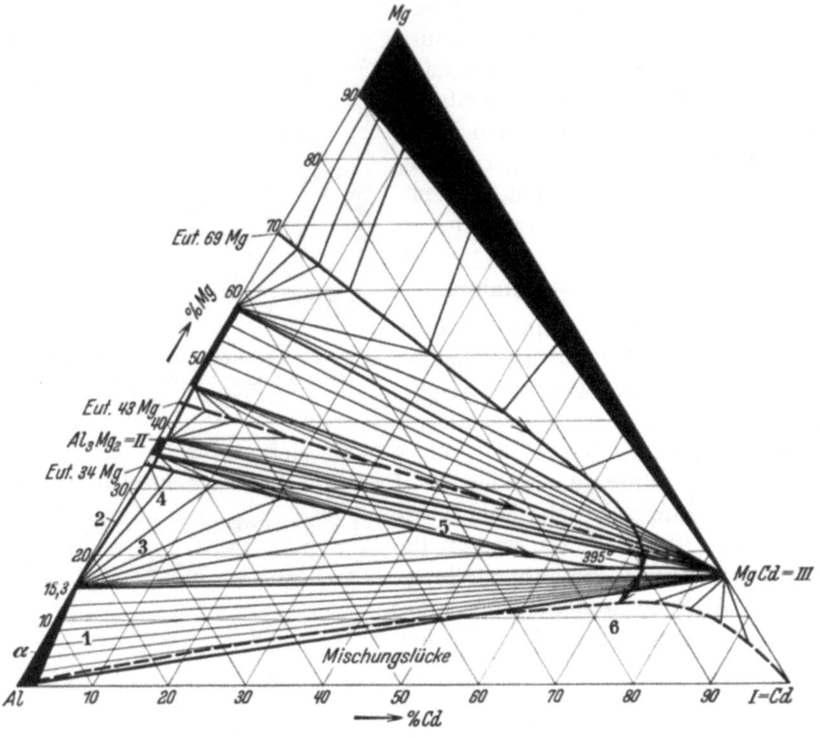

Abb. 174. Zustandsschaubild des Systems Al—Mg—Cd.

Kristallisation zu Abb. 174.

Feld	Primär	Sekundär	Tertiär
1	α	Eutektikum α + *III*	—
2	α	Eutektikum α + *II*	—
3	α	Eutektikum α + *II* oder α + *III* . . .	Eut. α + *II* + *III*
4	*II*	Eutektikum *II* + α	—
5	*II*	Eutektikum α + *II* oder *II* + *III* . .	Eut. α + *II* + *III*
6	Aufspaltung in zwei Schmelzen; obere wie aus Feld 1 mit Emulsionen Cd-reicher Schmelze; untere: MgCd-reiche Schmelze mit Al-Emulsionen		

Abkürzungen: α = feste Lösung von Mg und Cd in Al, *I* = Cd, *II* = Al_3Mg_2, *III* = MgCd.

Die Mischungslücke des binären Systems Al—Cd schließt sich durch Mg-Zusatz.

Abb. 12 zeigte das Gefüge eines Regulus aus dem Gebiet der ternären Mischungslücke (Zweischichtensystem). Abb. 175 gibt das Gefüge der Al-reichen Schicht, das dem einer Legierung aus Feld 1 entspricht.

Cd kommt in größerer Menge als Zusatz zu Al—Mg-Legierungen nicht in Frage. Im reinen α-Gebiet könnten sich allenfalls Vorteile ergeben.

Da, wie beim System Al—Cd auseinandergesetzt, Cd als Lot für Al brauchbar ist, kommt das bei 395° C schmelzende ternäre Eutektikum $\alpha + II + III$ als Weichlot in Frage. Durch Ausglühen der Lotstelle ist es möglich, das Mg und teilweise das Cd des Lotes in den Al-Kristallen zu lösen.

Die α-Legierungen eignen sich als Hartlote.

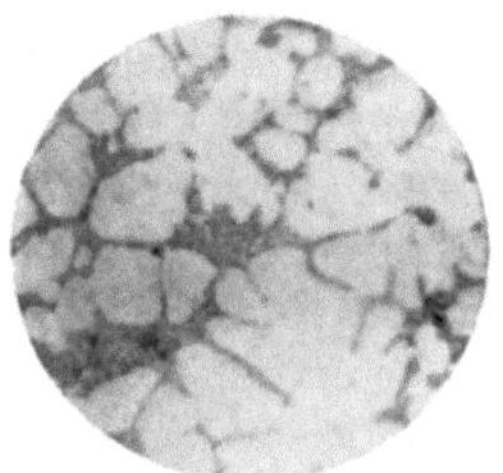

Abb. 175*. Obere Schicht einer Legierung aus Feld 6, entspricht dem Gefüge einer Legierung aus Feld 1. Primär α. Sekundär Eutektikum α + MgCd. V = 53; ungeätzt.

Aluminium — Zinn — Mangan.

Nach (299) ist der Schnitt Al_3Mn—Sn quasibinär, infolgedessen auch der Schnitt Al_7Mn—Mn. Das für die Konstitution des Sn- und Mn-haltigen Aluminiums maßgebende Teilsystem Al—Al_7Mn—Sn ist einfach ternär eutektisch. Die vom binären Eutektikum Al/Al_7Mn ausgehende Eutektikale nähert sich mit steigendem Sn-Zusatz immer mehr der Al—Sn-Seite des Zusammensetzungsdreiecks und mündet in unmittelbarer Nähe des binären Eutektikums Al/Sn in das ternäre Eutektikum Al/Sn/Al_7Mn, dessen Schmelztemperatur mit 228° nur 1° niedriger liegt als die des binären Eutektikums Al/Sn. Seine Zusammensetzung entspricht nach (299) praktisch derjenigen des binären Eutektikums Al/Sn mit 99,52% Sn und 0,48% Al; es enthält Mn nur noch in Spuren.

Technisch Bemerkenswertes bieten die Al—Mn—Sn-Legierungen, wie auch nach Lage der Konstitutionsverhältnisse nicht anders zu erwarten, nicht. Wohl ergeben sich Brinellhärten, die denen einiger gebräuchlicher Al-Legierungen gleichkommen. Der Leichtflüssigkeit wegen hält (299) die Legierungen im Bereich von 0—20% Sn und 0—6% Mn für anwendbar als Spritzguß. Sie sind aber andererseits infolge Elementbildung durch die heterogenen Bestandteile sehr korrosionsempfindlich. Vergüt- bzw. aushärtbar sind sie nicht. Ein minimaler Härtungseffekt ist auf das in den Legierungen als Verunreinigung enthaltene wenige Si zurückzuführen.

Im Schliffbild ähneln die Legierungen durchaus den binären Al—Sn-Legierungen (wenn man vom Auftreten der Kristallart Al_7Mn absieht), d. h. in den Korngrenzen des Aluminium liegt pseudoeutektisch fast reines Zinn.

Ein Rückblick auf die bisher untersuchten ternären Systeme zeigt, daß die Verbindungen zwischen den hochschmelzenden Schwermetallen und Aluminium (s. Tafel III) außerordentlich stabil sind. Bilden in einem ternären System mit Al die beiden Schwermetalle unter sich Verbindungen, so reicht diese Verwandtschaft nicht dazu aus, die Verbindungen mit dem Aluminium zu lösen. Es entstehen keine gültigen Guertler-Schnitte von den Schwermetallverbindungen zur Al-Ecke (nach Guertler sog. Eckenschnitte), sondern der Schnitt zwischen den beiden an Al reichsten Aluminiumverbindungen der beiden Schwermetalle ist binär. Allerdings reicht in vielen Fällen die heteropolare (sich in Verbindungsbildung zeigende) oder auch die homöopolare (sich in Mischkristallbildung äußernde) Verwandtschaft der beiden hochschmelzenden Schwermetalle dazu aus, eine ternäre Verbindungsbildung hervorzurufen. Es scheint, als ob es sich um eine Bildung von komplexen Molekülen aus den Al-reichsten Al-Verbindungen handelt, da sie auf den binären Schnitten oder deren Nachbarschaft liegen. Es kommen auf diese Weise wohl auch Eckenschnitte von den ternären Al-Verbindungen zur Al-Ecke zustande. Sie haben aber nicht die umwälzende Wirkung wie echte Eckenschnitte von Verbindungen der beiden Zusatzmetalle zur Al-Ecke, wie z. B. Mg_2Si oder $MgZn_2$, wo nach (89d) und (218b) so außerordentliche Vergütungserfolge erzielt wurden; gelang es doch, bei Abstimmung des Mg und Si auf das Verhältnis Mg_2Si zu 40 kg/mm² Festigkeit zu kommen mit der Hälfte des im Duralumin üblicher Zusammensetzung vorhandenen Cu-Gehaltes, oder durch Abstimmung des Mg und Zn auf das Verhältnis MgZn Festigkeitswerte von über 48 kg/mm² zu erreichen. Nach Tafel III bilden echte Eckenschnitte außer $MgZn_2$ und Mg_2Si noch die Verbindungen $CaSi_2$, MgCd und Mg_3Sb_2. Demnach sind die Verbindungen Al_2Zn_3 und Al_3Mg_2 nicht sonderlich stabil, und es wird noch eine ganze Reihe von Al-Dreistoffsystemen geben, die eine der beiden letztgenannten Verbindungen enthalten, deren Aufspaltung durch den dritten Zusatz zu echten Eckenschnitten mit dem Aluminium führt. Abb. 176, die eine Zusammenstellung der möglichen Al-Dreistoffsysteme (unter Weglassung der Kombinationen mit den seltenen oder zu teuren Metallen) enthält, zeigt, daß es noch viele unerforschte Gruppierungen gibt, von denen die eine oder andere (wie z. B. einige Silizide von Nichtschwermetallen) Eckenschnitte und damit beachtliche Fortschritte bringen können.

Die bisherigen Ergebnisse an Dreistoffsystemen lassen auch Schlüsse auf Vier- und Mehrstoffsysteme zu. Gruppiert man Metalle zum Al, die die Al-Ecke abschließende Schnitte bilden, so werden im Gefüge die spröden Al-Verbindungen vorherrschen. Sind in derartigen Mehrstoffsystemen Zusätze vorhanden, die mit dem Al in ternären Kombinationen ternäre Verbindungen bilden, so besteht Anlaß zur Bildung von Mehrstoffverbindungen, die ebenso ungünstige Eigenschaften aufweisen wie die ternären oder binären. Im sog. Blockaluminium (Umschmelzware), Sandguß I und II, Kokillenguß I und II, das laut Normung

Si, Pb, Sn, Mg, Fe, Ni, Mn, Cu und Zn enthalten darf, sind Drei- und Mehrstoffverbindungen enthalten. Ihre Anwesenheit neben der gleichfalls spröder binärer Al-Verbindungen machte eine Festlegung der Höchstgehalte an den genannten Zusätzen erforderlich (s. 244d).

Auch unechte Eckenschnitte, d. h. solche, die von ternären Al-Verbindungen ausgehen, können wertvolle Ergebnisse bringen. Es sei nur

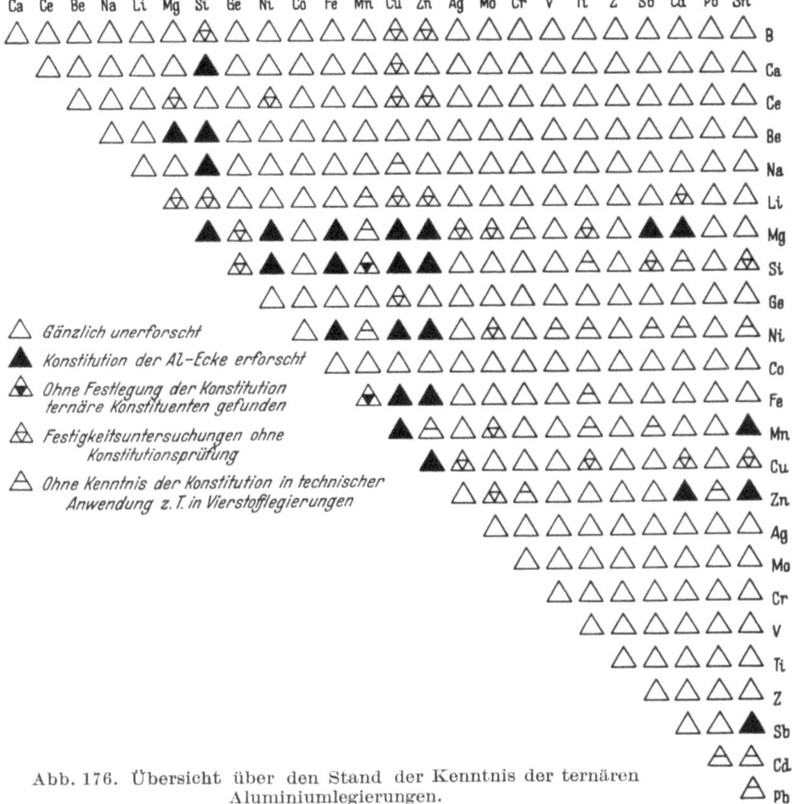

Abb. 176. Übersicht über den Stand der Kenntnis der ternären Aluminiumlegierungen.

erinnert an die Wirkung der ternären Al—Fe—Si-Verbindung auf die Verminderung des für die elektrische Leitfähigkeit ungünstigen Einflusses des Si. Abb. 176 zeigt, daß bisher den Cu, Mg, Zn oder Si-haltigen Legierungen die größte Aufmerksamkeit gewidmet wurde. Die inzwischen für Ag, Be, Mn, Cd festgestellte Mischkristallbildung macht auch die Kombinationen mit diesen Metallen interessant. Die günstige Wirkung des Li in der Zn und Cu enthaltenden Skleronlegierung sollte Veranlassung geben, die konstitutionelle Wirkung dieses Zusatzes in dieser und anderen Kombinationen zu durchforschen. Im Interesse der Lotfrage läge die Schließung der Mischungslücken Al—Cd oder Al—Bi durch weitere Zusätze.

Schließlich bleibt noch der Wirkung kleiner Zusätze nachzuspüren. Wie die überraschenden Ergebnisse an dem wenig Ti (Kornfeinung), Sb, Mn (Verbesserung der Seewasserfestigkeit) enthaltenden Al gezeigt haben, dürfte noch manches Wichtige aufzudecken sein. Durch Prüfung der konstitutionellen Zusammenhänge wird sich vieles besser verwerten lassen.

5. Kristallisation und Rekristallisation der vergütbaren Legierungen.

Die vergütbaren Legierungen, die ja ausnahmslos auf der festen Lösung der Zusätze im Al fußen, kristallisieren und rekristallisieren ähnlich wie dieses.

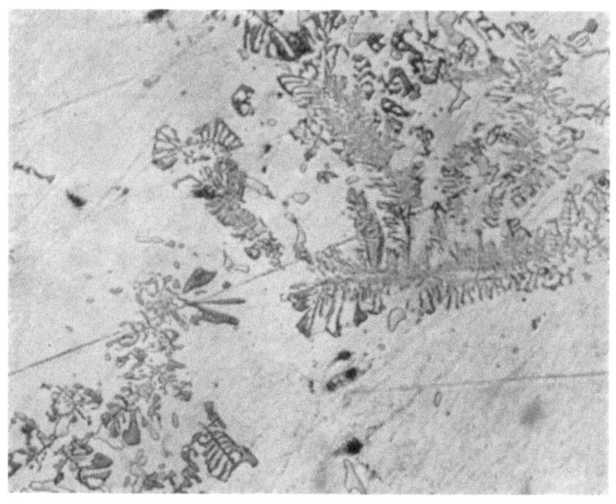

Abb. 177. Zeilen überschüssiger Bestandteile in einer Preßstange (Al_2Cu, Al_7Mn, $Al_6Fe_2Si_3$, Al—Fe—Mn-Verbindung und Al—Fe—Cu—Mn-Verbindung). V = 250; Ätzung HF.

Da zur Erreichung der maximalen Festigkeit oft bis an die Grenze der Löslichkeit bei den eutektischen Temperaturen gegangen wird, macht sich die Kornsaigerung in einer stärkeren Anreicherung eutektischer Anteile der überschüssigen Kristallarten zwischen den Korngrenzen des Grundmetalls bemerkbar (s. Abb. 126a). In den verformten Legierungen sind infolgedessen ausgeprägte Verunreinigungszeilen zu finden. Abb. 177 zeigt solche in einem Erzeugnis der Strangpresse, wo sie sich infolge der ungeheuren Streckung am leichtesten einstellen. Bei Blechen bilden sie sich stark in der Mittelschicht, besonders wenn von schweren Blöcken mit reichlicher Saigerung ausgegangen wurde.

Durch sorgfältige Überbewachung des Gießens und ausreichende Homogenisierung ist auf ihre Begrenzung hinzuwirken. Im Falle der Abb. 177 sind auch Kristallarten vorhanden, die mit Al keine feste Lösung bilden und deshalb nicht durch Homogenisierung zu beseitigen sind. Mit solchen Zusätzen, insbesondere zu Knetlegierungen, muß sparsam umgegangen werden.

Abb. 178 zeigt die schädliche Wirkung der Verunreinigungszeilen in einer stranggepreßten Stange, in welche Zähne eingefräst wurden. Die im parallel der Preßfaser verlaufenden Zahngrund sitzenden Zeilen verursachten das Ausbrechen eines Zahnes (rechts); in der Wurzel des

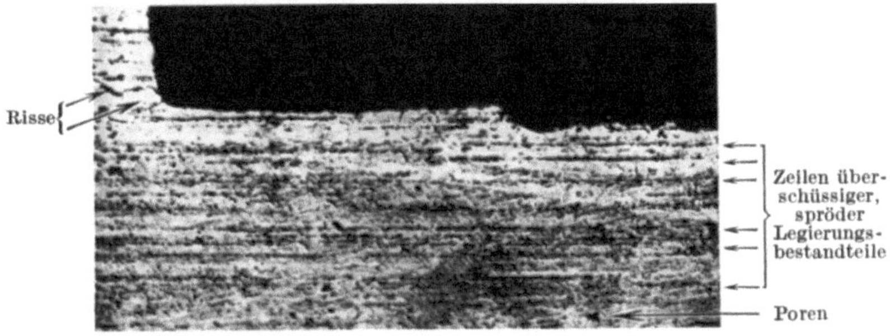

Abb. 178. Anhäufung zeilenförmig angeordneter überschüssiger Bestandteile als Bruchursache. V = 33; Ätzung HF.

noch stehenden (links) sind schon Risse erkennbar, die sichtlich von den Zeilen ausgehen.

In anderer Hinsicht macht sich die Kornsaigerung häufig übel bemerkbar durch eine Umkehrung der normalen Blocksaigerung. Letztere kommt dadurch zustande, daß die Kristalle von Boden und Wänden der Gußform aus wachsen und die eutektische Schmelze nach der am längsten warm bleibenden Blockmitte drängen. Die hier und im offenen Oberteil stattfindende Anreicherung an zulegiertem Metall fällt mit dem Schwindungslunker zusammen. Bei der umgekehrten Blocksaigerung nun tritt in der Lunkerzone nicht eine Anreicherung, sondern eine Verarmung an Zusatzmetall ein (s. 18a, 163, 276, 21a, 178, 71e, 82, 78, 26f).

Die Ursache hierfür macht man sich leicht am Zustandsdiagramm der binären Legierung mit 5,6% Cu klar (Abb. 179). Infolge der starken Abkühlung an Boden und Wänden der Kokille erstarrt zunächst eine dünne Schicht fester Lösung, die je nach dem Grade der Unterkühlung mehr oder minder nahe dem Legierungssoll liegt. Alsbald aber macht sich die Kornsaigerung geltend; es setzen sich Kristalle an, die erheblich Cu-ärmer sind (Punkt b) als die Schmelze. Mit fallender Temperatur nehmen die zuwachsenden Teile langsam höher werdenden Cu-Gehalt an (c, d, e, f). Theoretisch soll in jedem Augenblick der Erstarrung ein Ausgleich der Zusammensetzung zwischen Schmelze, letzt- und erstentstandenen Kristallteilen durch Diffusion stattfinden, der dafür sorgt, daß im Endmoment der Erstarrung alle Kristalle die einheitliche Zusammensetzung *s* (5,6% Cu) haben, während die Schmelze die Zusammensetzung *l* (32,5% Cu-Eutektikum $\alpha + Al_2Cu$) hat und mengenmäßig gleich Null ist. In Wirklichkeit kann dieser Ausgleich so rasch nicht geschaffen werden, und es bleibt Schmelze *l* übrig. Sie wird bei der Schrumpfung in die Lücken zwischen den Kristallen gedrückt. Diese Lücken sind unmittelbar hinter den Außenflächen des Blocks am größten, weil die zunächst erstarrten Kristalle durch ihren Halt an der Kokillenwand sich nicht so setzen können wie die weiter entfernten. Hieraus

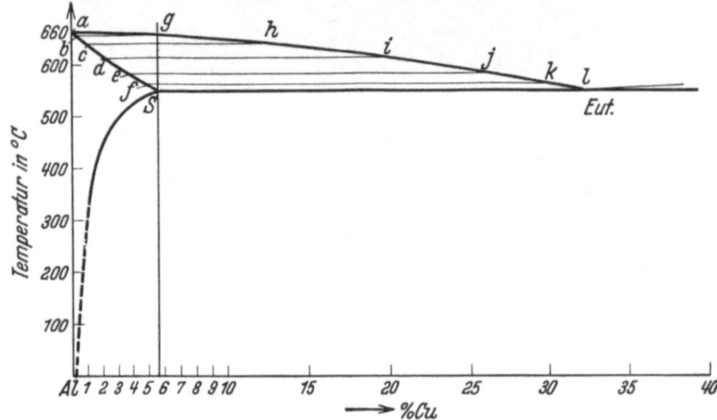

Abb. 179. Schaubild zum Vorgang der Kristall- oder Kornsaigerung.

ergibt sich, daß die äußeren Schichten, in die infolge der größeren Lücken am meisten Schmelze *l* hineingepreßt wird, kupferreicher sind als der Kern.

Wärmt man die Kokillen an, so haben die Mischkristalle einerseits infolge der langsameren Gesamterstarrung bessere Gelegenheit zum Ausgleich durch Diffusion; andererseits ist der Unterschied zwischen Blockrand und Kern hinsichtlich der noch durchzumachenden Kontraktion geringer, damit der Größenunterschied der Lücken und der Unterschied der Cu-Gehalte außen und innen. Die umgekehrte Blocksaigerung kann somit durch richtig gewählte Kokillentemperatur auf ein Minimum reduziert werden.

Hindert man die auf Solidustemperatur erwärmte Kokille an der Abkühlung (Isolation bzw. Beheizung), so erstarrt der Mischkristallbrei innen und außen fast mit gleicher Geschwindigkeit; die umgekehrte Blocksaigerung hört auf und macht der normalen Platz (s. 26f).

Also nicht die Abkühlungsgeschwindigkeit an sich, sondern das G e f ä l l e derselben vom Blockrand zur Mitte ist für die Art der Saigerung maßgebend. Im Fuße kokillengegossener Blöcke ist das Gefälle, infolgedessen auch die umgekehrte Saigerung am geringsten. Je größer die durchschnittliche Abkühlungsgeschwindigkeit, desto geringer das Gefälle und die umgekehrte Blocksaigerung. Im Grenzfall der unendlich großen Abkühlungsgeschwindigkeit wird das Gefälle = 0 und die Blocksaigerung fällt fort, ganz abgesehen davon, daß in diesem bei nennenswerter Masse unmöglichen Fall die unterkühlte Schmelze gleich Kerne mit dem Sollgehalt von 5,6% Cu bildete.

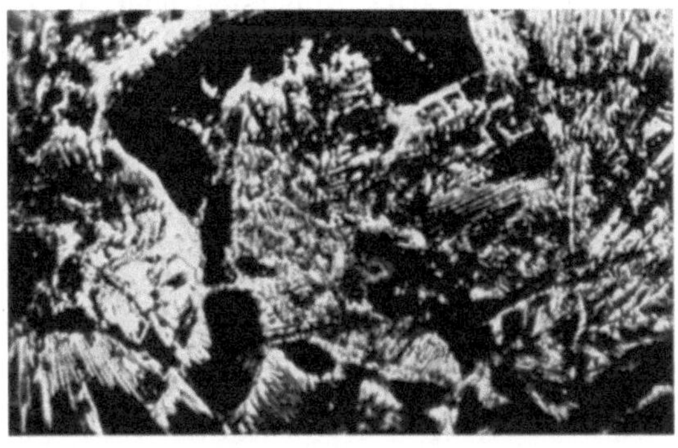

Abb. 180a*. Ohne Anschliff aufgenommen. Saigerungen an der Blockoberfläche auf dem Grunde kleiner Risse. Freigewachsene spröde Kristallarten. V = 10; ungeätzt.

Eine Begleiterscheinung beider Blocksaigerungsarten ist das Hervortreten ausgepreßter eutektischer Anteile aus der Blockoberfläche. Man findet sie sowohl bei den Legierungen als auch beim Rein-Al. Sie treten als Tropfen, Bläschen, Nadeln oder „Moos" in Erscheinung. In den hauchdünn abgeschabten Blockoberflächenspänen findet man analytisch Gehalte an Zusätzen, die ungefähr den jeweiligen eutektischen Zusammensetzungen entsprechen. Diese Ausschwitzungen spröder, unwalzbarer Partikel sind die Ursache der sog. Schiefer (Abb. 180c) auf geglühten Blechen.

Abb. 180b*. Korngrenzenwalzrisse, verursacht durch eutektische Aussaigerungen. V = 1; ungeätzt.

Sind die Kokillenwände mit Rissen, Sprüngen oder unsauberen, gratigen Hobelriefen versehen, so haftet das zunächst erstarrte Metall besonders fest und gibt bei der Schwindung nicht nach, so daß der Anlaß zur Lückenbildung vergrößert ist. Bei der Saigerung entstehen hier ganze Nester von Eutektikum (s. Abb. 180a).

Beim Walzen ergeben sich nach den ersten Stichen schon sichtbare und unsichtbare Korngrenzenrisse (s. Abb. 180b). Falls sie nicht zu groß sind, walzen sie sich zu, so daß man sie im hartblanken Blech kaum mehr erkennt. Durch die Wärmeausdehnung beim Glühen kommen sie aber alle wieder in Gestalt von Schiefern zum Vorschein, weil eine Verschweißung der ausgeschwitzten Kristallarten beim Walzen nicht stattfindet. Scharfes Abbürsten oder Abdrehen der Barrenoberflächen vor dem Walzen hilft, aber nicht ausreichend. Man entfernt dadurch zwar die auf der Oberfläche sitzenden Ausscheidungen, die zwischen den Kristallen vorhandenen aber nicht, und es entstehen doch noch Risse. Es hat sich deshalb als praktischer erwiesen, die Barren im Anlieferungszustande zunächst um 30—50% herunterzuwalzen. Hierdurch verschweißen die Kristalle in einigem Abstand von den abkühlend und die Verschweißung hemmend wirkenden Walzen über die eutektischen Partikel hinweg. Wenn man jetzt die Oberfläche abdreht oder abfräst, die Blöcke wieder anwärmt und weiter walzt, treten keine Risse mehr auf, und man erhält mit Sicherheit schieferfreie Bleche.

Abb. 180 c*. Durch Überwalzen von Korngrenzenrissen verursachter Schiefer. V = 1; ungeätzt.

Die inneren Blocksaigerungsfehler sind weniger gut zu beheben. Der zu niedrig legierte Blockteil bringt Knetprodukte mit zu geringen Festigkeitseigenschaften im vergüteten Zustand. Abgesehen davon ist die Lunkerzone sandig und porös. Abb. 181a und b zeigen Proben von Al—Cu-Legierung, die zu dünnwandigen Hohlkörpern gezogen werden sollten. Die Proben b ließen sich nicht einwandfrei verarbeiten. Wie auf den ersten Blick zu erkennen, haben sie Poren bzw. Schwindungslunker. Der zu niedrige Cu-Gehalt bei b bestätigte die Vermutung, daß es sich um Bleche aus der Lunkerzone eines umgekehrt gesaigerten Barrens handelte. Einwandfreies Blech muß sich selbst mit 5,6% Cu noch fehlerfrei ziehen lassen.

Zusammensetzungsmäßig kann man der umgekehrten Blocksaigerung dadurch begegnen, daß man mit höher legiertem Metall „nachgießt“, d. h. den bei tatenlosem Erstarrenlassen entstehenden Lunker durch Zugabe von Metall verhütet. Unterschiede in der Festigkeit sind dadurch zwar leicht ausgeglichen, nicht aber solche in der Verformbarkeit sandiger Kernstellen und eutektikumdurchsetzter Oberflächen. Gießmethoden, die die Saigerung von vornherein auf ein Mindestmaß herabsetzen oder unterbinden, sind vorzuziehen. Außer den schon genannten (Temperaturregulierung der Kokille) kommen solche in Frage, die eine schichtenweise Erstarrung gewährleisten. Gießen unter periodischem Rütteln hat den Vorteil, gebildete Kristalle zum Absitzen zu bringen und die Lückenbildung zu verhüten. Da aber während eines gewissen Temperaturintervalls Sandigkeit eintritt, ist diese Maßnahme nicht unbedenklich, es sei denn, man kann den Block unmittelbar nach der Erstarrung schweißend zusammenpressen.

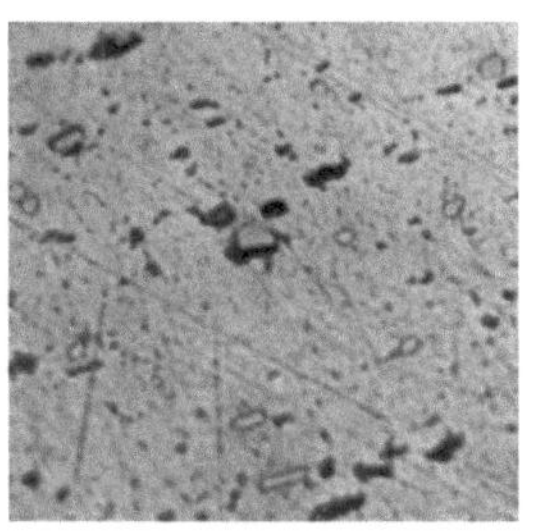

Abb. 181a*. Cu-haltiges Legierungsblech, verhältnismäßig dicht und gut tiefziehfähig. V = 170; Ätzung $H_2SO_4 + HNO_3$.

Die Rekristallisation erfolgt bei den vergütbaren Legierungen nach den gleichen Gesetzen wie beim Rein-Al und läßt sich in die drei Stufen: Kristallerholung, Keimbildung und Kornwachstum einteilen. In der gleichen Weise können Einkristalle gezüchtet werden (s. 217b). Eine Verschiebung erfahren, je nach den Zusätzen, die Temperaturen der einzelnen Rekristallisationsstufen und der kritische Reckgrad, der zwischen zwei Erwärmungen eingeschoben, zur Bildung grober Körnung führt. Nach (26h) wird bei stark kalt gewalztem Blech, das bei der Glühung fein rekristallisierte, der kritische Reckgrad (bei Rein-Al unter 2%) beim gesättigten Al—Cu-Mischkristall (5,6% Cu) auf 6% erhöht. Si-Zusatz setzt ihn wieder herab, Mn-Zusatz zur Al—Cu—Si-Legierung erhöht ihn auf einen Zwischenwert (rd. 4,5%). Außerdem wird der Bereich der kritischen Reckgrade stark eingeengt.

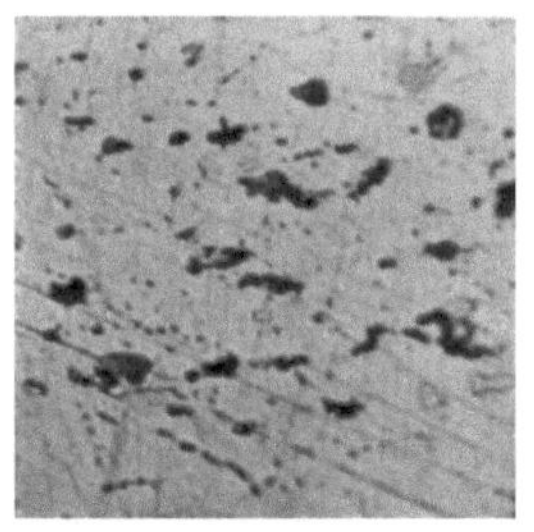

Abb. 181b*. Trotz erheblich unter dem Soll liegenden Cu-Gehaltes mangelhaft tiefziehfähig infolge porösen Gefüges. V = 170; Ätzung $H_2SO_4 + HNO_3$.

Einige Schwierigkeit verursacht das Planrichten voll vergüteter Bleche, weshalb es besser im abgeschreckten Zustand vorzunehmen ist. Nun wird aber an durch das Abschrecken besonders stark verbeulten Stellen eine Reckung erzeugt, die bei einer zweiten Erwärmung durch den Verbraucher grobes Korn und damit Festigkeitseinbuße zur Folge hat. Dem kann durch die mit Hilfe von Zusätzen erzielbare Veränderung der kritischen Reckgrade abgeholfen werden. Ein anderer Ausweg besteht darin, für Zwecke, die nur in der Wärme erreicht werden können, walzharte, unvergütete Bleche zu verwenden. Die für die Verarbeitung vorgenommene Erwärmung ist dann die erste; infolgedessen kann sich grobes Korn weder vor dem Verarbeitungsprozeß noch bei Vergütung der fertigen Teile einstellen.

In (99a) wird die dem Praktiker geläufige Tatsache bestätigt, daß Schmieden unter dem Hammer zu besseren Erzeugnissen führt als das unter der langsam arbeitenden hydraulischen Presse (s. Abb. 182). Letzteres rekristallisiert erheblich gröber.

Ist es bei Blech und Draht infolge der hohen Kaltdurcharbeitung möglich, immer eine feine Körnung zu erreichen, so stößt das bei Produkten der Strangpresse auf Schwierigkeiten. Wird von gleich starken Blöcken feiner Körnung ausgegangen, so liefert der Schmiedevorgang ein nach der Vergütung feinkörniges Material, während der Strangpreßprozeß ein nach Abb. 183a faseriges, während des Pressens teilweise rekristallisiertes Material erbringt, das bei der Veredelung partiell sehr grobkristallin ausfallen kann (s. Abb. 183b). Das vordere Stangenende hat noch fast Gußstruktur, der Kern wird feinkörnig, während ein nach dem Preßende zunehmender Mantel mit dem ganzen hinteren Stangenende grobkörnig wird. Werden derartige Stangen ganz verwendet, weil sie dem größtmöglichen Blockgewicht der Presse entsprechen, z. B. als Schmiedausgangsstücke zur Luftschraubenherstellung, wobei zufällig das hintere Ende Propellerschaft wird, so bleibt es wegen der zu geringen Durchschmiedung

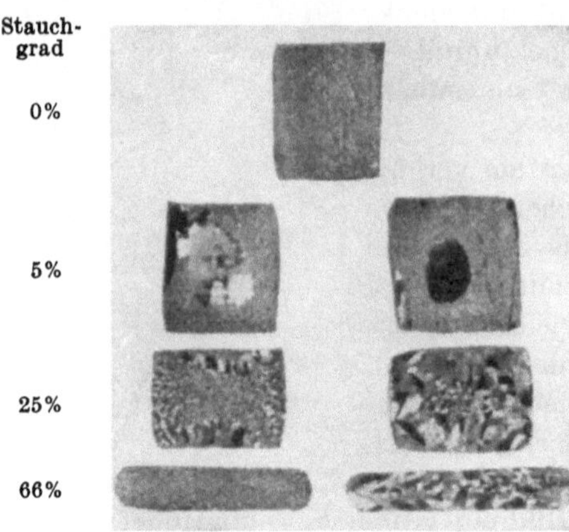

Abb. 182*. Unterschied in Abhängigkeit von der Verformungsart. Blöcke bei 500° gestaucht. V = 0,55; Ätzung HF + HCl.

Abb. 183a. Nicht rekristallisiertes Gefüge einer Preßstange. V = 0,08; Ätzung HF + HNO_3.

grobkörnig. Kommt es in die Spitze, so ist der Schaden geringer. Gewisse Stellen des grobkörnigen Mantels aber werden bei der Breitung zum Blatt zu wenig verformt und bleiben grobkörnig. Das Gefüge eines aus Guß direkt geschmiedeten Propellers ist über den ganzen Querschnitt feinkörnig. Ein Verarbeiter, der Preßstangenabschnitte zu Deckeln oder ähnlichem ausbohrte, würde das gute Kernmaterial wegdrehen und behielte das grobe Mantelmaterial. Für einen derartigen Verwendungszweck bestimmte Stangen müssen aus stärkeren gezogen oder geschmiedet werden. Ein anderer Ausweg ist der, daß man selbstvergütende Legierung in Wasser auspreßt. Die grobes Korn verursachende

Veredelungsglühung kommt dadurch in Wegfall. Die Stangen härten von selbst oder bei Erwärmung auf niedrige Temperaturen.

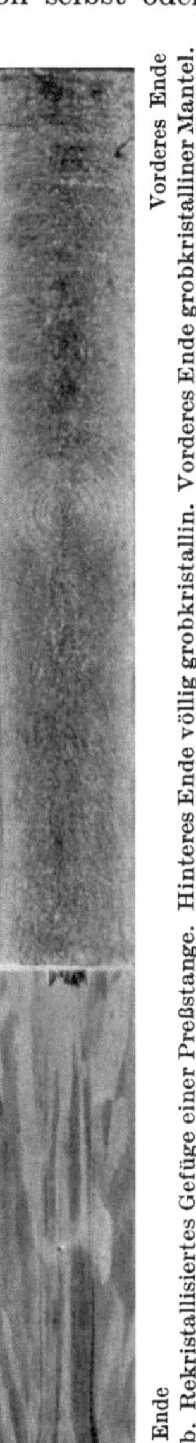

Abb. 183b. Rekristallisiertes Gefüge einer Preßstange. Hinteres Ende völlig grobkristallin. Vorderes Ende grobkristalliner Mantel. V = 0,12; Ätzung HF + HNO_3.

Die Ungleichmäßigkeit im Korn macht sich in allen Preßprofilen wie Winkeln, U- und T-Schienen, die nicht nachgezogen sind, mehr oder minder stark bemerkbar. Man tut gut daran, bei diesen mit einer um 10—20% geringeren Festigkeit zu rechnen als bei Blech der gleichen Legierung.

Bei Arbeiten, die nur in der Wärme vorgenommen werden können, wie Profilkröpfungen u. dgl., muß

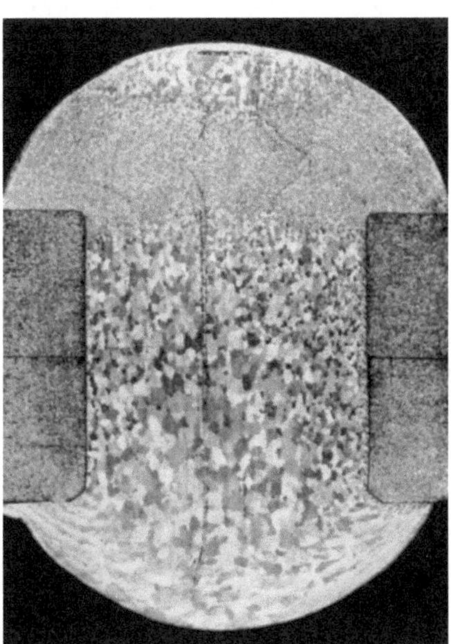

Abb. 184*. Niet. Infolge falscher Materialbehandlung grobkörnig. V = 2; Ätzung HCl + HF.

sich der Konstrukteur oder Verarbeiter vorsehen. Die Zahl der beim Umgang mit vergütbaren Legierungen möglichen Fehler ist groß, und man muß sich bei jeder Warmverarbeitung überlegen, welche Folgen eintreten werden. Ein Schulbeispiel ist die Herstellung und die Verarbeitung von Leichtmetallnieten. Stellt man sie aus vollvergüteter Legierung kalt her, so werden sie leicht rissig; der Schaft wird durch die Stauchung härter, so daß die Herstellung des Schließkopfes mit Schwierigkeiten verbunden ist. Stellt man sie warm her, so müssen sie neu vergütet werden und werden danach teilweise grobkörnig

(s. Abb. 184). Man hat den Ausweg gefunden, sie kalt aus abgeschrecktem Draht zu schlagen. Dieser ist noch verhältnismäßig weich und hält die Verformung aus. Auch härtet der Schaft durch die Stauchung nicht so, als daß sich die Schließköpfe nicht mehr schlagen ließen. Selbsthärtende Niete müssen vor dem Schlagen zur Wiederherstellung der Verarbeitbarkeit veredelungsgeglüht und abgeschreckt werden, wodurch partielle Grobkörnigkeit entstehen kann. Um immer wiederholtes Glühen noch nicht verarbeiteter Niete zu vermeiden, hat man sich stellenweise aus der Verlegenheit geholfen durch Lagern der einmal abgeschreckten Nieten in Eis, fester Kohlensäure oder flüssiger Luft, wodurch man die Selbsthärtung unterdrückt, und Neuvergütung überflüssig macht (s. 171n, 56f).

Schon die Vorgeschichte des zur Herstellung von Nieten verwendeten Drahtes ist aller Aufmerksamkeit wert. Der meist verwendete Preßdraht kann, nicht nachgezogen, schon ungleichmäßig im Korn sein. Haspelt man ihn auf, so bedeutet das eine Stauchung der inneren, eine Reckung der äußeren Faser. Wegen der beim Veredelungsglühen zu erwartenden Grobkörnigkeit ist er zur Nietherstellung schon ungeeignet.

Die Niete dürfen nur kalt geschlagen werden, damit Kornvergröberung derselben und der genieteten Bleche an den Nietlöchern vermieden wird. Dies ist besonders bei stärkeren Nieten mit Schwierigkeiten verbunden, weshalb eine konische Kopfform vorgeschlagen wurde (21b). Zur Ermöglichung der Beibehaltung der schwieriger zu schlagenden üblichen Schließkopfformen wurde der rotierende Kreuzstegdöpper eingeführt (s. 26i). Er setzt jeweils nur kleine Flächen unter spezifisch hohen Druck und erlaubt so eine Schließkopfbildung ohne Aufwendung übermäßiger Kräfte.

Über die dem Fachmann von der Rekristallisation aufgegebenen Probleme ließe sich noch vieles sagen. Vorstehende Beispiele mögen als Mahnung zur Aufmerksamkeit genügen.

C. Anhang.

1. Besondere Anwendungen der Mikrographie.

a) Nichtmetallische Beimengungen.

Aluminiumoxyd ist auch bei hohen Temperaturen nicht im Al löslich, bildet also keine Phase und ist deshalb ungleichmäßig verteilt. Entstehen kann es durch Überhitzung [Verstärkung des immer vorhandenen Oxydfilms (s. 199) zu einer Schlackendecke] oder Umsetzung mit sauerstoffhaltigen Gasen wie CO und CO_2 (s. 52c, f). Sind die Schmelzherde mit feuerfesten Steinen ausgekleidet, so kann es aus davon abbröckelnden Teilchen in die Schmelze gelangen. Wird beim Gießen unvorsichtig verfahren, so werden von der den Metallstrom wie ein

Schlauch einschließenden Oxydhaut Teile losgelöst (auch bei Abreißen des Gießfadens beim Nachgießen der Blöcke) und eingeschwemmt. Je nach der Entstehung ist die Tonerde zu harten Einschlüssen gesintert oder hautartig verteilt. Da gröbere Einschlüsse nur sporadisch vorkommen, können sie im Gußerzeugnis metallographisch nur zufällig (s. 231 d) und analytisch nur ungenau erfaßt werden. Die verschiedenen Analysenmethoden (s. 97, 125 und 244 d) erfassen lediglich die feinverteilten Mengen. Letztere sind unschädlich, während die gröberen Einschlüsse oder Häuteansammlungen alle möglichen üblen Folgen haben, die einen großen Teil der Qualitätsbeanstandungen verschulden. Bei steigendem Gießen stehender Walzbarren eingeschwemmte Oxydhäute sammeln sich meist an einer der Breitseiten dicht hinter der zunächst erstarrten Metallschicht an. Beim Beizen der vorgewalzten Platinen ergeben sich milchig-trübe Streifen, die kaum zu beseitigen sind. Wird nach Ausschabung weitergewalzt, so kommen sie beim Schlußbeizprozeß an vielen Stellen wieder hervor. Auch ungebeizte Bleche machen in solchem Falle einen unsauberen Eindruck (Marmorierung). Durch von vornherein vorgenommenes Beizen der Gußblöcke kann der Fehler nicht mit Sicherheit gefunden werden. Grobe Tonerdeausscheidungen und Oxydhäute beeinträchtigen die Ermüdungsfestigkeit und, wenn sie an die

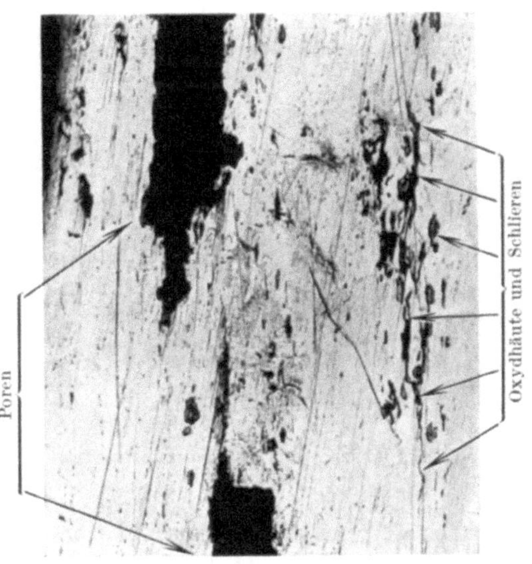

Abb. 185. Korrodierte Stelle in einem Rohr, das aus einem porösen und oxydhaltigen Block gepreßt war. V = 180; Ätzung verdünnte NaOH.

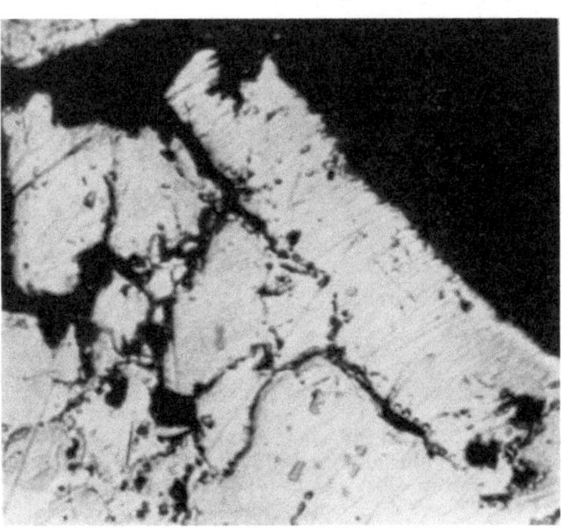

Abb. 186. Oxydhäute und Schlieren in einem Blech. Ausgangspunkt eines Ermüdungsbruches. V = 250; Ätzung $NaOH + HNO_3$.

Oberfläche reichen, die Korrosionsbeständigkeit (s. Abb. 185). Oxydhäute werden beim Anschleifen unregelmäßig geschnitten und zeigen sich im Mikrobild als unregelmäßige dicke oder dünnere Fäden (s. Abb. 186). Abb. 187a und b geben typische Erscheinungen wieder, die auf die Anwesenheit von Oxydhäuten zurückzuführen sind. Blech wurde beim Beizen fleckig. Bei höherer Vergrößerung der Fleckkerne fanden sich größere zum Teil unganze Si-Kristalle und Oxydhäute. Das an gesunden Stellen langsam wirkende Ätzmittel greift an den fehlerhaften stürmisch an.

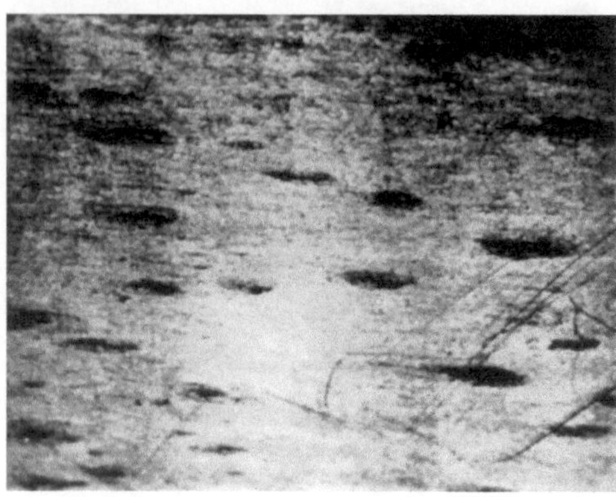

Abb. 187a. Beizflecken auf Legierungsblech. V = 1; ungeätzt.

Findet sich Tonerde in so schädlichen Mengen selten im Hüttenmetall, so vermehrt es sich bei jedem Umschmelzen, insbesondere dem von Spänen, Folien u. ä. (7a, 52f, 151, 245). Bei sorgfältiger Raffination (s. 244d, b) läßt sich auch aus derartigem Kleinabfall oxydarmes Metall gewinnen.

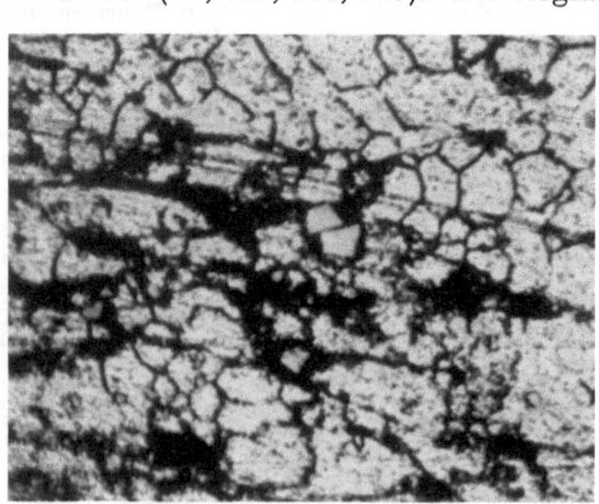

Abb. 187b. Anschliff einer Fehlstelle in Abb. 187a; zerbrochene spröde Kristalle und Oxydhäute sowie Poren als Ursache der Beizflecken. V = 230; Ätzung NaOH + HNO_3.

Der Oxydgehalt kann nach DRP. 486525 durch Abstehenlassen des Metalls in Warteöfen herabgesetzt werden. Da die spezifischen Gewichte von Tonerde und Al nur wenig verschieden sind, wird ein rascheres Absitzen der ersteren durch Vergrößerung dieses Unterschiedes angestrebt, indem das Metall erheblich über den Schmelzpunkt erhitzt wird (249a, 154, 121a). Das Verfahren hat, unvorsichtig angewendet, Gasaufnahme und bei Kohlenfeuerung oder Graphittiegelverwendung Karbidbildung zur Folge.

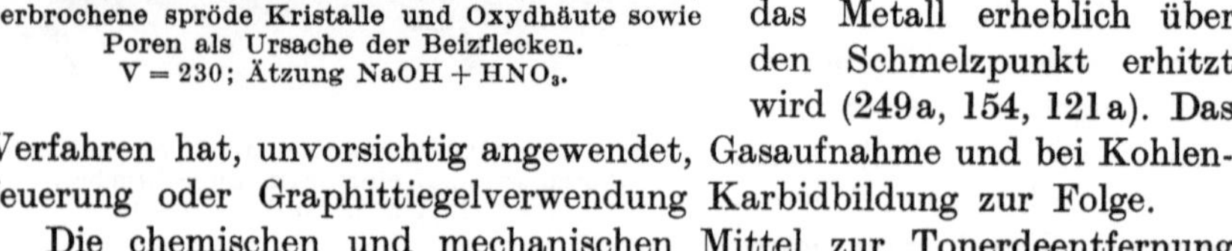

Die chemischen und mechanischen Mittel zur Tonerdeentfernung nach (173, 145, 247, 169, 133, 79, 148, 15, 127) und brit. Pat. 300162 sind wegen Phosphid-, Sulfid- oder Schlackenbildung bedenklich oder wie Zentrifugieren und ähnliches zu umständlich.

Durch Verblasen flüssigen Aluminiums mit Chlor (134) oder Stickstoff (212k) wird, vermutlich in der Hauptsache durch Flotation der Tonerdehäute an die Oberfläche, teilweise Desoxydation erreicht.

Nach (244d) ergibt sich befriedigende Flotations-Desoxydation (und Entgasung) durch Kombinationen von Tetrachlorkohlenstoff, Ammoniumbifluorid, evtl. Manganchlorür und Chlorzink, die mit Kieselgur

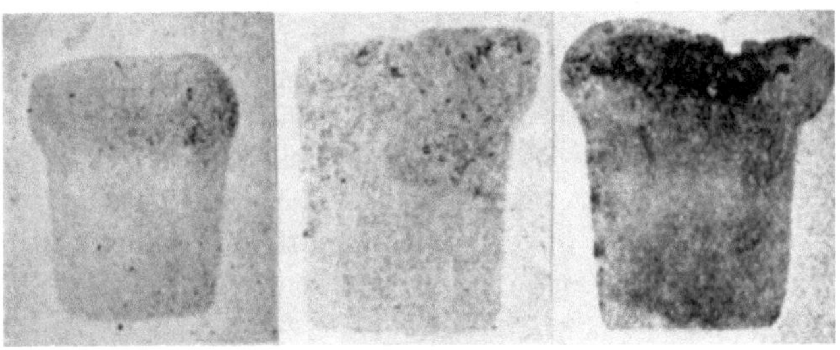

Abb. 188a*. Kontaktabzüge, unentwickelt. C-haltiges Al, P-haltiges Al, S-haltiges Al. V = 0,75.

zu einer Paste verarbeitet in Al-Tuben unter die Schmelze getaucht werden, bei Anwendung von weniger als 1% auf den Metalleinsatz.

Aluminiumkarbid von der Formel Al_4C_3 bildet sich nach (52c) bei Überhitzung in Graphittiegeln oder durch Umsetzung des Al mit CO

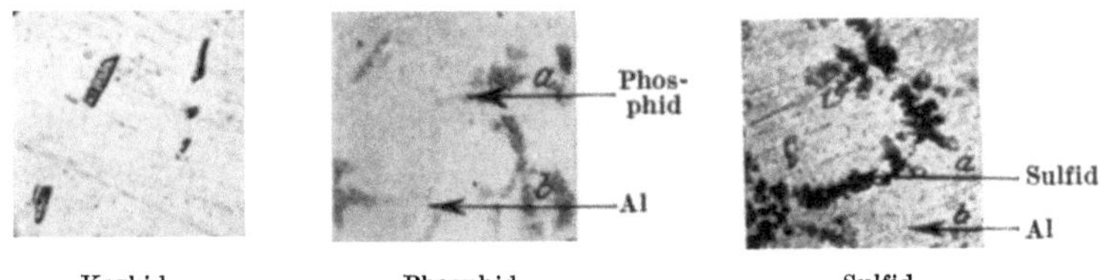

Karbid Phosphid Sulfid

Abb. 188b*. Karbid-Phosphid-Sulfid-Einschlüsse.
V = 200; Ätzung H_2SO_4. V = 140; ungeätzt. V = 520; ungeätzt.

oder CO_2 unter Entstehung von Tonerde. Seine Löslichkeit im festen Al beträgt höchstens 0,05%; darüber hinaus ist es als Phase zu finden. Es ist durch Säuren und Wasser zersetzlich und deshalb unerwünscht. In (52c) werden Versuche beschrieben, Karbidgehalte durch ein einfaches Kontaktverfahren (Auflegen feuchten Gaslichtpapieres auf den Metallschliff, das nach Reduktion der Silbersalze nur fixiert zu werden braucht) sichtbar zu machen; der Erfolg war nicht besonders. Besser gelang der Versuch bei phosphor- und schwefelhaltigem Al. Abb. 188a zeigt Abdrücke von C-, P- und S-haltigem Al. Die Gefügebilder der gleichen Schliffe sind in Abb. 188b wiedergegeben. Die Anreicherung an den Verunreinigungen war durch unmittelbaren Zusatz von C, P und S oder Einleiten von CO, CO_2 und SO_2 vorgenommen worden.

Im normalen Hüttenaluminium kommen diese Verunreinigungen allenfalls in Spuren vor, bei dem aus Haglundtonerde gewonnenen vielleicht etwas reichlicher. In Legierungen dagegen können sie, durch unreine Legierungsmetalle eingeschleppt, eher auftreten. Wie die Kontaktabzüge erkennen lassen, sitzen sie im oberen Blockteil, also in der Saigerungszone. Unschwer zersetzlich wirken sie abträglich auf die Korrosionsbeständigkeit. Ihr Auftreten in dieser Zone deutet darauf hin, daß sie an manchem Korrosionsfall, der auf Saigerungsanreicherung von Al_3Fe oder Si zurückgeführt wurde, nicht unbeteiligt waren.

Ähnliches gilt für Arsenide und Nitride (Abb. 188c). In höher legiertem Al, im Bereich der intermetallischen Al-Verbindungen, wirken Karbide, Phosphide, Arsenide usw. zerstörend. Unter dem Einfluß der Luftfeuchtigkeit fallen solche Legierungen nach kurzer Zeit völlig auseinander.

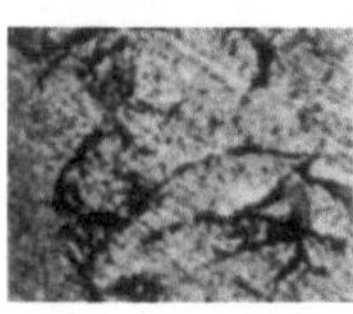
V = 720; ungeätzt.

V = 720; ungeätzt.

Abb. 188c*. Nitrideinschlüsse.

Nach (214) sind im Hüttenaluminium in der Tat nicht alle Verunreinigungen mit der Bestimmung von Fe und Si erfaßt. Durch Rütteln der Schmelze während der Erstarrung wird noch eine Menge von nichtmetallischem Schmutz in den verlorenen Kopf des Barrens befördert, was sich bei mehrmaligem Umgießen nach dem Verfahren in abnehmendem Maße wiederholt. Wahrscheinlich wird durch das Rütteln eine Entgasungsströmung erzeugt, die die nichtmetallischen Verunreinigungen an die Oberfläche flotiert. Wegen der in Abschnitt B5 erwähnten schädlichen Wirkung des Rüttelns auf die Kristallisation sind dem Verfahren Grenzen gesetzt.

Beim Schmelzprozeß kann Al Gas aufnehmen. Nach (52c) werden unter 900° C nennenswerte Mengen nicht gelöst. Nach (108) enthalten 100 g Metall 4—12 cm³, wovon 70—80% Wasserstoff, 10—20% CO und Stickstoff, 5% CO_2 sind (s. auch 92 und 94f). Nach (45c und 93o) gehen Wasserstoff und Kohlenwasserstoffe auch unter 900 bis 800° in erheblichen Mengen in das Al über. Gase können auch durch Zusatzmetalle oder Vorlegierungen eingeschleppt werden.

Bei langsamer Erstarrung werden sie, soweit sie nicht festgelöst bleiben, frei; bei rascher frieren sie mit ein. Nach (249a) kann man der Porengefahr dadurch entgehen, daß man die Schmelze erst nach mehrmaliger langsamer Abkühlung auf 700° C vergießt. Nach (9 und 45e) läßt man sie einmal oder wiederholt erstarren, schmilzt wieder auf und gießt erst dann. Hierbei tritt oft ein Spratzen des Metalls durch plötzlich frei werdendes Gas ein. Wie die Flotation von Verunreinigungen beweist, wird durch Rütteln während der Erstarrung ebenfalls Gas befreit. Eine andere Entgasungsmethode besteht in der Erzeugung eines lebhaften Gas- oder Luftstromes über dem 700—730° warmen

Metallbad, beim Gasschmelzofen also durch einfache Regulierung des Kaminzuges zu erreichen. Offenbar setzt die durch die Gasströmung bedingte Druckminderung im Verein mit Auftrieb und Anziehung der der Badoberfläche am nächsten befindlichen Gasteilchen in der ganzen Schmelze eine Gasaustrittsbewegung in Gang. Das Abstehen in gasbeheizten Warteöfen würde dem nach außer zur Tonerdeabscheidung auch zur Entgasung beitragen. Schmelzen und Abstehen in der stehenden Atmosphäre des elektrischen Ofens wäre bei gashaltigem Metall nicht so vorteilhaft, wie allgemein angenommen (s. 216). Eine andere Methode der Entgasung wurde nach (258a, 7a und 9) durch Einleiten von Chlor bzw. Stickstoff versucht. Später wurde nach (258a) Chlor nicht mehr direkt eingeblasen, sondern durch Eingeben zersetzlicher Chloride, wie Bortrichlorid, Titantetrachlorid und Vanadinchlorid, erzeugt. Bei Titantetrachlorid wurde nebenbei die in (209h) beschriebene Kornfeinung (s. System Al—Ti) erreicht. In (212k) und (11) sind die Versuche auf weitere chlorabgebende Stoffe ausgedehnt (Tetrachlorkohlenstoff, Tetrachloräthan). Der häufig erreichte Entgasungserfolg dürfte wieder auf Flotation des bei mäßig über der Al-Schmelztemperatur befindlichen, an sich schon freien, aber noch träge verharrenden Gases durch den erzeugten Gasstrom zurückzuführen sein. Nach (45) sind diese Maßnahmen unwirtschaftlich. Wie schon erwähnt, sind in (244d) die Stoffe durch Kombinationen solcher ersetzt, die außer der Entgasung eine Entfernung der Tonerde und anderer Verunreinigungen gewährleisten sollen und dabei wirtschaftlich sind. Nach (212k) werden neuerdings Mischungen von Stickstoff mit flüchtigen Chloriden, wie Titantetrachlorid und Tetrachlorkohlenstoff, vorteilhaft verwandt. $^1/_2$ cm^3 des letzteren in Bombenstickstoff soll zur Entgasung von 1 kg Metall ausreichen.

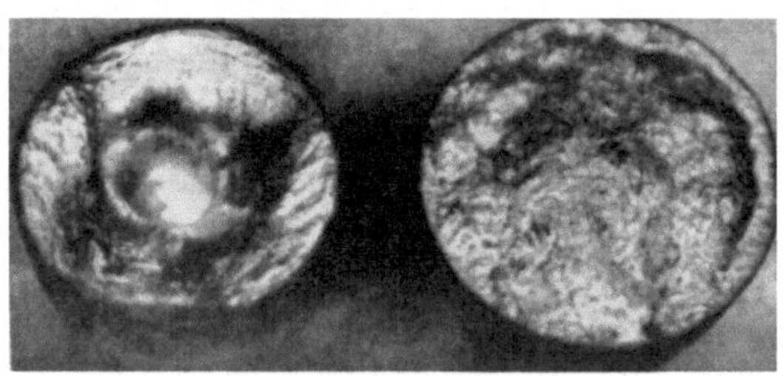
Gashaltig (aufgebläht). Gasfrei (eingefallen).
Abb. 189*. Aufsicht auf Gasprobenreguli.

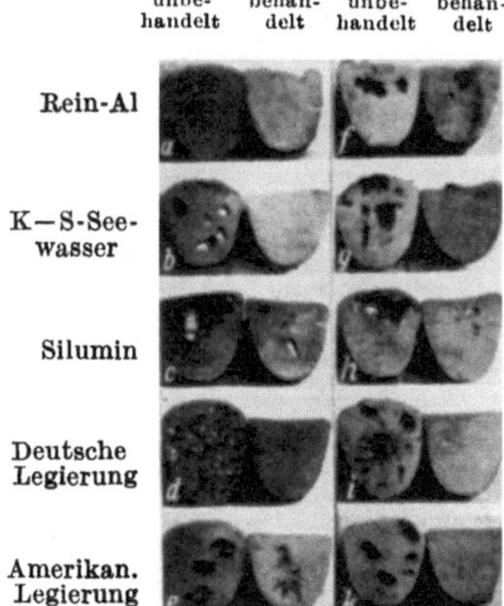

Abb. 190*. Im Vakuum erstarrte Reguli nach Behandlung des flüssigen Metalls mit einem Gemisch von Tetrachlorkohlenstoff, Manganchlorür und Ammoniumbifluorid (in Mengen von $^1/_{10}$% des Schmelzengewichtes) und ohne Behandlung.

Die Gasmenge kann in Guß metallographisch durch Ausplanimetrieren der Poren bestimmt werden, wobei auf den Unterschied zwischen Kopf und Fuß der Gußbarren zu achten ist (auf Zimmertemperatur umrechnen!). Im gewalzten Metall ist diese Art der Mengenbestimmung nicht mehr möglich (Übersicht der analytischen Verfahren s. 108).

Für den Betriebsmann ist es wichtig, zu wissen, ob das zum Vergießen bereite Metall genügend gasfrei ist. Nach (36) gießt man einen kleinen, vorgewärmten Tiegel voll ab und bringt ihn in einen Behälter, der durch Saugpumpe rasch unter Vakuum gesetzt wird. Der Überdruck des bei der so erfolgenden Erstarrung frei werdenden Gases bläht gashaltige Proben auf, während gasfreie einfallen (s. Abb. 189). Je nach dem Befund kann das Gießen beginnen, oder es müssen die eine oder die andere der Entgasungsmaßnahmen getroffen werden. Abb. 190 zeigt das Ergebnis der Anwendung einer Behandlung mit Gasstrom erzeugenden Substanzen nach (244b) auf verschiedene wichtige Gebrauchslegierungen.

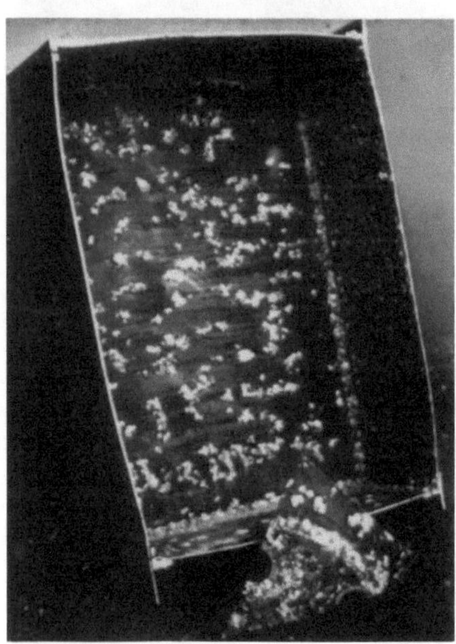

Abb. 191. Ausblühungen unter einem Schutzanstrich. V = 1/10.

b) Korrosion im Schliffbild.

Bei wenigstens 99,5% Reingehalt korrodiert fehlerfreies Al nicht. Läßt man in einem Gefäß daraus Wasser stehen, so überzieht es sich bei einem gewissen Alkalinitätsgrad desselben lediglich mit einer dunklen Haut, die vor Angriff durch das Wasser schützt. Tritt örtliche Anfressung ein, so kann dies durch mancherlei Gründe hervorgerufen sein.

In Abb. 43 wurde eine Korrosion gezeigt, die die Gefäßwände nach außen örtlich aufblähte. Die Innenseite kann dabei weiße Ausblühungen nach Abb. 191 oder nur winzige Löcher aufweisen, während die Bläschen mit Korrosionsprodukten gefüllt sind. Solche Zerstörungen können verursacht sein durch Einschlüsse von Na, Karbid, Phosphid, Arsenid, Nitrid, bis zu denen, entlang Lücken im Kristallnetzwerk, Wasser vordringen konnte und Reaktion auslöste. Es ist aber durchaus nicht erforderlich, daß diese Verunreinigungen anwesend sind, damit Korrosion zustande kommt. Liegen Teilflächen der normalen Verunreinigungen Al_3Fe und Si, bei vergütbaren Legierungen der überschüssigen Kristallarten, in der Oberfläche, so ist nach (89c, i, 40, 209g, 257, 156, 235, 244c) Lokalelementbildung gegeben, und es tritt durch hartes Wasser, Salzlösungen, Säuren und Basen Al-Auflösung ein. In (40, 89i, 257) ist nachgewiesen, daß an solchen Stellen bei Gegenwart von Wasser Überspannung des Wasserstoffs, Wasserstoffentwicklung und Al-Auflösung erfolgen. Im Gegensatz zu Al können die genannten Kristallarten keine passivierenden Schutzhäute aus sich selbst hervorbringen. Entstehen zwischen ihnen und dem Al Lücken, oder zerbrechen sie beim Walzprozeß, so entstehen dort, wo sie in die Blechoberfläche ragen, Verletzungen und Unterbrechungen der Al-Schutzhaut. Dieser Anfälligkeitszustand für korrosiven Angriff wird erhöht durch Schmutz, der vom Guß (Oxyde, Schlacken, Ofenmauerwerk) oder vom Walzen (Öl, Kohle, Asche, Staub, Zement u. ä.) herrühren kann.

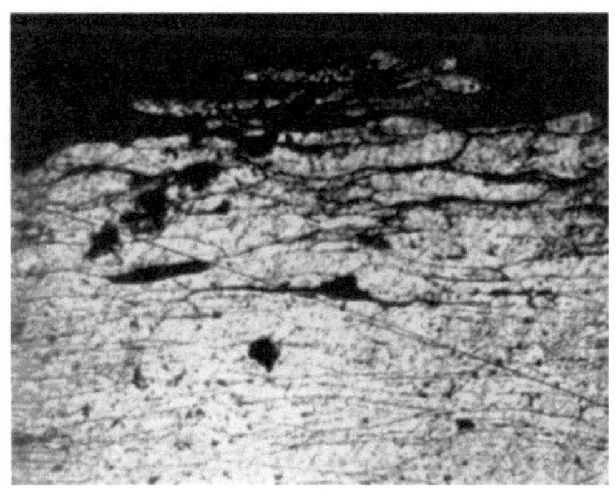

Abb. 192. Schichtenweise Abtragung und Auflockerung des Gefüges durch Salzlauge. V=75; ungeätzt.

Daß auch Ansammlungen von Oxydhäuten und Schlieren, die meist mit anderen nichtmetallischen, wasserzersetzlichen Verunreinigungen gepaart sind, Korrosion hervorrufen, wurde in Abb. 185 gezeigt.

Al, das Cu enthält, ist im abgeschreckten Zustande recht korrosionsbeständig, weniger im vergüteten und im weichen. Im walzharten aber vereinigen sich die an sich geringe chemische Stabilität deformierten Materials mit der Elementbildung bei Angriff durch salzhaltiges Wasser zu verheerender Wirkung. Abb. 192 gibt das zerstörte Gefüge eines Fleischerkessels, Abb. 191 das makroskopische Bild eines Wasserkessels aus solchem Material. Letzterer war sogar durch Anstrich von innen geschützt. Als infolge Alterung und Rissigwerden des Anstriches die Schutzwirkung aufhörte, setzte der Angriff rapide ein.

Abb. 193*. Korrosion von Al-Draht durch aufgewalztes Kupfer. V = 2,5; ungeätzt.

Aufwalzen oder Aufziehen von Flittern von Cu oder Cu-haltigem Al wirken ebenfalls ungünstig auf die Korrosionsbeständigkeit des Al und korrosionsfester Al-Legierungen (s. Abb. 193).

Eigenartige Korrosionserscheinungen ergeben sich an stranggepreßtem Material, besonders wenn es in preßhartem Zustande oder ungenügend geglüht einer chemischen Beanspruchung ausgesetzt wird. Die infolge

Abb. 194. Aufschieferung von Preßprofilen durch Korrosion. V = 0,5; ungeätzt.

der großen Streckung der Kristalle schiefrige Struktur wird durch Herauslösung der Zwischensubstanz in einem blätterteigähnlichen Gefüge bloßgelegt (Abb. 194). Zu der Erscheinung neigen zinkhaltige vergütbare Legierungen besonders.

Abb. 195 a. Bildung einer fistelähnlichen Auflockerung von einer Blechseite zur anderen. V = 170; ungeätzt.

Gußstücke genießen durch die Gußhaut einen gewissen Schutz. Auch bei nur warm verarbeitetem, z. B. geschmiedetem Material ist die Korrosionsgefahr geringer, weil eine Zertrümmerung der spröden Kristallarten nicht in dem Maße erfolgt wie bei zusätzlich kalt deformiertem Werkstoff.

Al und beständige Legierungen können durch unsachgemäßes Schweißen, wie Überhitzung, Einbrennen von Schlacken u. ä., korrosionsanfällig werden.

Dem Zweck des Buches entsprechend, war nur von solchen Korrosionsursachen die Rede, die struktureller Natur sind; auf die mannigfachen Behandlungsfehler, wie unrichtiger Einbau von Al-Apparaten durch Einbetonieren ohne Isolation, Säurehaltigkeit derselben (HCl in Goudron), Anbringung von

Armaturen aus Kupfer oder Messing, Stehenlassen von Wasser in den Gefäßen, Reinigen mit Soda u. a. m., soll nicht näher eingegangen sein.

Ein besonderes Kapitel ist die Beanspruchung durch Seewasser. Da Rein-Al und die älteren seewasserfesten Legierungen zu geringe Festigkeitswerte aufweisen, war man allerorten dazu übergegangen, Schiffe und Seeflugzeuge mit vergüteten Cu—Al-Legierungen auszurüsten, die mehr oder minder versagten (33a). Die Abb. 195a und b zeigen Fälle der typischen Zerstörung durch interkristalline Korrosion. Die Teile waren zum Teil nicht einmal dem Seewasser direkt, sondern nur der salzhaltigen Atmosphäre ausgesetzt und standen unter Anstrich. Die interkristalline Korrosion besteht, wie der Name sagt, in einer allmählichen Lockerung des Kristallnetzes durch Herauslösen der Zwischensubstanz. Mg-haltige Al—Cu-Legierungen neigen weniger dazu, werden aber im Laufe der Zeit auch stark angegriffen. Die Cu-haltigen Legierungen hätten sich im Schiffbau nicht halten können, wenn es nicht gelungen wäre, wirksame Überzüge zu finden[1].

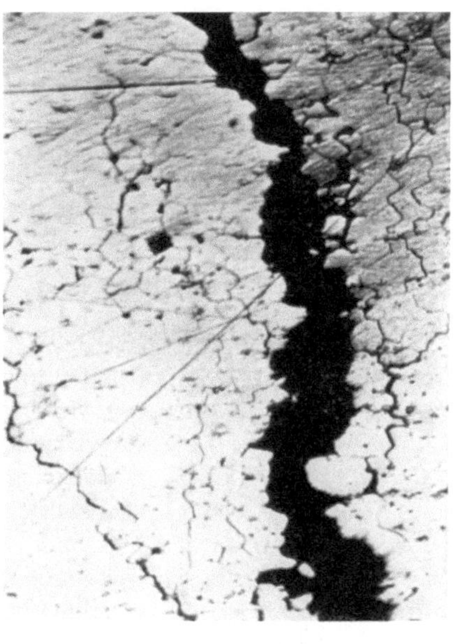

Abb. 195 b. Stehen Stellen nach Abb. 195 a unter Spannung, so reißt das Material plötzlich nach genügender Auflockerung des Gefüges. V = 170; ungeätzt.

c) Schutzüberzüge.

Von Anstrichen sei hier abgesehen und lediglich bemerkt, daß es nicht möglich ist, damit allein Al—Cu-Legierungen auf die Dauer gegen Seewasser zu schützen. Elektrolytische oder Tauchüberzüge von Ni, Cr, Cd u. a. mögen für die Einflüsse der Landatmosphäre ausreichend sein, gegen Seewasser können sie aber nicht schützen, da es durch die darin immer vorhandenen Poren eindringt. Infolge Lokalelementwirkungen wird das unedlere Al unter der Deckschicht gelöst; diese blättert ab, und ihre Reste setzen das Al beschleunigter Korrosion aus.

Die auf dem Al von selbst entstehende Oxydhaut ist zu dünn, um gegen Seewasser lange zu schützen. Auch ihre Verstärkung durch wiederholtes Glühen (s. 205) reicht nicht aus. Nach (91) wird die Bildung einer starken Oxydhaut aus dem Metall heraus auf elektrolytischem Wege

[1] Bericht über Korrosionsversuche an den neuen seewasserfesten Legierungen Hydronalium und BSS s. bei (33c).

bewirkt, indem das Al als Anode in eine gesättigte Boraxlösung gebracht und bei etwa 50° elektrolysiert wird. In (91) ist über den Korrosionsschutz dieser Haut schon alles gesagt, was zum Lobe der in späteren Abwandlungen des Verfahrens erzeugten angegeben wird. In

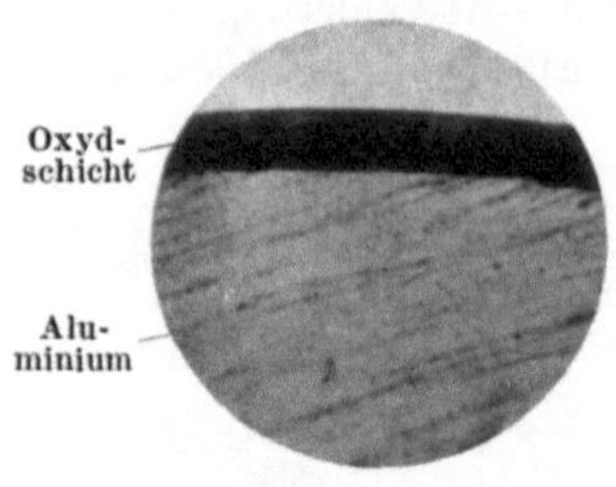

Abb. 196a*. Anodische Oxydhaut auf Aluminiumdraht. Schichtstärke 2 μ. V = 260; ungeätzt.

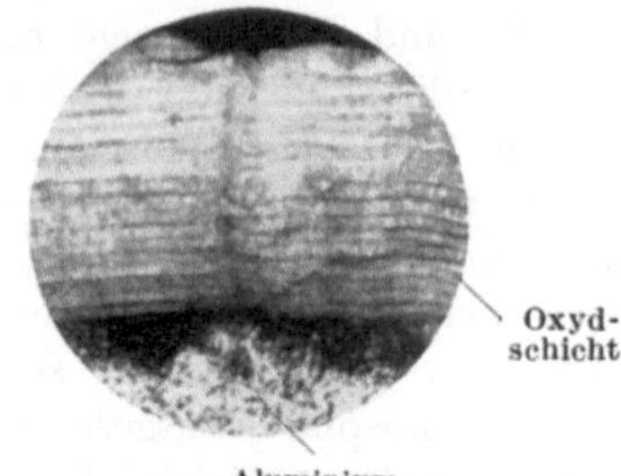

Abb. 196b*. Anodische Oxydhaut auf Aluminiumdraht. Schichtiger Aufbau. V = 260; ungeätzt.

England (22) wurde später in 3%iger Chromsäurelösung bei 40°, Verwendung von Graphitkathoden und Steigerung der Spannung in 2 Stufen auf 40—50 Volt gearbeitet. In Deutschland wieder wurde die anodische Oxydation (s. 80) auf anderem Wege weiterentwickelt. Als Elektrolyt dienen Lösungen von Oxalsäure oder deren Salzen bei Wechselstrom. Die mit schwachen Strömen und niedrigen Spannungen erzeugten Schichten sind eben und gleichmäßig, während die mit stärkerer Leistung hervorgebrachten gefurcht sind. Letztere sind härter, sie sind durch Funkenentladung thermisch gehärtet und entwässert, wobei sogar Korund entstehen kann. Abb. 196a und b zeigen derartige Schichten; sie sind infolge ihrer Härte ein guter Schutz gegen Abnutzung und wegen des hohen spezifischen Widerstandes ein ausgezeichnetes Isolationsmittel (s. auch 236).

Abb. 197a*. Hälfte eines mit Reinaluminium plattierten Al—Cu-Legierungsbleches (weiße Schicht rechts: Reinaluminiumauflage). V = 65; Ätzung HF, HCl und HNO_3.

Der Korrosionsschutz gegen Seewasser aber ist auch hierbei nicht ausreichend. Aus der Entstehungsweise der Schicht geht schon hervor, daß sie nicht dicht ist (s. 90, 252a, b). Sie ist durch Einfetten mit Vaseline u. a. zu einem Korrosionsschutz auf Zeit ausgestaltbar.

Ein bedeutend sicherer und längerlebiger Seewasserschutz wurde in der Plattierung der Al—Cu-Legierungen mit Al oder korrosionsfester Legierung gefunden. Die Auflage wird in der Weise aufgebracht, daß man die sauber abgebeizten Blöcke in ein Blech, dessen Stärke der gewünschten Auflage entspricht, einschlägt und das Paket nach Anwärmung auf etwa 500° C auswalzt. Die Abb. 197a und b zeigen Schliffbilder derart plattierten Bleches. Die Vergütungsglühung darf nicht zu lange bemessen sein, weil sonst das Cu aus dem Grundmaterial bis in die Oberfläche der Deckschicht hineindiffundieren kann, wodurch der erstrebte Korrosionsschutz illusorisch würde. Zur Verhinderung der Diffusion kann man auch die zu plattierende Legierung zunächst anodisch oxydieren. Infolge der Porosität der Oxydschicht läßt sich das Al anstandslos darauf festwalzen (s. Abb. 198). Der Plattierungsschutz wirkt sich nun so aus, daß zunächst die Al-Schicht abgetragen werden muß, bevor ein Angriff auf das Grundmetall erfolgen kann. Eigentümlicherweise ist das auch an den Schnittstellen der Fall; das Al übernimmt dort die Rolle eines elektrolytischen Fernschutzes.

Abb. 197 b*. Duralplat (Auflage hell). V=150; Ätzung HF, HCl und HNO_3.

Weil einzelne Fehlstellen, z. B. hervorgerufen durch Zerbröckeln spröder Kristallarten oder aufgewalzte Flitter der Grundlegierung, örtlich beschleunigten Angriff hervorrufen, empfiehlt sich ein zusätzlicher Schutzanstrich oder das unten beschriebene MBV-Verfahren oder beides. Trotzdem man auf diese Art große Lebensdauer der Konstruktionen erzielen kann, ist zeitweilige Nachprüfung notwendig. Bei Rettungsbooten, Schwimmern u. ä. ist das unvermeidlich, soll nicht doch im entscheidenden Augenblick ein Versagen eintreten.

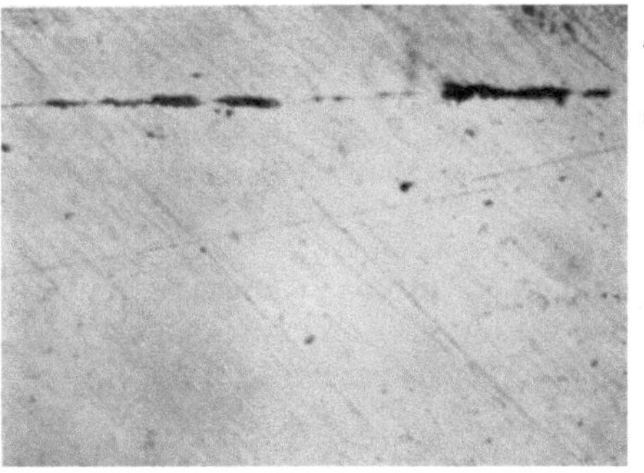

Abb. 198. Plattierung auf anodisch oxydiertem Blech. V = 200; ungeätzt.

Auf mit Hilfe der Strangpresse hergestellten Profilen u. ä. ist es unmöglich, gleichmäßig starke Überzüge zu erreichen.

Zum Schutze Cu-freier Legierungen sind gewisse Sudverfahren (202, 18d, DRP. 423758, Amer. Pat. 87303) bequemer und billiger, insbesondere das modifizierte Verfahren nach (18), „MBV-Verfahren" genannt (s. 63). Bei letzterem werden die Gegenstände in eine 90—100° warme Lösung von 5% kalzinierter Soda (= etwa 8% Kristallsoda) und 1,5% Natriumchromat getaucht. Nach 3—5 Minuten schon ist ein grauer Überzug gebildet, der nach der Beschaffenheit der überzogenen Oberfläche glänzend oder matt ist. Nach Spülung mit reinem Wasser und Trocknung ist eine wirksame Schutzhaut gewonnen. Sie besteht aus komplexen Al—Cr-Oxyden (s. 183a). Nicht so hart wie die anodisch erzeugte, verträgt sie doch die Reinigung mit den üblichen Mitteln (Schliffbild ähnlich 196a, Schicht aber erheblich dünner).

Erwähnenswert ist noch der Schutz vergütbarer Al-Legierungen durch Anbringung von Fe oder Zn-Platten an unter Wasser liegenden Bauteilen; unedler werden sie zuerst aufgelöst (s. 21 und 3).

Weiteres Schrifttum über Oberflächenschutz: 202, 228, 183a.

d) Löten und Schweißen.

Bei der Lötung sind „Weich-“ und „Hart“lötung zu unterscheiden. Erstere ist mit Lötflamme und Kolben durchführbar. Die niedrig schmelzenden Lote werden in die zu verbindende Stelle eingerieben (Reib- oder Schmierlote). Die meisten Weichlote verdienen den Namen Lot gar nicht, denn sie bewirken nur eine gegen das Al-Gefüge scharf abgesetzte Verkittung (s. Abb. 60). Nur die Weichlote auf Zn-, vielleicht auch Cd-Basis weisen bei richtiger Behandlung die notwendige Korngrenzeneindringung auf. Zur Ermöglichung einer guten Verbindung müssen, falls oxydlösende Flußmittel der zu niedrigen Temperatur wegen nicht wirken, die zu verbindenden Stellen durch Abkratzen von der Oxydhaut befreit werden. Die Weichlötung ist also durchaus nicht unmöglich, aber es haften ihr viele Mängel an: meist unvollkommene Korngrenzeneindringung, geringe Festigkeit, Verfärbung der Lötstellen und besonders eine geringe Korrosionsbeständigkeit. Schlechte Lötungen fallen schon beim Kochen in Wasser auseinander (s. 13).

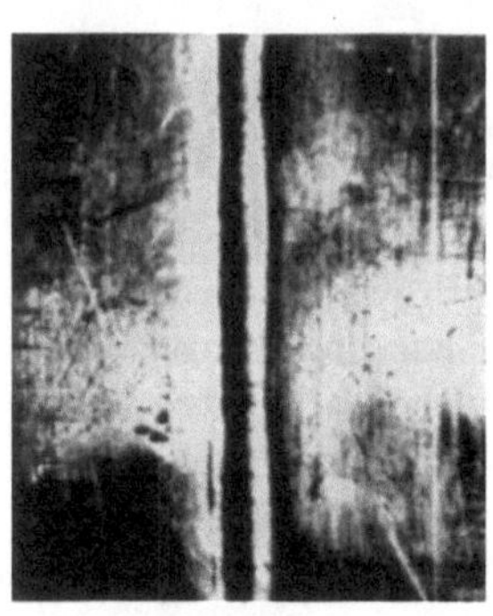

Abb. 199a.

Abb. 199b*.

Abb. 199a. Aufsicht auf gute Schweißnaht.
Abb. 199b*. Aufsicht auf „verbrannte“ Schweißnaht.

Frei von diesen Mängeln sind gute Hartlötungen (s. 213a, b, c, 243). Da sie höher schmelzen, ist der Lötkolben nicht mehr anwendbar. Es muß mit der Gebläseflamme erhitzt werden. Das zu verlötende Al bleibt fest, während das Lot flüssig wird. Die Hartlote sind feste Lösungen in Al, die imstande sind, bei der Löttemperatur (350—550°) den

Korngrenzen entlang vorzudringen und durch Diffusion in die Kristalle selbst eine feste Gefügevereinigung herzustellen. Abb. 67 zeigt eine solche Hartlötung. Die vergütbaren Al-Legierungen sind meist gute

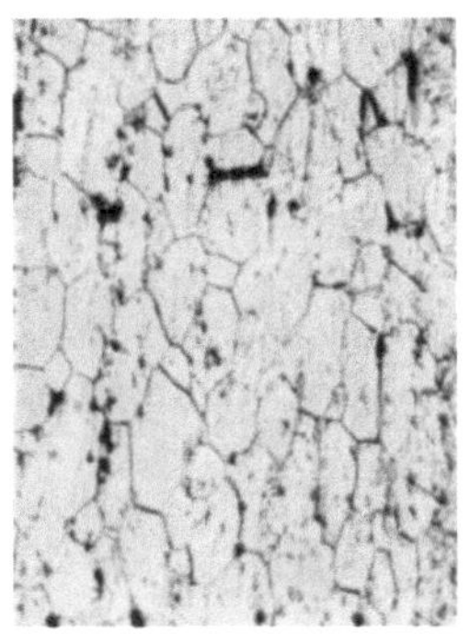

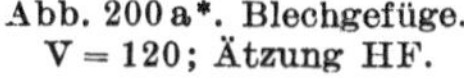

Abb. 200 a*. Blechgefüge. V = 120; Ätzung HF.

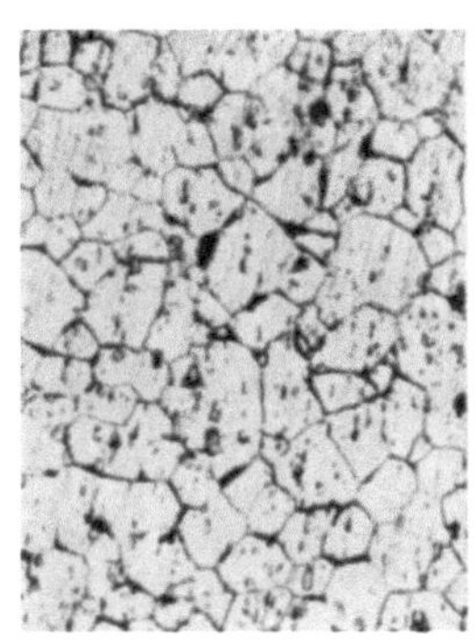

Abb. 200 b*. Erweichungszone. V=120; Ätzung HF.

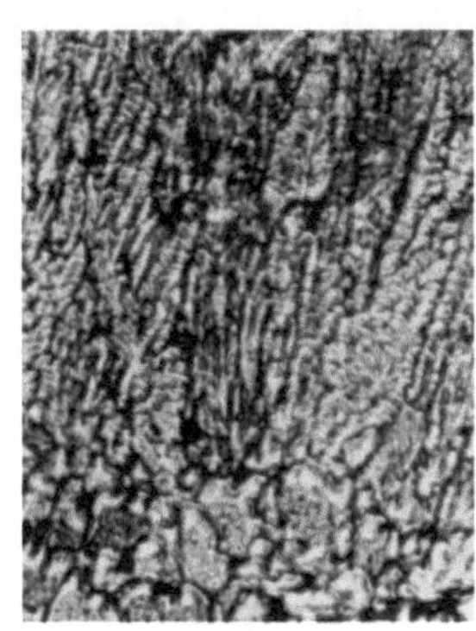

Abb. 200 c*. Schweißnaht. V = 120; Ätzung HF.

Hartlote. Verlötet man sie mit sich selbst, so sind die Kriterien der Schmelzschweißung gegeben.

Diese besteht darin, daß man Flächen des gleichen Metalls bis zur Anschmelzung erhitzt und mit flüssigem Metall gleicher Substanz zusammenfließen läßt. Abb. 199a zeigt die Ansicht einer guten, Abb. 199b die einer „verbrannten" Schweißnaht (Oxydeinschlüsse). Die Abb. 200a—c zeigen das Gefüge der Schweißstelle, und zwar a das unveränderte des geschweißten Bleches in einiger Entfernung von der Naht, b das der noch festen, aber erweichten Zone (Kornvergröberung, aber noch keine Aufhebung der zeilenförmigen Anordnung der Verunreinigungen) und c das der Naht selbst. Die hier eingetretene Verflüssigung ist an der Dendritenbildung erkennbar sowie der Einordnung der Verunreinigungen zwischen die Kristalle. Eine Verfeinerung des Nahtgefüges kann durch Ti-Zusatz erreicht werden (s. System Al—Ti). An Stelle der Erhitzung mit der Acetylen- bzw. Wasserstoff-Sauerstoff-Flamme kann auch die durch den elektrischen Strom treten. Hierfür sind eigens Maschinen entwickelt worden, die in Stumpf- und Punktschweißung schon ganz Beachtliches leisten. Ein bedeutender Vorteil der elektrischen Verfahren gegenüber den autogenen liegt in der Möglichkeit der Verschweißung

Abb. 201 a. Elektrische Anschweißung von Al an Cu.

hochschmelzender Metalle mit Al unter Unterdrückung der Bildung minderwertiger Verbindungskristallarten (Abb. 201a—c).

Endlich wäre noch die Hammerschweißung zu nennen, bei der es nur zu einer Erweichung der zu schweißenden Teile kommt, worauf diese durch Druck oder Hämmern miteinander verknetet werden [kein Flußmittel, deshalb nach (209c) im Gefügebild des öfteren Reste der mechanisch entfernten Oxydhaut, Gefüge sonst wie Abb. 200a].

Eine seltener verwendete Art ist das Schweißen durch Aufspritzen des Metalls (s. 298).

Bei der Flammenschweißung ist die Anwendung geeigneter Flußmittel von größter Wichtigkeit, weil sonst infolge Einschwemmung von

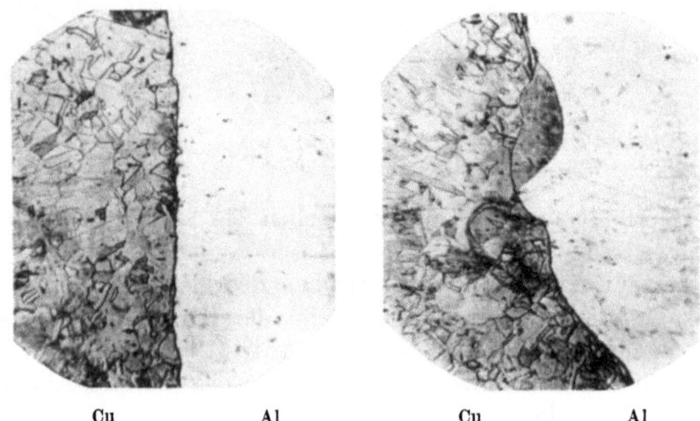

Abb. 201b u. c. Schliffe durch obige Stumpfschweißstelle (Abb. 201a). V = 100; Ätzung Kupferammoniumchlorid.

Oxydhaut keine feste und korrosionssichere Verbindung zu erzielen ist. Die Größe der Schweißflamme ergibt sich aus der Breite der Schweißnaht, die etwa das dreifache der Blechstärke betragen soll; sie erhält dann das Aussehen einer Schuppenkette. Der Schweißdraht kann etwas dicker sein als das Blech. Der Flammenkern soll nur ihn treffen, weil sonst das zu verbindende Material leicht anschmort. Die Flußmittel enthalten meist Chloride von Na, K und Li, Fluoride von Na, K oder Ca und zur Verminderung der grellen Lichtwirkung saure Sulfate.

Schrifttum: (213a, b, c, 243, 209c, k, 75c, 35, 221a, 117, 20, 201, 114, 26k, 290, 290a).

2. Schleifen, Polieren, Ätzen.

Die Schliffe werden auf der Schmirgelscheibe nur mit stärkster Kühlung, sonst auf einer grobgekerbten Spezial-Al-Feile hergestellt. Erreicht die Zusammensetzung die Gehalte spröder Verbindungen, so zerspringen die Schliffe leicht an der Schmirgelscheibe. Lassen sie sich auch nicht feilen oder sägen, so gießt man die Legierung am besten in gewärmte Eisenkokillen oder auf Metallplatten aus und benutzt die glatten Flächen als Anschliffflächen. Sind sie porös, so legt man sie in flüssiges Paraffin. In den Poren erstarrt, verhindert es übermäßiges Abbröckeln loser Teilchen. Die so vorbereiteten Schliffe werden in der üblichen Weise, am besten von Hand, auf Schmirgelleinen immer feinerer Körnung bis 0000 feingeschliffen. Um das Loslösen und Einherrollen der Schmirgelkörner unter den Schliffen zu unterbinden, reibt man auch das Schmirgelleinen von Zeit zu Zeit an der benützten Stelle mit Wachs oder Paraffin ein (s. 75, 56, 56d 175b). Alsdann werden die Schliffe poliert. Das Tuch wird zweckmäßig mit Wasser oder Alkohol und darin feingeschlämmter Tonerde oder besser Magnesia Usta bespritzt und feucht gehalten. Nach (87 und 56d) benutzt man an Stelle von Tuch besser Wildleder, besonders Gemsleder.

Zur Entfernung des Schleiers auf den hochglänzend polierten Flächen empfiehlt sich nach (56d) das Abtupfen mittels eines mit 0,5% HF durchtränkten Wattebausches. In (43) ist eine Poliermethode angegeben, die der Schleierbildung von vornherein vorbeugt: Tränkung des Poliertuches mit Spiritus und Verreibung von gepulvertem Ammoniakalaun oder einer 20%igen Lösung davon; zum Schluß das im Handel erhältliche deutsche Metallputzmittel Geolin.

Waren die Schliffe mit Paraffin behandelt, so ist dieses zuerst abzulösen. In (56d) ist die Wirkung einer Reihe von Ätzmitteln auf die wichtigeren Konstituenten der Al-Legierungen beschrieben. In den einzelnen Systemen ist davon Gebrauch gemacht. Desgleichen von den für einige technische Legierungen angegebenen Ätzmethoden nach (176, 7, 60, 43, 147, 172). Der in (56d) aufgestellte mikrographische Analysengang verlangt außerordentliche Übung und Erfahrung, sollen Fehlschlüsse vermieden werden.

Aus den im Abschnitt: Nichtmetallische Verunreinigungen angegebenen Gründen zerfallen spröde Kristallarten oder Gemische solcher bei oder bald nach dem Ätzen. Hier ist Schleifen ohne Wasser und Ätzen mit wasserfreien Lösungen angebracht. Jedenfalls sind die mit vieler Mühe gewonnenen Schliffe alsbald zu photographieren (Aufbewahrung bei Zerfallsgefahr unter Paraffinüberzug).

3. Technologische Prüfungen.

Von den Vergütungstheoretikern wird die Brinellhärteprüfung bevorzugt, weil sie am schnellsten die Feststellung von Vergütungseffekten erlaubt. Die Berechnung der Festigkeit aus der Härte mit Hilfe eines Umrechnungsfaktors (s. 26d) ist nur mit Einschränkungen zulässig. Zur richtigen Beurteilung der Legierungen ist es unumgänglich, Zugfestigkeit, Elastizitäts- und Streckgrenze, Dauerfestigkeit (Ermüdungsfestigkeit) mitzubestimmen. Von großer Bedeutung sind weiterhin

Dehnung und Querzusammenziehung beim Zerreißen. Abb. 202 (aus 245a) enthält die Zerreißdiagramme einiger Al-Legierungen im Vergleich zu Eisen und Stahl. Man sieht auf den ersten Blick, daß die besseren vergütbaren Legierungen das Arbeitsvermögen von St 37 (Flußeisen) erreichen, aber hinter den Konstruktionsstählen noch zurückbleiben.

Die durch langes Tempern oder Kaltnachknetung auf besonders hohe Festigkeit getriebenen vergüteten Legierungen haben infolge geringerer Dehnung ein kleineres Arbeitsvermögen bei heraufgesetzter Elastizitätsgrenze und Ermüdungsfestigkeit (Ausdauer unter Last bei Biegungsschwingung rotierend und plan, Drehschwingung, Zug-Druckschwingung; s. 232a, 146, 174, 167, 219a, 52n, 264, 268a, b, c, 86, 224, 155, 184, 217c und 70). Der Konstrukteur wird je nach den gestellten Anforderungen die passende Qualität auszusuchen haben. Bemerkenswert ist die große Abnahme der Biegungsschwingungsfestigkeit, wenn die Prüfstäbe berieselt werden (1, 1a, b, 167). Selbst unter destilliertem Wasser tritt sie ein, so daß auch andere als korrosive Wirkungen vermutet werden müssen.

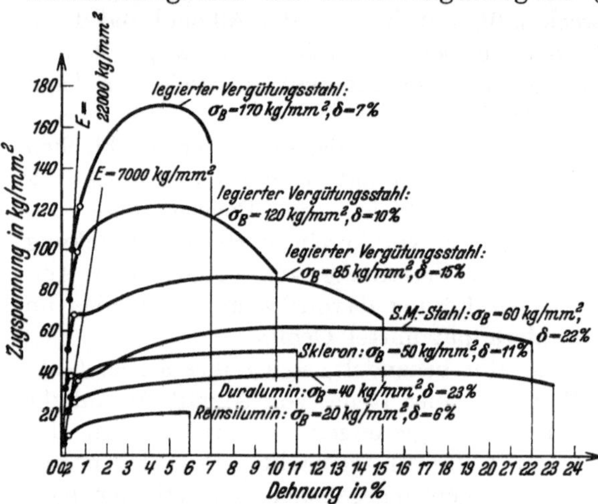

Abb. 202*. Vergleich des Arbeitsvermögens einiger Al-Konstruktionslegierungen mit dem einiger Konstruktionsstähle.

Die geringen plastischen Nachdehnungen und elastischen Nachwirkungen der vergüteten Legierungen bei Zugbeanspruchung braucht der Konstrukteur nicht zu berücksichtigen, um so mehr, als er aus Dauerfestigkeitsgründen etwa 25% unter der Elastizitätsgrenze bleiben muß.

Das Verhalten belasteter Legierungen im Witterungswechsel wird durch den Dauerstandversuch im Freien nach (268b) erfaßt.

Da viele Konstruktionsteile aus Blech abgekantet werden, ist es wichtig, die Biegeradien zu ermitteln, um die noch ohne Auftreten der geringsten mikroskopisch sichtbaren Haarrisse gebogen werden kann. Die Ermüdungsfestigkeit würde durch ihr Vorhandensein erheblich beeinträchtigt.

Von der bei der Stahlprüfung viel angewandten Kerbzähigkeitsprüfung wird wenig Gebrauch gemacht. Immerhin wurde ermittelt, daß die Al-Legierungen im Gegensatz zu Eisen und Stahl in der Kälte keine Einbuße an Kerbzähigkeit erleiden (s. 90, 232). Die Probe ist geeignet, Inhomogenität der Struktur bloßzulegen.

Die Hin- und Herbiegeprobe ist von Wert für die Beurteilung der Verwendbarkeit von Draht für die Verseilung und der bruchfreien Wiederausrichtbarkeit verbeulter Bleche.

Im folgenden seien noch zwei wertvolle Ergänzungen der metallographischen Prüfung erwähnt.

Bekanntlich wird durch längeres Anlassen bei höherer Temperatur die Festigkeit ohne wesentliche Einbuße an Dehnung gesteigert, während die Beständigkeit gegen Korrosion, insbesondere interkristalline, empfindlich leidet. Da der Abnehmer weniger auf die Lebensdauer als auf die augenblickliche Festigkeit sieht, kann er auch Material erhalten, welches erst durch langes Nachtempern — oder bei selbstalternden Legierungen durch Anlassen überhaupt — mit Mühe auf die Sollwerte getrieben wurde. Die Rührkorrosionsprobe der DVL (s. 226), die zuverlässige, reproduzierbare Werte des Festigkeitsverlustes durch Korrosion liefert, zeigt dann mit Sicherheit stärkere Einbußen an Festigkeit und Dehnung. Kennt man aus selbstangelegter Statistik die normalen Festigkeitseinbußen durch den Rührkorrosionsversuch, so kann man auf hohe Festigkeitswerte gequältes Material mit Sicherheit herausfinden, auch solches, das durch zu reichliche Verwendung von Schrott verdorben ist. Da sich bei 1 mm starken Proben nach 24stündiger Versuchsdauer schon Resultate ergeben, ist die Probe nicht zu umständlich. Schrifttum über die Korrosionsproben: 183, 33, 24, 171a, b, i, l, 52m, 226.

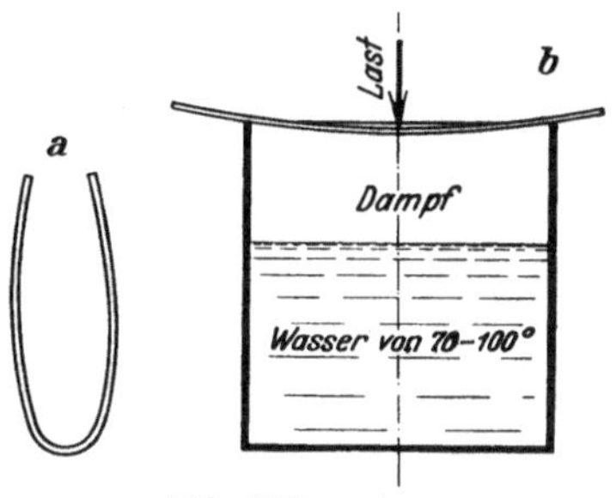

Abb. 203a u. b. Spannungsempfindlichkeitsprobe.

Eine andere interessante Probe ist die auf Spannungsempfindlichkeit. Man biegt Materialstreifen nach Abb. 203a zusammen, bindet die beiden Enden mit Draht aneinander fest und hängt die solcherweise gespannten Proben über ein bis zur sichtbaren Dampfentwicklung angewärmtes Wasserbad. Bequemer ist das Vorgehen nach Abb. 203b; die Stäbe werden auf die Wände eines passenden Wasserbades aufgelegt. Die Spannung wird durch Belastung mit einem Gewicht oder mit einer Druckschraube erzeugt. Einige Legierungen, insbesondere Al—Zn—Li-Legierungen in vergütetem Zustande, brechen nach erstaunlich kurzer Zeit. In den Tropen ist die Beanspruchung durch feuchte Hitze nicht allzu weit von den beschriebenen Versuchsbedingungen entfernt. Die Probe beweist wie die Rührkorrosionsprobe, daß zur Beurteilung der Al-Legierungen die statischen und dynamischen Festigkeitsuntersuchungen allein nicht ausreichend sind.

Tabelle neuzeitlicher

(G = Gußlegierung, W = Walz- bzw. Knetlegierung, Gv = vergütbare Guß-

Name	Erzeugungsland	Zu-		
		Si	Cu	Zn
Aeral Gv	Frankreich		4	
Aldal Wk	„	0,6	4	
Aldrey Wl	Schweiz	0,6		
Alferium Wk	Frankreich	0,5	5,68	
Aljep Wk	„		3,6—4	
Almag Wk	„	0,6	2,5—3	
Almasilium Wl	„	2		
Almélec Wl	„	0,6		
Alneon Gv	Deutschland		2—3	
Alucable Wl	Frankreich	0,6		
Aludur Wk und Wl	Deutschland	0,7—1	2,5—5,5	
Alufont G	Schweiz	—0,25	2	12
Alugir G	Frankreich			
Alusil G	Deutschland	18—22	1	
Alzin G	Frankreich			20
Anticorrodal	Schweiz	1,0		
AP 33 Gv	Frankreich		4—6	
AP 33M Gv	„		4—6	
Argilit G	Deutschland	2	6	
Avional Wk	Schweiz	1,4	4,75	
„ warm verg.	„			
„ verg. und nachgereckt	„			
Bondur s. Duralumin				
BSS s. Hydronalium				
Cetal G	Deutschland	6,5	3	10
Cindal W	England			0,1—1,5
Construktal 2	Deutschland	0,55	1—2	
„ 8	„	0,2		5—9
Cupralumin G	(USA. 12)		7—8	
„ 12 G			11,5—12,5	
Deutsche Leg. G	(USA. 31)		3	12
Duralumin Wk	Deutschland			
„ 681A	„	0,2	3,5	
„ 681B1/3	„	0,3	4,2	
„ 681B	„	0 3	4,2	
„ 681Z	„	0,3	4,3	
„ 681H	„	0,3	3,0	
„ 681K	„	0,3		
„ Z	„	0,6	4,3—5	
„ Super	„	0,6	5,5	

[1] Die vergütenden Zusätze in Neonalium und Alneon sind nicht veröffent-

Aluminiumlegierungen.

legierung, Wk = vergütete Konstruktionslegierung, Wl = vergütete Leitlegierung.)

sätze				Festigkeitseigenschaften		
Mg	Mn	Fe	sonst.	Zugfestigkeit kg/mm²	Dehnung %	Brinellhärte
0,9			Cd 1,6			
0,5	0,5			40	18—22	110/120
0,4		0,3		33—36	6,5	
0,65	0,69	0,52		36—42	14—22	
1,2—1,5			1,2—1,8 Ni			
			0,3—0,8 V			
0,7				38	22	100/120
1				32—35	18	90/100
0,7		0,3		35	6	90/100
0,4—1[1]				20—34	—3	100/150
0,4		0,3		33—36	6,5	
0,2—0,7		0,3—0,5		25—45	10—22	
		—0,4		27—34	0—1,5	100/125
				19—22	4	
		0,5—1		14	1—2	180/190
				13—20	2—3	62/65
0,6	0,6			25—36	22—12	
			0,4 Ti	28—30		
0,5			0,4 Ti	33		
			2 Bi			
0,5		1		38—45	16—20	95/105
				47—53	12—18	
				60—67	2—4	
				18—22	0,5—3	65/90
0,1—3			0,1—0,5 Cr	19—21	5—20	
1			0,5 Ti	38—42	18—25	95/115
1,4	1			47—52	15—18	120/140
				13—20	1,5—3	
				15—21	0,5—2	
				12—22	2—7	60/80
0,5	0,5	0,2		42—45	12—15	124
0,5	0,3	0,3		40—44	14—20	122
0,5	0,6	0,3		43—46	12—15	125
0,5	0,6	0,3		44—47	10—14	128
0,5		0,3		35—36	25—26	98
0,5	0,2—1	0,3		etwa 22	20	
0,9	0,6	0,3		48—50	12—14	130/132
1	0,6	0,3		50—55	10—20	130/140

licht; in der Hauptsache handelt es sich um Mg.

Tabelle neuzeitlicher Aluminium-

Name	Erzeugungsland	Zu-		
		Si	Cu	Zn
Duranal s. Hydronalium				
G 97 G	Schweiz		12—13	
Hiduminium G u. W	England	0,2—5	0,5—5	
Hydronalium Wk . .	Deutschland	0,2		
Inalium W	Frankreich	0,5		
Innosein			5—6	
I. K Wk	„		4,5	
KS-Kolben G. . . .	Deutschland	12	4,5	
KS-Seewasser G . .	„	1		
„ W . .	„	0,9		
L IV Gv	„	2	4	
Lautal Wk	„	1,25—2	4—5,6	
L. M Wk	Frankreich	0,75	4,75	
L 12 G	Schweiz	0,7	7—8	
L 5 G.	England (USA. 6)	2,5—3	12,5—14,5	
L 8 G.	„	11—13		
Leg. 119M Wk . . .	Schweiz	0,4	3,8—4,2	
Lynite 145 G . . .	Frankreich		2,75	7—8
Magnalium W . . .	„		1,75	
Magnalium W . . .	Schweiz	0,4		
Mangal W	Deutschland			
Montanium W . . .	„		2,5—3,5	
Montegal Wl	„	0,8		
N. C. A.	England			
Nelson (Bohnalite) G.		0,3—0,4	9,5—10,5	
Neonalium Gv . . .	Deutschland		6—14	
Nr. 17 S Wk	USA. [2]	1,25	4	
Nr. 17 St Wk	„		3,5—4,5	
Nr. 25 S Wk	„	0,8	4,5	
Nr. 25 St Wk	„	0,8	4,5	
Nr. 51 S Wl.	„	0,6—1,2		
Oscillumin G	Deutschland	12,6—13,2	0,8	
Pantal W	„	0,5—1		
RR 50 G u. W. . .	England [3]	2,2	1,3	
„ . . .	„	1,2	2,25	
„ . . .	„	0,7	2,0	
„ . . .	„	0,5	2,25	
Scleron.	Deutschland	0,5	3	12
Silmal Wl	Frankreich	1,75		

[1] Die vergütenden Zusätze in Neonalium und Alneon sind nicht veröffent-

[2] Genannt sind nur die wichtigsten Legierungen aus USA.; es besteht noch eine

[3] RR 50 mit höherem Cu-Gehalt und γ-Legierungen erbringen vergütet den rungen nichts anderes als verdünnte oder leicht modifizierte Duralumine.

legierungen (Fortsetzung).

sätze				Festigkeitseigenschaften		
Mg	Mn	Fe	sonst.	Zugfestigkeit kg/mm²	Dehnung %	Brinellhärte
0,2—0,3	1,2—1,6	0,7—1				
1—5		0,6—1,5	0,5 Ni, 0,5 Ti			
5—10	0,6			32—55	25—3	75/135
1—1,5			1,5—2 Cd, Sn, Ni	18—30	22—6	
				45	5	110/120
0,7	1	0,5	(Sb) 1,5 Ni	12—16	3—5	
2,5	3		0,5 Sb	15—20	3—8	60
1,6	1,6		0,2 Sb	15—30	25—15	
			(Ti —0,3)	24—30	—10	
	0,5		(0,3 Ti)	39—48	18—22	90/120
	0,75			22—40	3—18	100/140
		—0,8				
				15—18	3—6	65
				13—16	1—1,5	75/88
		1,7—2,1				
		—1				
1,75			1 Ni			
2,8—3,2		0,4				
	1,5			9—25	30—2	20/60
0,5						
0,95			0,2 Ca	32—38	8—10	
				17—31	5—7	94
0,45—0,55		0,4				
0,4—1 [1]				16—24	0,5—1	
0,5	0,6			45—49	8—14	95/125
0,3—0,75	0,4—1			39—45	18—25	90/105
	0,8			40—45	10—15	90/120
	0,8			39—44	16—25	90/105
0,5—0,8				32—35	10—18	90/100
		0,4—0,6		20	3—4	65
0,8—2	0,4—1,4		Ti—0,3	30—35	15—12	70/95
0,1		1,0	1,3 Ni	11—16	3—8	72/80
			0,18 Ti			
1,6		1,4	} 1,3 Ni	23—25		130/150
0,8		1,4	} 0,1 Ti	28—32	10—20	120/160
1,6		1,4	}	etwa 24	8	125
	0,6	0,6	0,1 Li	42—50	10—15	·120
1				27—30	25—30	

licht; in der Hauptsache handelt es sich um Mg.
große Menge von Abwandlungen.
Festigkeitswerten des Duralumins ähnliche. Streng genommen sind diese Legie-

Tabelle neuzeitlicher Aluminium-

Name	Erzeugungsland	Zu-		
		Si	Cu	Zn
Silumin G und W .		12—13,5		
Solbisky's Leg. . . .	DRP. 66937			1,4
Supra G		20	5	
Telektal Wl	Deutschland	1,5		
Vital W	,,	0,5	0,9	1,15
Y-Leg. G u. W . . .	England [1]		4	
,, . . .	,,		4	
Zinkalumin G . . .	Deutschland engl. L 5 Schw. Alufont		2,5—3	12—13
Zimalium G	DRP. 141190		10	20

[1] RR 50 mit höherem Cu-Gehalt und Y-Legierungen erbringen vergütet den rungen nichts anders als verdünnte oder leicht modifizierte Duralumine.

Quellenverzeichnis

Nr.	Aufgenommen durch	Veröffentlicht
1	Eckert	—
2	Röhrig	Z. Metallkde. 1930 S. 362.
3	Röhrig u. Eckert . . .	—
4	Anderson	The Metallurgy of Aluminium and its Alloys. New York 1925.
6 u. 7	Röhrig	Lichtbildervortrag dtsch. Ges. Metallkde. 1932.
8	Röhrig	Z. Metallkde. 1932 S. 233.
10 u. 11	Röhrig u. Eckert . . .	—
12	Valentin.	Rev. Métallurg. Bd. 23 (1926) S. 295.
21a u. 21b	Seidl u. Schiebold . . .	Z. Metallkde. 1925 S. 221.
25	Röhrig u. Eckert . . .	—
26	Röhrig	Metallwirtsch. April 1928.
27	Eckert	—
28	Röhrig u. Eckert . . .	—
29	van Arkel	Z. Metallkde. 1930 S. 217.
30	Rassow	Z. Metallkde. 1921 S. 557.
32	Röhrig	Metallwirtsch. April 1928.
33	Röhrig	Z. Metallkde. 1924 S. 264.
34	Czochralski	Moderne Metallkunde. Berlin 1924.
35	Röhrig	Metallwirtsch. April 1928.
36	Czochralski	Moderne Metallkunde. Berlin 1924.
38	Eckert	Al-Hsz. VAW + Erftw. A. G. 1932 S. 32.
39	Haenni	Rev. Métalurg. Bd. 23 (1926) S. 342.
40	Doan	Z. Metallkde. 1926 S. 350.
41	Vogel	Z. anorg. allg. Chem. Bd. 75 (1912) S. 41.

legierungen (Fortsetzung).

sätze				Festigkeitseigenschaften		
Mg	Mn	Fe	sonst.	Zug-festigkeit kg/mm²	Dehnung %	Brinell-härte
				17—22	4—6	
			0,5—1 Ni 0—3 Cd, 0—3 Sn			
	0,2	0,5—1		15	0,5	100/130
			0,1 Li	30—35	6	
	0,5			37—42	4—5	
1,5			2 Ni	16—31	0—6	95/100
			2 Ni	27—42	20—23	85/100
				15—22	1—4	

Festigkeitswerten des Duralumins ähnliche. Streng genommen sind diese Legie-

der fremden Abbildungen.

Nr.	Aufgenommen durch	Veröffentlicht
42	Haas	Z. Metallkde. 1930 S. 277.
43	Röhrig u. Eckert	—
44 u. 45	Gwyer	Z. anorg. allg. Chem. Bd. 57 (1908) S. 113.
46—49	Fuss	Z. Metallkde. 1931 S. 231 (dort stark verkleinert).
50 u. 53	Dix	Proc. Amer. Soc. Test. Mat. Bd. 25 II (1925) S. 120.
52 u. 54a, b	Röhrig u. Eckert	—
55a, b u. 56	Loofs-Rassow	Al-Hsz. VAW + Erftw. A.G. 1929 S. 187.
57	Reimann	Z. Metallkde. 1922 S. 119.
58	Manchot u. Leber	Z. anorg. allg. Chem. Bd. 150 (1926) S. 26.
59a, b	Röhrig	Al-Hsz. VAW + Erftw. A. G. 1931 S. 32.
60	Rostosky u. Lüder	Z. Metallkde. 1929 S. 24.
61	Lorenz u. Plumbridge	Z. anorg. allg. Chem. Bd. 83 (1913) S. 243.
62	Loofs-Rassow	Al-Hsz. VAW + Erftw. A. G. 1931 S. 20.
63	Müller	Z. Metallkde. 1926 S. 233
64a, b, 65a, b	Köster u. Müller	Z. Metallkde. 1927 S. 52.
66	Röhrig u. Eckert	—
68 u. 69	Kroll	Met. u. Erz Bd. 23 (1926) S. 682.
70a, b u. 71	Claus u. Briesemeister	Al-Hsz. VAW + Erftw. A. G. 1931 S. 40.
72	Hanson u. Gayler	J. Inst. Met., Lond. 1920 II S. 201.
73	Röhrig u. Borchert	Z. Metallkde. 1924 S. 29.
74	Röhrig	Lichtbildervortrag dtsch. Ges. Metallkunde 1932.
75—80	Hansen	Z. Metallkde. 1928 S. 217.
81 u. 82	Sander u. Meißner	Z. Metallkde. 1922 S. 385.

Nr.	Aufgenommen durch	Veröffentlicht
83	Bauer u. Vogel	Int. Z. Metallogr. Bd. 8 (1916) S. 101.
84	Guertler	Metallgießtechn. Hochschulvortr. Berlin 1932.
85	Röhrig u. Borchert . .	Z. Metallkde. 1923 S. 335.
88a, b	Röhrig	Lichtbildervortrag dtsch. Ges. Metallkunde 1932.
90 u. 91	Röhrig	Z. Metallkde. 1932 S. 231.
96 u. 97	Hanson u. Gayler . . .	J. Inst. Met., Lond. Bd. 26 (1921) S. 321.
98	Otani	Inst. Met. Nr. 401 1926.
101	Petit	Rev. Métallurg. Bd. 23 (1926) S. 418.
104	Gwyer, Phillips u. Mann	J. Inst. Met., Lond. 1928 II S. 297.
115—119a, b	Loofs-Rassow	—
121	Röhrig	Lichtbildervortrag dtsch Ges. Metallkde. 1932.
124	Gwyer, Phillips u. Mann.	J. Inst. Met., Lond. 1928 II S. 297.
125 u. 126a	Röhrig	Lichtbildervortrag dtsch. Ges. Metallkunde 1932.
126b	Röhrig	Z. Metallkde. 1932 S. 231.
128a, b	Eckert	—
130—132	Vogel	Z. anorg. allg. Chem. Bd. 107 (1919) S. 265.
133a, b	Röhrig	Lichtbildervortrag dtsch. Ges. Metallkunde 1932.
134—136	Dix, Sager u. Sager . .	Trans. Amer. Inst. min. metallurg. Engr. 1932. Techn. Publ. 472.
147	Krings u. Ostmann. . .	Z. anorg. allg. Chem. Bd. 163 S. 145.
148 u. 149	Röhrig	Lichtbildervortrag dtsch. Ges. Metallkunde 1932.
150	Röhrig	Z. Metallkde. 1932 S. 231.
152 u. 153	Jareŝ	Int. Z. Metallogr. Bd. 10 S. 1.
155 u. 156	Eger	Int. Z. Metallogr. 1913 IV S. 29.
164—166	Loofs-Rassow	Al-Hsz. VAW + Erftw. A. G. 1931 S. 20.
168 u. 169	Grogan	J. Inst. Met., Lond. Bd. 37 (1927) S. 77.
173a, b	Budgen	J. chem. Soc. Bd. 25 (1924) S. 1642.
175	Valentin.	Rev. Métallurg. Bd. 23 (1926) S. 295.
180b u. c	Röhrig u. Eckert . . .	—
181	Bohner	—
182	Hanemann u. Vogel . .	Al-Hsz. VAW + Erftw. A. G. 1932 S. 3.
184	Röhrig u. Eckert . . .	—
188	Czochralski	Z. Metallkde. 1922 S. 278, 1923 S. 273.
189 u. 190	Sterner-Rainer	Z. Metallkde. 1931 S. 274.
193	Bohner	Z. Metallkde. 1928 S. 309.
196a	Schmitt	Al-Hsz. VAW + Erftw. A. G. 1930 S. 75.
196b	Röhrig	Z. Metallkde. 1930 S. 420.
197a	Eckert	—
197b	Schieffer	Dtsch. Mot.-Z. 1932 Heft 1 S. 10.
199a	Röhrig	—
199b	Buchholz	Z. Metallkde. 1932 S. 19.
200a, b, c	Bohner	Z. Metallkde. 1933 S. 50.
201a, b, c	Röhrig	—
202	Steudel	Z. Metallkde. 1925 S. 404.

Schrifttum.

1. Adam, Mc.: Trans. Amer. Inst. min. metallurg. Engr. Okt. 1925.
1a. — Trans. Amer. Inst. min. metallurg. Engr. Febr. 1926.
1b. — Proc. Amer. Soc. Test. Mat. Bd. 2 (1927).
2. Ageew u. Vher: Inst. Met. Adv. Cop. 1930 Nr. 536.
3. Akimow: USSR. Scient. Techn. Dep. Nr. 316, Trans. Centr. Aero-Hydrodyn. Inst. Nr. 46. Moskau.
4. Alexander: Chem. metallurg. Engng. Bd. 29 (1922) S. 54, 119, 170, 201.
5. Alichanow: Z. Metallkde. 1929 S. 127.
6. Alum.-Ausschuß d. Deutsch. Ges. f. Metallkunde. Z. Metallkde. 1926 S. 64.
7. Anderson: The Metallurgy of Aluminium and Aluminum Alloys. New York 1925.
7a. — Secondary Aluminium, Cleveland, Ohio, 1931.
7b. — Met., Lond. Ind. Juli/Aug. 1926.
7c. — u. Lean: Proc. Roy. Soc., Lond. Bd. 72 (1903) S. 277.
8. Andrew u. Hay: Inst. Met., Lond. Tagung 1925.
9. Archbutt: J. Inst. Met., Lond. Bd. 1 (1925) S. 227.
9a. — Grogan u. Jenkin: J. Inst. Met., Lond. Bd. 40 (1928) S. 219.
10. Archer: Trans. Amer. Soc. Stl. Treat. Bd. 10 (1926) S. 718.
10a. — u. Fink: Trans. Amer. Inst. min. metallurg. Engr. 1928 S. 616.
10b. — — J. Inst. Met., Lond. Bd. 2 (1928) S. 350.
10c. — u. Jeffries: Trans. Amer. Inst. min. metallurg. Engr. 1926, Vordr. 1590E.
10d. — u. Kempf: Trans. Amer. Inst. min. metallurg. Engr. Bd. 73 (1926) S. 581.
10e. — — Trans. Amer. Inst. min. metallurg. Engr. 1926 Vordr. 1544E.
10f. — — Trans. Amer. Inst. min. metallurg. Engr. 1930 Publ. 352.
10g. — — u. Hobbs: Trans. Amer. Inst. min. metallurg. Engr. 1927, Techn. Publ. 23.
11. Ashton: Foundry Trade J. 1930 S. 101.
12. Aßmann: Z. Metallkde. 1926 S. 51.
12a. — Z. Metallkde. 1926 S. 256.
13. Ausschuß für Al-Lote der Deutschen Gesellschaft für Metallkunde. Z. Metallkde. 1926 S. 358.
14. Austin u. Murphy: Inst. Met. Lond. Adv. Cop. Nr. 2 (1923).
15. Bakken: Amer. Pat. 1710398.
16. Barth: Diss. Aachen 1912.
16a. — Metallurgie 1912 S. 609.
17. Basch u. Sayre: Met. Ind., Lond. 1925 S. 105.
18. Bauer: Mitt. Mat.-Prüf.-Amt Berlin-Dahlem Bd. 41 (1923) S. 59.
18a. — u. Arndt: Z. Metallkde. 1921 S. 497.
18b. — u. Heidenheim: Z. Metallkde. 1924 S. 221.
18c. — u. Vogel: Int. Z. Metallogr. Bd. 8 (1916) S. 101.
18d. — — Mitt. Mat.-Prüf.-Amt Berlin-Dahlem Bd. 33 (1915) S. 195.
19. Bauermeister: Z. Metallkde. 1930 S. 119.
20. Baumann: Forsch.-Arb. Ing.-Wes. Heft 12.
21. Beck: Z. Metallkde. 1924 S. 122.
21a. — u. Ledebur-Bauer: „Die Legierungen". 1924 S. 138.
21b. — Z. Metallkde. 1927 S. 484.

22. Bengough u. Stuart: Engineering Bd. 122 (1926) S. 274.
23. Berthold: Z. Metallkde. 1928 S. 350.
23a. — Z. Metallkde. 1928 S. 378.
23b. — Grundlagen der technischen Röntgendurchstrahlung. Leipzig: Johann Ambrosius Barth.
24. Biegler: Z. Metallkde. 1926 S. 288.
25. Bingham u. Haughton: J. Inst. Met., Lond. 1923 Adv. Cop. 5.
25a. — J. Inst. Met., Lond. 1926, Adv. Cop. 403.
26. Bohner: Z. Metallkde. 1928 S. 8.
26a. — Z. Metallkde. 1928 S. 132.
26b. — Z. Metallkde. 1929 S. 160.
26c. — Aluminium-Z. Berlin. Bd. 1 (1929) S. 10.
26d. — Z. Metallkde. 1929 S. 387.
26e. — Z. Metallkde. 1928 S. 286.
26f. — Hausz. Alum. d. VAW und Erftw. A. G. 1931 S. 3.
26g. — Z. Metallkde. 1928 S. 309.
26h. — u. Vogel: Z. Metallkde. 1932 S. 169.
26i. — u. Westlinning: Z. Metallkde. 1928 S. 209.
26k. — Z. Metallkde. 1933 S. 50.
26l. — Z. Metallkde. 1933 S. 299.
27. Bornemann: Die binären Metallegierungen. Halle a. S.: Knapp 1909.
28. Boßhardt: Bull. schweiz. elektrotechn. Ver. 1927 Heft 3.
29. Boudoudard: C. R. Acad. Sci., Paris Bd. 132 (1901) S. 1325, Bd. 133 (1901) S. 1003.
30. Bozza u. Sonnino: G. Chim. ind. appl. X No. 9 1928.
31. Breckenridge: Trans. Amer. electrochem. Soc. 1910.
32. Bredge: Brass Wld. Bd. 22 (1926) S. 349.
33. — Brenner: Z. Metallkde. 1930 S. 348.
33a. — Z. Metallkde. 1932 S. 145.
33b. — Luftf.-Forschg. Heft 2. München u. Berlin: Oldenbourg 1928.
33c. Brenner: Z. Metallkde. 1933 S. 252.
34. Broniewsky: Ann. Chim. Phys. Bd. 25 (1912) S. 80.
35. Buchholz: Z. Metallkde. 1932 S. 19.
36. Budgen: J. Inst. Met. Bd. 42 (1929) S. 119.
36a. — J. Chem. Soc. Bd. 125 (1924) S. 1642.
37. Bur. Stand: Circular 1927 Nr. 346.
38. Campbell u. Matthews: J. Amer. chem. Soc. Bd. 24 (1902) S. 253.
38a. — — J. Amer. chem. Soc. Bd. 24 (1902) S. 258.
39. Carpenter u. Elam: Engineering Bd. 111 (1921) S. 302.
39a. — — Proc. Roy. Soc., Lond. Bd. 107a (1925) S. 171.
39b. — — Proc. Roy. Soc., Lond. Bd. 100 (1921) S. 329.
39c. — u. Edwards: Int. Z. Metallogr. Bd. 2 (1911/12) S. 209.
39d. — — Proc. Inst. Mech. Eng. Bd. 72 (1907) S. 57.
40. Cazaud: Rev. Métallurg. 1929 S. 274.
41. Chevenard u. Portevin: C. R. Acad. Sci., Paris 1928 S. 144.
41a. — — u. Wache: J. Inst. Met., Lond. Bd. 42 (1929) S. 337.
42. Chikashige u. Aoki: Mem. Coll. Sci., Kyoto Bd. 2 (1917) S. 227.
42a. — u. Nosé: Mem. Coll. Sci., Kyoto Bd. 2 (1917) S. 249.
43. Choulant: Z. Metallkde. 1929 S. 197.
44. Chouriguine: Rev. Métallurg. Bd. 9 (1912) S. 874.
44a. — C. R. Acad. Sci., Paris Bd. 115 (1912) S. 156.
45. Claus: Z. Metallkde. 1929 S. 273.
45a. — Hausz. Alum. d. VAW u. Erftw. A. G. 1931 S. 54.
45b. — u. Briesemeister: Hausz. Alum. d. VAW u. Erftw. A. G. 1931 S. 40.

45c. Claus, Briesemeister u. Kalaehne: Z. Metallkde. 1929 S. 268.
45d. — u. Dango: Z. Metallkde. 1927 S. 358.
45e. — u. Kalaehne: Gießerei 1928 S. 996.
46. Cohen: Proc. Akad. Amsterd. Bd. 17 (1914) S. 200.
47. Combes: C. R. Acad. Sci., Paris Bd. 122 (1896) S. 1482.
48. Corson: Aluminium. The Metal and its Alloys. London: Chapman a. Hall Ltd. 1926.
49. Curran: Chem. metallurg. Engng. Bd. 27 (1922) S. 360.
50. Curry: J. physic. Chem. Bd. 11 (1907) S. 425.
51. Czako: C. R. Acad. Sci., Paris Bd. 156 (1913) S. 140.
52. Czochralski: Moderne Metallkunde. Berlin: Julius Springer 1924.
52a. — Z. Metallkde. 1921 S. 507.
52b. — Z. Metallkde. 1922 S. 3.
52c. — Z. Metallkde. 1922 S. 278.
52d. — Z. Metallkde. 1923 S. 78.
52e. — Z. Metallkde. 1923 S. 200.
52f. — Z. Metallkde. 1923 S. 273.
52g. — Z. Metallkde. 1924 S. 162.
52h. — Z. Metallkde. 1925 S. 1.
52i. — Z. angew. Chem. Bd. 26 (1913) S. 494.
52k. — Z. Metallkde. 1927 S. 14.
52l. — Z. Metallkde. 1927 S. 319.
52m. — Z. Metallkde. 1928, S. 2.
52n. — u. Henkel: Z. Metallkde. 1928 S. 58.
53. Daniels: Trans. Amer. Inst. min. metallurg. Engr. Bd. 73 (1926) S. 479.
53a. — u. Warner: Trans. Amer. Inst. min. metallurg. Engr. Bd. 73 (1926) S. 464.
53b. — Lyon u. Johnson: Brass Wld. 1924 S. 427, 1925 S. 9.
54. Debye u. Frauenfelder: Z. anorg. allg. Chem. Bd. 124 (1922) S. 333.
55. Dehlinger: Z. Metallkde. 1930 S. 221.
55a. — Z. Metallkde. 1931 S. 147.
56. Dix: Proc. Amer. Soc. Test. Mat. Bd. 25 (1925 II) S. 120.
56a. — u. Heath: Trans. Amer. Inst. min. metallurg. Engr., Met. Div. 1928 S. 164.
56b. — u. Keith: Trans. Amer. Inst. min. metallurg. Engr., Met. Div. 1927 S. 315.
56c. — — Trans. Amer. Inst. min. metallurg. Engr., Met. Div. Vordr. 1633E.
56d. — — Proc. Amer. Soc. Test. Mat. Bd. 26 (1926 II) S. 317.
56e. — u. Keller: Trans. Amer. Inst. min. metallurg. Engr., Techn. Publ. Nr. 187.
56f. — — Trans. Amer. Inst. min. metallurg. Engr., Vordr. Sept. 1930.
56g. — — u. Graham: Trans. Amer. Inst. min. metallurg. Engr., Met. Div. 1931 S. 404.
56h. — — u. Willey: Trans. Amer. Inst. min. metallurg. Engr. 1930 Publ. 356.
56i. — u. Lyon: Foundry 1923 S. 331.
56k. — — Proc. Amer. Soc. Test. Mat. Bd. 22 (1922) S. 250.
56l. — u. Richardson: Trans. Amer. Inst. min. metallurg. Engr. Bd. 73 (1926) S. 560.
56m. — Sager u. Sager: Trans. Amer. Inst. min. metallurg. Engr. 1932, Techn. Publ. 472.
56n. — Fink u. Willey: Trans. Amer. Inst. Min. metallurg. Engr. Bd. 104 (1933) S. 335.
57. Doan: Z. Metallkde. 1926 S. 350.
58. Doerinkel: Z. anorg. allg. Chem. Bd. 48 (1906) S. 188.
59. Donski: Z. anorg. allg. Chem. Bd. 57 (1908) S. 185.
60. Dorn u. Spiegel: Z. Metallkde. 1925 S. 133.
61. Dornauf: Z. Metallkde. 1928 S. 289.

62. Dreibholz: Z. Metallkde. 1929 S. 432.
63. Eckert: Hausz. Alum. d. VAW u. Erftw. A. G. 1931 S. 349.
64. Edwards: Chem. metallurg. Engng. Bd. 27 (1922) S. 654.
64a. — Chem. metallurg. Engng. Bd. 28 (1923) S. 167.
64b. — u. Archer: Chem. metallurg. Engng. Bd. 31 (1924) S. 504.
65. Eger: Int. Z. Metallogr. 1913 IV S. 29.
66. Ehrmann: Z. Metallkde. 1925 S. 332.
67. Elam: Proc. Roy. Soc., Lond. Bd. 112 (1926) S. 289.
68. Erkelens van: Met. u. Erz Bd. 20 (1923) S. 206.
69. Fink u. Kent van Horn: Trans. Amer. Inst. min. metallurg. Engr. 1931 S. 383.
69a. — u. Freche: Trans. Amer. Inst. Min. metallurg. Engr. Bd. 104 (1933) S. 325.
70. Foeppl: Z. Metallkde. 1928 S. 142.
71. Fraenkel: Z. anorg. allg. Chem. Bd. 58 (1908) S. 154.
71a. — Z. Metallkde. 1920 S. 427.
71b. — Z. Metallkde. 1926 S. 189.
71c. — Z. Metallkde. 1930 S. 84.
71d. — Z. Metallkde. 1931 S. 172.
71e. — u. Gödecke: Z. Metallkde. 1929 S. 322.
71f. — u. Goez: Z. Metallkde. 1925 S. 12.
71g. — u. Marx: Z. Metallkde. 1929 S. 2.
71h. — u. Scheuer: Z. Metallkde. 1922 S. 49.
71i. — u. Seng: Z. Metallkde. 1920 S. 225.
71k. — u. Spanner: Z. Metallkde. 1927 S. 58.
71l. — u. Wachsmuth: Z. Metallkde. 1930 S. 162.
71m. — Vortrag auf der Tagung der deutschen Gesellschaft für Metallkunde. Berlin 1932.
72. Frary: Chem. metallurg. Engng. Bd. 32 (1925) S. 485.
73. Frilley: Rev. métallurg. Bd. 8 (1911) S. 457.
74. Fuchs: Z. Metallkde. 1927 S. 361.
75. Fuß: Diss. Berlin 1922.
75a. — Z. Metallkde. 1924 S. 24.
75b. — Z. Metallkde. 1924 S. 343.
75c. — Z. Metallkde. 1925 S. 28.
75d. — Z. Metallkde. 1931 S. 231.
75e. — Metallwirtsch., Wiss. Techn. 1930 S. 301.
75f. — Z. Metallkde. 1927 S. 19.
75g. — Masch.-Bau 1923/24 Heft 29.
75h. — Werkstoffhandbuch für Nichteisenmetalle, Blatt G 6. Berlin: Beuth-Verlag.
75i. — Werkstoffhandbuch für Nichteisenmetalle, Blatt H 2. Berlin: Beuth-Verlag.
75k. — u. Bohner: Z. Metallkde. 1925 S. 22.
75l. — Werkstoffhandbuch für Nichteisenmetalle, Blatt H 7. Berlin: Beuth-Verlag.
76. Gautier: Bull. Soc. Encour. Ind. nat. Bd. 1 (1896) S. 1293 u. 1315.
76a. — C. R. Acad. Sci., Paris Bd. 123 (1901) S. 196.
77. Gayler: J. Inst. Met. Bd. 30 (1923) S. 139.
77a. — J. Inst. Met. Bd. 29 (1923) S. 507.
77b. — J. Inst. Met. Bd. 28 (1922) S. 213.
77c. — Gayler u. Preston: J. Inst. Met. Bd. 41 (1929) S. 191.
78. Genders: J. Inst. Met. Bd. 1 (1927) S. 241.
79. Gilly: Franz. Pat. 464505.

80. Ginsberg: Hausz. Alum. d. VAW u. Erftw. A. G. 1930 S. 81.
81. Glocker: Materialprüfung mit Röntgenstrahlen. Berlin: Julius Springer 1927.
81a. — u. Widmann: Z. Metallkde. 1927 S. 42.
82. Gödecke: Diss. Frankfurt 1928.
83. Goerens: Einführung in die Metallographie. Halle a. S.: W. Knapp 1932.
84. Göler u. Sachs: Z. Metallkde. 1927 S. 90.
84a. — — Naturwiss. Bd. 17 (1929) S. 309.
84b. — — Metallwirtsch., Wiss. Techn. Bd. 8 (1929) S. 671.
85. Goldschmidt: Beiträge zur Metallurgie. Dresden: Theodor Steinkopf 1921.
86. Gough, Hanson u. Wright: Philos. Trans. Roy. Soc., Lond. Bd. 226 (1926) S. 1.
86a. — — — J. Inst. Met., Lond. Bd. 36 (1926) S. 173.
87. Grogan: Inst. Met., Lond. 1927, Adv. Cop. 417 oder J. Inst. Met., Lond. Bd. 37 (1927) S. 77.
87a. — Aeron. Res. Com. Rep. 1922 Nr. 832.
87b. — Inst. Met. 1926, Adv. Cop. 405.
88. Grube: Z. anorg. allg. Chem. Bd. 45 (1905) S. 225.
89. Guertler: Metallographie. Ausführliches Lehr- und Handbuch. Berlin: Gebrüder Bornträger 1913.
89a. — Met. u. Erz 1920 S. 192.
89b. — Met. u. Erz 1922 S. 437.
89c. — Z. Metallkde. 1928 S. 104.
89d. — Z. Metallkde. 1927 S. 489.
89e. — Z. Metallkde. 1930 S. 78.
89f. — Metalltechnischer Kalender. Berlin: Gebrüder Bornträger 1928.
89g. — u. Anastasiadis: Z. physik. Chem. Bd. 132 (1928) S. 149.
89h. — u. Bergmann: Z. Metallkde. 1929 S. 432.
89i. — u. Blumenthal. Z. Metallkde. 1931 S. 118.
89k. — u. Bergmann: Z. Metallkde. 1933 S. 81.
90. — Güldner: Z. Metallkde. 1930 S. 257.
91. Günther-Schulze: Z. Metallkde. 1924 S. 177.
92. Guichard u. Jourdain: C. R. Acad. Sci., Paris 1912 S. 160.
93. Guillet: C. R. Acad. Sci., Paris Bd. 132 (1901) S. 1112.
93a. — C. R. Acad. Sci., Paris Bd. 132 (1901) S. 1322.
93b. — C. R. Acad. Sci., Paris Bd. 133 (1901) S. 684.
93c. — C. R. Acad. Sci., Paris Bd. 133 (1901) S. 935.
93d. — C. R. Acad. Sci., Paris Bd. 134 (1902) S. 236.
93e. — C. R. Acad. Sci., Paris Bd. 141 (1905) S. 464.
93f. — Rev. Métallurg. 1922 S. 303.
93g. — Rev. Métallurg. 1922 S. 352.
93h. — Le génie civ. Bd. 82 (1923) S. 413.
93i. — C. R. Acad. Sci., Paris Bd. 178 (1924) S. 2081.
93k. — Rev. Métallurg. Bd. 21 (1924) S. 734.
93l. — Rev. Métallurg. Bd. 23 (1926) S. 48.
93m. — u. Galibourg: Rev. Métallurg. 1926 S. 179.
93n. — u. Portevin: C. R. Acad. Sci., Paris Bd. 158 (1914) S. 704.
93o. — u. Roux: C. R. Acad. Sci., Paris 1927 S. 724.
94. Gwyer: Z. anorg. allg. Chem. Bd. 49 (1906) S. 311.
94a. — Z. anorg. allg. Chem. Bd. 57 (1908) S. 113.
94b. — Z. anorg. allg. Chem. Bd. 57 (1908) S. 147.
94c. — u. Phillips: J. Inst. Met., Lond. Bd. 2 (1927) S. 29.
94d. — — Inst. Met. 1926, Adv. Cop. Nr. 404.
94e. — — u. Mann: J. Inst. Met., Lond. Bd. 2 (1928) S. 297.

94f. Gwyer: Disk. zu Trans. Farad. Soc. 1919 S. 254.
95. Haas: Z. Metallkde. 1927 S. 404.
95a. — Z. Metallkde. 1928 S. 283.
95b. — Z. Metallkde. 1929 S. 58.
95c. — u. Hecker: Z. Metallkde. 1929 S. 166.
95d. — u. Uno: Z. Metallkde. 1930 S. 277.
96. Haenni: Rev. Métallurg. Bd. 23 (1926) S. 342.
97. Hahn: Z. Metallkde. 1924 S. 59.
98. Hallmann: Z. Metallkde. 1924 S. 433.
98a. — Masch.-Bau 1924 S. 1084.
99. Hanemann: Z. Metallkde. 1931 S. 269.
99a. — u. Vogel: Hausz. Alum. d. VAW u. Erftw. A. G. 1932, S. 3.
99b. — u. Schröder: Z. Metallkde. 1931 S. 269.
100. Hansen: Z. Metallkde. 1928 S. 217.
101. Hanson u. Archbutt: J. Inst. Met., Lond. Bd. 21 (1919) S. 291.
101a. — u. Gayler: J. Inst. Met., Lond. Bd. 2 (1920) S. 201.
101b. — — J. Inst. Met., Lond. Bd. 26 (1921) S. 321.
101c. — — J. Inst. Met., Lond. Bd. 27 I (1922) S. 267.
101d. — — Met. Ind., Lond. Bd. 22 (1923) S. 393.
101e. — — Engineering Bd. 113 S. 519.
101f. — u. Wheeler: J. Inst. Met., Lond. 1931, Adv. Cop. 554.
102. Haughton u. Bingham: Coll. Res. Nat. Phys. Lab. Bd. 16 (1921) S. 41.
103. Heller: Met. u. Erz Bd. 19 (1922) S. 397.
104. Hemmi: J. chem. Ind. Jap. Bd. 25 (1922) S. 511.
105. Hengstenberg u. Mark: Z. Physik Bd. 61 (1930) S. 435.
105a. — u. Wassermann: Z. Metallkde. 1931 S. 114.
106. Herbert: Proc. Roy. Soc., Lond. Bd. 130 (1931) S. 514.
107. Herrmann: Z. Metallkde. 1928 S. 359.
108. Hessenbruch: Z. Metallkde. 1929 S. 49.
109. Heusler: Schrift. Ges. Bef. ges. Naturw. Marburg, Bd. 13 S. 237.
109a. — Stark u. Haupt: Verh. d. dtsch. phys. Ges. Bd. 5 (1903) S. 219.
109b. — u. Take: Trans. Faraday Soc. Bd. 8 (1912) I u. II S. 169.
110. Heycock u. Neville: J. chem. Soc. Bd. 57 (1890) S. 376.
110a. — — J. chem. Soc. Bd. 61 (1892) S. 888.
110b. — — Philos. Trans. Roy. Soc., Lond. Serie A 1897 S. 69.
110c. — — Proc. Roy. Soc., Lond. Bd. 66 (1900) S. 20.
111. Heyn u. Wetzel: Mitt. Kais.-Wilh.-Inst. Met.-Forsch. Bd. 1 (1922) S. 19. Halle a. S.: Knapp.
111a. — — Mitt. Kais.-Wilh.-Inst. Met.-Forsch. Bd. 1 (1922) S. 4. Halle a. S.: Knapp.
111b. — — Mitt. Kais.-Wilh.-Inst. Met.-Forschg. Bd. 1 (1922) S. 10. Halle a. S.: Knapp.
112. Hindrichs: Z. anorg. allg. Chem. Bd. 59 (1908) S. 441.
113. Hönigschmidt: C. R. Acad. Sci., Paris Bd. 142 S. 280 (1906).
114. Holler: Autog. Metallbearb. Bd. 21 (1928) S. 46 u. 66.
115. Hommel: Z. Metallkde. 1921 S. 511 u. 565.
116. Honda: Chem. metallurg. Engng. Bd. 25 (1921) S. 1001.
116a. — Arch. Eisenhüttenwes. Bd. 1 (1928) S. 280.
116b. — u. Igarasi: Sci. Rep. Tôhoku Univ. Bd. 12 (1924) S. 305.
117. Horn: Schmelzschweißg. Bd. 5 (1926) S. 36.
118. Igarasi: Sci. Rep. Tôhoku Univ. Bd. 12 (1924) S. 333.
119. Illig: Z. Metallkde. 1926 S. 159.
120. Irmann: Z. Metallkde. 1926 S. 121.
121. Irresberger: Z. Metallkde. 1924 S. 283.

121a. Irresberger: Z. Metallkde. 1924 S. 445.
121b. — Z. Metallkde. 1922 S. 177.
121c. — Z. Metallkde. 1922 S. 337.
122. Isawa u. Murakami: Sci. Rep. Tôhoku Univ. 1927.
123. Ishiwara: Sci. Rep. Tôhoku Univ. Series I Bd. 19 S. 5.
124. Isihara: J. Inst. Met., Lond. Bd. 36 (1926) S. 436, Bd. 33 (1925) S. 73.
124a. — Sci. Rep. Tôhoku Univ. Series I Bd. 15 Nr. 2 S. 209.
125. Jander: Z. angew. allg. Chem. 1927 S. 488, 1928 S. 702.
126. Jareŝ: Int. Z. Metallogr. Bd. 10 S. 1.
126a. — Trans. Amer. Inst. min. metallurg. Engr. 1927 S. 65.
127. Jarotzki: DRP. 470195.
128. Jeffries: Chem. metallurg. Engng. Bd. 26 (1922) S. 750.
128a. — u. Archer: Amer. Pat. 1472738.
128b. — — Chem. metallurg. Engng. Bd. 24 (1921) S. 105.
128c. — — Chem. metallurg. Engng. Bd. 26 (1922) S. 343, 402.
129. Jette, Phragmen u. Westgren: J. Inst. Met., Lond. Bd. 31 (1924) S. 193.
130. Johnson: The Metal Industry, New York Bd. 23 (1925) S. 322.
131. Kaiser: Z. Metallkde. 1927 S. 435.
132. Karnop u. Sachs: Z. Physik Bd. 50 (1930) S. 464.
133. Kirchhof: Brit. Pat. 278164.
134. Koch: Z. Metallkde. 1931 S. 95.
135. Köster: Z. Metallkde. 1930 S. 289.
136. — u. Müller: Z. Metallkde. 1927 S. 52.
137. Kokubo: Sci. Rep. Tôhoku Univ. Bd. 22 (1931) S. 268.
137a. — u. Honda: Sci. Rep. Tôhoku Univ. I Bd. 19 (1930) S. 365.
138. Konno: J. Inst. Met., Lond. Bd. 2 (1921) S. 321.
138a. — Sci. Rep. Tôhoku Univ. Bd. 11 (1922) S. 269.
139. Kremann: Elektrotechnische Metallkunde in Guertlers Handbuch „Metallographie", Bd. 2 Teil 1. Berlin: Gebrüder Bornträger.
140. Krings u. Ostmann: Z. anorg. allg. Chem. Bd. 163 S. 145.
141. Kroenig: USSR Sci. Res. Dep. 440, Centr. Aero-Hydr. dyn. Inst. 72. Moskau 1931.
141a. — Z. Metallkde. 1931 S. 245.
142. Kroll: Met. u. Erz Bd. 23 (1926) S. 225.
142a. — Met. u. Erz Bd. 23 (1926) S. 390.
142b. — Met. u. Erz Bd. 23 (1926) S. 555.
142c. — Met. u. Erz Bd. 23 (1926) S. 590.
142d. — Met. u. Erz Bd. 23 (1926) S. 613.
142e. — Met. u. Erz Bd. 23 (1926) S. 616.
142f. — Met. u. Erz Bd. 23 (1926) S. 682.
142g. — Met. u. Erz Bd. 23 (1926) S. 684.
143. Kurnakow u. Achnasarow: Z. anorg. allg. Chem. Bd. 125 (1922) S. 185.
143a. — Urasow u. Griponew: J. Russ. physic. chem. Soc. Bd. 1 (1919) S. 11.
143b. — — u. Grigoriew: J. Soc. chem. Ind. Bd. 42 (1923) S. 146.
143c. — — — J. Inst. Met., Lond. Bd. 29 (1923) S. 667.
143d. — — — J. Inst. Met., Lond. Bd. 30 (1923) S. 516.
144. Lachtschenko: J. Russ. physic. chem. Ges. Bd. 46 (1922) S. 119.
145. Legett: DRP. 283075.
146. Lehr: Z. Metallkde. 1928 S. 78.
147. Lennartz u. Henninger: Z. Metallkde. 1926 S. 213.
148. Léroux: Franz. Pat. 570114.
149. Le Verrier: C. R. Acad. Sci., Paris Bd. 114 (1892) S. 907.
150. Levi-Malvano u. Marantonio: Gaz. chim. Ital. Bd. 42 (1912) S. 353.
151. Lobley: Trans. Faraday Soc. 1924 S. 183.

152. Loofs-Rassow: Hausz. Alum. d. VAW u. Erftw. A. G. 1931 S. 20.
152a. — — Hausz. Alum. d. VAW u. Erftw. A. G. 1929 S. 187.
152b. — — unveröffentlicht, private Mitteilung.
153. Lorenz u. Plumbridge: Z. anorg. allg. Chem. Bd. 83 (1913) S. 243.
154. Losani: Chim. et Ind. 1927 S. 63.
155. Ludwik: Z. Metallkde. 1923 S. 68.
156. Maass u. Wiederholt: Z. Metallkde. 1925 S. 115.
157. Manchot u. Funk: Z. anorg. allg. Chem. Bd. 120 (1922) S. 277.
157a. — — Z. anorg. allg. Chem. Bd. 122 (1922) S. 22.
157b. — u. Leber: Z. anorg. allg. Chem. Bd. 150 (1926) S. 26.
157c. — u. Richter: Liebigs Ann. Bd. 357 (1907) S. 140.
158. Mannchen: Z. Metallkde. 1931 S. 193.
159. Mansuri: J. chem. Soc. Bd. 121 (1922) S. 2272.
160. Mark: Die Verwendung der Röntgenstrahlen in Chemie und Technik. (Berl-Lunge, Chem.-Techn. Untersuchungsmethoden, 8. Aufl., Bd. 1). Leipzig: Johann Ambrosius Barth.
160a. — Z. Metallkde. 1928 S. 342.
160b. — Z. Metallkde. 1928 S. 346.
161. Martin: Rev. Métallurg. Bd. 22 (1925) S. 139.
162. Marx: Diss. Frankfurt 1928.
163. Masing: Z. Metallkde. 1922 S. 204, 1925 S. 251.
163a. — Z. Metallkde. 1929 S. 282.
163b. — Wiss. Veröff. Siemens-Konz. Bd. 8 (1929) S. 87.
163c. — Z. Metallkde. 1928 S. 431.
163d. — Z. Metallkde. 1930 S. 229.
163e. — Wiss. Veröff. Siemens-Konz. 1925 S. 113.
163f. — u. Dahl: Wiss. Veröff. Siemens-Konz. Bd. 8 (1929) S. 248.
163g. — u. Hohorst: Wiss. Veröff. Siemens-Konz. Bd. 4 (1925) S. 91.
163h. — u. Tammann: Z. anorg. allg. Chem. Bd. 67 (1910) S. 183.
164. Mathews: J. Franklin Inst. Bd. 153 (1902) S. 119.
165. Mathewson: Z. anorg. allg. Chem. Bd. 48 (1906) S. 192.
166. Matsuyama: Sci. Rep. Tôhoku Univ. Series I Bd. 17 Heft 4.
167. Matthaes: Z. Metallkde. 1932 S. 176.
168. Maurer, E.: Mitt. Kais.-Wilh.-Inst. Eisenforschg. Bd. 1 (1910) S. 39.
169. Maurer: Schweiz. Pat. 120859.
170. Mayer: Z. Metallkde. 1924 S. 186.
171. Meißner: Z. Metallkde. 1923 S. 200.
171a. — Z. Metallkde. 1925 S. 77.
171b. — Z. Metallkde. 1925 S. 369.
171c. — Z. Metallkde. 1926 S. 324.
171d. — Z. VDI Bd. 70 (1926) S. 391.
171e. — Met. u. Erz 1926 S. 3.
171f. — Z. Metallkde. 1927 S. 9.
171g. — J. Inst. Met., Lond. Bd. 38 (1927) S. 197.
171f. — Z. Metallkde. 1927 S. 9.
171h. — Z. Metallkde. 1928 S. 16.
171i — Z. Metallkde. 1929 S. 328.
171k. — Inst. Met. 1930, Adv. Cop. 533.
171l. — Z. Metallkde. 1931 S. 64.
171m. — Z. Metallkde. 1932 S. 88.
171n. — Metallwirtsch., Wiss. Techn. Bd. 9 (1930) S. 641.
172. Melchior: Aluminium. VDI-Verlag Berlin: 1929.
173. Mellen u. Mellen: DRP. 267477, Amer. Pat. 1092935.
174. Memmler u. Laute: Forsch.-Arb. Ing.-Wes. Nr. 329.

175. Merica: Chem. metallurg. Engng. Bd. 26 (1922) S. 881.
175a. — Chem. metallurg. Engng. 1919 S. 552.
175b. — Waltenberg u. Freeman: Sci. Pap. Bur. Stand. 1919 Nr. 347.
175c. — — — Bull. Amer. Inst. min. Eng. 1919 Nr. 151 S. 1031.
175d. — — u. Scott: Sci. Pap. Bur. Stand. Bd. 15 (1919) S. 271.
175e. — — — Sci. Pap. Bur. Stand. Bd. 15 (1919) S. 347.
176. Meyer: Z. Metallkde. 1923 S. 257.
177. Meyer, H.: Vergüt. Unters. an d. Zn—Al-Leg. Al_2Zn_3. München u. Leipzig: F. u. J. Vogelrieder 1932.
178. Miethe: Verh. Beförd. Gewerbefleiß. 1900 S. 93.
179. Minet: C. R. Acad. Sci., Paris 1891 S. 1215.
179a. — L'Aluminium, Paris, 2. Aufl. 1896.
180. Moissan: Bull. Soc. chim. France Bd. 15 (1896) S. 1282.
181. Moser u. Doktor: Z. anorg. allg. Chem. Bd. 118 (1921) S. 284.
182. Müller: Z. Metallkde. 1927 S. 414.
182a. — Z. Metallkde. 1926 S. 233.
183. Mylius: Z. Metallkde. 1925 S. 148.
183a. — Z. Metallkde. 1924 S. 81.
184. Nekritij u. Bokoff: Z. Vestn. Inschenjeroff, Moskau 1928, Heft 5/6.
185. Neuburger: Röntgenographie der Metalle und ihrer Legierungen. Stuttgart: Ferdinand Enke 1929.
186. Nishiyama: Sci. Rep. Tôhoku Univ. Bd. 18 (1929) S. 359.
187. Nix u. Schmid: Z. Metallkde. 1929 S. 286.
188. Oesterheld: Z. anorg. allg. Chem. Bd. 97 (1916) S. 6.
189. Otani: J. chem. Ind. Japan Bd. 25 (1922) S. 36.
189a. — J. chem. Ind. Japan Bd. 26 (1923) S. 427.
189b. — Inst. Met. 1926, Adv. Cop. 401.
189c. — u. Hemmi: J. chem. Ind. Japan 1922 S. 1353.
190. Owen u. Preston: Proc. Roy. Soc., Lond. Bd. 36 (1923) S. 14.
191. Pacz: Amer. Pat. 1387900.
192. Pécheux: C. R. Acad. Sci., Paris Bd. 138 (1904) S. 1103, 1170, 1501, 1606.
192a. — C. R. Acad. Sci., Paris Bd. 140 (1905) S. 1535.
193. Pessel: Ind. Engng. Chem. Bd. 22 (1930) S. 776.
194. Pester: Z. Metallkde. 1930 S. 261.
195. Petit: Rev. Métallurg. Bd. 23 (1926) S. 418, 465.
195a. — C. R. Acad. Sci., Paris Bd. 181 (1925) S. 718.
196. Petrenko: Z. anorg. allg. Chem. Bd. 46 (1905) S. 49.
197. Phebus u. Blake: Physic. Rev. Bd. 25 (1925) S. 107.
198. Pierce: Trans. Amer. Inst. min. metallurg. Engr. Bd. 68 (1923) S. 767.
199. Pilling-Bedworth: J. Inst. Metallurg. 1923 S. 29.
200. Portevin: Rev. Métallurg. Bd. 8 (1911) S. 721.
200a. — J. Inst. Met., Lond. Bd. 1 (1923).
200b. — u. Chevenard: J. Inst. Met., Lond. Bd. 30 (1923) S. 329.
200c. — — Rev. Métallurg. 1930 S. 412.
200d. — u. Le Chatelier: Rev. Métallurg. Bd. 21 (1924) S. 233.
201. Pothmann: Schmelzschweißg. Bd. 6 (1927) S. 89.
202. Rackwitz: Z. Metallkde. 1929 S. 67.
203. Rassow (Loofs) u. Velde: Z. Metallkde. 1921 S. 557.
203a. — (—) Z. Metallkde. 1923 S. 106.
203b. — (—) Hausz. Alum. d. VAW u. Erftw. A. G. 1929 S. 187.
203c. — (—) Hausz. Alum. d. VAW u. Erftw. A. G. 1931 S. 20.
204. Read u. Greaves: J. Inst. Met., Lond. Bd. 11 (1914) S. 169.
204a. — — J. Inst. Met., Lond. Bd. 13 (1915) S. 100.
205. Ref.: Z. Metallkde. 1924 S. 133.

206. Reimann: Z. Metallkde. 1922 S. 119.
207. Roberts: J. chem. Ind. 1914 S. 1383.
208. Roberts-Austen: Proc. Roy. Soc., Lond. Bd. 50 (1891/92) S. 367.
209. Röhrig: Z. Metallkde. 1924 S. 265.
209a. — Z. Metallkde. 1924 S. 398.
209b. — Z. Metallkde. 1925 S. 63.
209c. — Z. Metallkde. 1925 S. 198.
209d. — Z. Metallkde. 1925 S. 226.
209e. — Metallwirtsch., Wiss. Techn., April 1928.
209f. — Z. Metallkde. 1930 S. 420.
209g. — Z. Metallkde. 1930 S. 362.
209h. — Hausz. Alum. d. VAW u. Erftw. A. G. 1931 S. 32.
209i. — Z. Metallkde. 1932 S. 231.
209k. — u. Borchert: Z. Metallkde. 1923 S. 335.
209l. — — Z. Metallkde. 1924 S. 29.
210. Rohn: Z. Metallkde. 1924 S. 396.
211. Roll: Z. Metallkde. 1928 S. 444.
212. Rosenhain: J. Inst. Met., Lond. Bd. 30 (1923) S. 3.
212a. — Engineering Bd. 139 (1924) S. 391.
212b. — Z. Metallkde. 1930 S. 73.
212c. — u. Archbutt: Proc. Inst. mech. Engr. Bd. 76 (1912) S. 319.
212d. — — Philos. Trans. Roy. Soc., Lond. Bd. 212 (1912) S. 315.
212e. — — Philos. Trans. Roy. Soc., Lond. Bd. 210 (1911) S. 389.
212f. — — J. Inst. Met., Lond. Bd. 6 (1911) S. 236.
212g. — — u. Hanson: XI. Rep. All. Res. Comm. 1921.
212h. — — — J. Inst. Met., Lond. Bd. 39 (1928) S. 27.
212i. — — — Proc. Inst. mech. Engr. Aug. 1921.
212k. — Grogan u. Schofield: Al-Broadcast, Bd. 2 Nr. 37 S. 5.
212l. — u. Lantsberry: Proc. Inst. mech. Engr. Bd. 74 (1910) S. 119.
213. Rostosky: Z. Metallkde. 1923 S. 196.
213a. — Z. Metallkde. 1924 S. 359.
213b. — u. Lüder: Z. Metallkde. 1926 S. 224.
213c. — — Z. Metallkde. 1929 S. 24.
214. Roth: Vortrag im Rahmen der Metallgießereitechnischen Hochschulvorträge Berlin im Anschluß an die Hauptvers. d. dtsch. Ges. f. Metallkde. 1932. 28. Juni. „Ein neues Gießverfahren für Al-Blöcke.“
215. Ruer: Metallographie in elementarer Darstellung. Hamburg u. Leipzig: Voß 1917.
216. Ruß: Z. Metallkde. 1930 S. 273.
217. Sachs: Z. Metallkde. 1925 S. 85.
217a. — Z. Metallkde. 1926 S. 210.
217b. — Z. Metallkde. 1928 S. 428.
217c. — Z. Metallkde. 1929 S. 27.
217d. — Z. Metallkde. 1930 S. 228.
217e. — u. Göler: Mitt. d. dtsch. Mat.-Prüf.-Anst., Sonderheft 10.
217f. — u. Schiebold: Z. Metallkde. 1925 S. 400.
217g. — u. Weerts: Z. Physik Bd. 59 (1930) S. 497.
217h. — — Z. Physik Bd. 60 (1930) S. 481.
218. Sander u. Meißner: Z. Metallkde. 1922 S. 385.
218a. — — Z. Metallkde. 1923 S. 180.
218b. — — Z. Metallkde. 1924 S. 12.
219. Saran: Z. Metallkde. 1931 S. 32.
219a. — Z. Metallkde. 1932 S. 181.
220. Scheil: Z. Metallkde. 1929 S. 121.

220a. Scheil: Z. Metallkde. 1930 S. 297.
221. Scheuer: Z. Metallkde. 1931 S. 238.
221a. — Schmelzschweißg. 1930 S. 178.
222. Schirmeister: Met. u. Erz 1914 S. 522.
222a. — Stahl u. Eisen 1915 S. 649, 873 u. 996.
223. Schlegel: Diss. Leipzig 1906.
224. Schmid: Z. Metallkde. 1928 S. 69.
224a. — Z. Metallkde. 1928 S. 370.
224b. — Z. Metallkde. 1930 S. 228.
224c. — u. Siebel: Z. Metallkde. 1931 S. 202.
224d. — u. Wassermann: Naturwiss. 1926 S. 980.
224e. — — Metallwirtsch. 1928 S. 1329.
224f. — — Metallwirtsch. 1930 S. 421.
225. Schmidt, A. W.: Z. Metallkde. 1925 S. 96.
226. Schmidt, K. O.: Z. Metallkde. 1930 S. 328.
227. Schmitt: Elektrotechn. Z. Bd. 48 (1927) S. 1176.
227a. — Z. Aluminium 1927, Heft 16, S. 1.
228. Schraivogel u. K. O. Schmidt: Z. Metallkde. 1932 S. 57.
229. Schulte: Met. u. Erz 1921 S. 236.
230. Schulze: Z. Physik Bd. 49 (1928) S. 146.
231. Schwarz, v.: Int. Z. Metallogr. Bd. 7 (1915) S. 162.
231a. — Z. Metallkde. 1927 S. 215.
231b. — Z. Metallkde. 1927 S. 390.
231c. — Z. Metallkde. 1930 S. 417.
231d. — Z. Metallkde. 1932 S. 97.
232. Schwinning u. Fischer: Z. Metallkde. 1932 S. 1.
232a. — u. Strobel: Z. Metallkde. 1932 S. 132.
233. Search: Met. Ind., Lond. 1922 S. 138.
234. Seidl u. Schiebold: Z. Metallkde. 1925 S. 221; außerdem erweitert VDI-Verlag 1925.
235. Seligmann u. Williams: J. Inst. Met., Lond. Bd. 1 (1920) S. 159.
236. Setoh u. Miyata: Sci. Rep. Tôhoku Imp. Univ. Nr. 727.
237. Shepherd: J. phys. Chem. Bd. 8 (1904) S. 233.
237a. — J. phys. Chem. Bd. 9 (1905) S. 504.
238. Sieglerschmidt: Z. Metallkde. 1931 S. 26.
239. Sielakow: Rev. Métallurg. Bd. 21 (1924) S. 527.
240. Sisco u. Whitmore: Ind. Engng. Chem. Bd. 16 (1924) S. 838.
241. Smekal: Z. Metallkde. 1932 S. 121.
242. Smith: Z. anorg. allg. Chem. Bd. 56 (1907) S. 112.
243. Steinweg: Diss. Berlin 1928.
244. Sterner-Rainer: Z. Metallkde. 1924 S. 362.
244a. — — Z. Metallkde. 1927 S. 282.
244b. — — Z. Metallkde. 1931 S. 274.
244c. — — Z. Metallkde. 1930 S. 357.
244d. — — Z. Metallkde. 1930 S. 269.
245. Steudel: Z. Metallkde. 1927 S. 129.
245a. — Z. Metallkde. 1928 S. 165.
245b. — Z. Metallkde. 1925 S. 404.
246. Stockdale: J. Inst. Met., Lond. Bd. 31 (1924) S. 275.
246a. — Inst. Met. 1930, Adv. Cop. Nr. 526.
246b. — u. Wilkinson: Inst. Met. 1926, Adv. Cop. 404.
247. Strasser: Brit. Pat. 141324.
248. Sugiura: Privatveröffentlichung. Osaka, Jan. 1926.
249. Suhr: Ref. Vortr. in Metallurgist, Beilage z. Engineer 1931, Maiheft S. 67.

249a. Suhr: Chim. et Ind. 1928 S. 392.
250. Summa: Röntgenogr. Beitr. z. Vergütungsproblem. München u. Leipzig: F. u. J. Vogelrieder 1932.
251. Sullivan: Aviation, N. Y. Bd. 30 (1931) S. 347.
252. Sutton: Met. Ind., Lond. 1922 S. 365.
252a. — u. Sidery: J. Inst. Met., Lond. Bd. 38 (1927) S. 241.
252b. — u. Willstrop: J. Inst. Met., Lond. Bd. 38 (1927) S. 259.
253. Tammann: Lehrbuch der Metallographie, 2. Aufl. 1932. Leipzig: Leopold Voß.
253a. — Z. anorg. allg. Chem. Bd. 48 (1906) S. 53.
253b. — Z. Metallkde. 1926 S. 69.
253c. — Z. Metallkde. 1929 S. 277.
253d. — Z. Metallkde. 1930 S. 224.
253e. — Z. Metallkde. 1930 S. 365.
253f. — u. Heinzel: Z. Metallkde. 1927 S. 338.
253g. — u. Bandel: Z. Metallkde. 1933 S. 153 u. 207.
254. Tanabe: J. Inst. Met., Lond. Bd. 2 (1924).
255. Taylor u. Elam: Proc. Roy. Soc., Lond. Bd. 102A (1923) S. 643.
255a. — Proc. Roy. Soc., Lond. Bd. 108A (1925) S. 28.
256. Tiedemann: Z. Metallkde. 1926 S. 18.
256a. — Z. Metallkde. 1928 S. 154.
257. Tronstad: Z. Metallkde. 1932 S. 185.
258. Tullis: J. Inst. Met., Lond. Bd. 40 (1928) S. 55.
258a. — Met. Ind., Lond. 1929 S. 339.
259. Urasow: J. russ. phys. chem. Soc. Bd. 51 (1919) S. 461.
260. Valentin: Rev. Métallurg. Bd. 23 (1926) S. 295.
261. Velde u. Rassow: Z. Metallkde. 1921 S. 557.
262. Vogel: Z. anorg. allg. Chem. Bd. 75 (1912) S. 41.
262a. — Z. anorg. allg. Chem. Bd. 107 (1919) S. 265.
263. Waehlert: Met. u. Erz 1921 S. 291.
264. Wagner: Bericht aus dem Institut für mechanische Technologie der Technischen Hochschule Berlin, Heft 1. Berlin: Julius Springer 1928.
265. Wassermann: Z. Metallkde. 1930 S. 158.
265a. — Z. Metallkde. 1930 S. 160.
266. Weerts: Z. Metallkde. 1932 S. 138.
267. Weiß: Z. anorg. allg. Chem. Bd. 65 (1910) S. 358.
268. Welter: Z. Metallkde. 1923 S. 107.
268a. — Z. Metallkde. 1925 S. 75.
268b. — Z. Metallkde. 1927 S. 232.
268c. — Z. Metallkde. 1928 S. 51.
268d. — Z. Metallkde. 1931 S. 255.
269. Werner: Z. anorg. allg. Chem. Bd. 154 (1926) S. 275.
270. Westgren: J. Iron Steel Inst. Bd. 103 (1921) S. 263.
270a. — Z. Metallkde. 1930 S. 368.
270b. — u. Phragmen: Z. Metallkde. 1926 S. 279.
271. Wetzel: Z. Metallkde. 1922 S. 335.
271a. — Metallbörse Bd. 13 (1923) S. 737.
271b. — Z. Metallkde. 1924 S. 65.
271c. — u. Konarsky: Metallbörse Bd. 12 (1922) S. 2703.
272. Wever: Z. Metallkde. 1928 S. 363.
272a. — u. Rütten: Mitt. Kais.-Wilh.-Inst. Eisenforschg., Düsseldorf 1924 S. 6.
272b. — u. Schmid: Z. Metallkde. 1930 S. 133.
273. Wiederholt: Z. anorg. allg. Chem. Bd. 154 (1926) S. 226.
274. Wills: J. Birmingh. Met. Soc. 1920 S. 475.

275. Willm: Metallurgie Bd. 8 (1911) S. 225.
276. Woronoff: Z. Metallkde. 1929 S. 310.
277. Wright: J. Soc. chem. Ind. Bd. 11 (1892) S. 492.
277a. — J. Soc. chem. Ind. Bd. 13 (1894) S. 1014.
278. Zeerleder u. Boßhardt: Z. Metallkde. 1927 S. 459.
278a. — — J. Inst. Met., Lond. Bd. 42 (1929) S. 321.

Nachtrag.

279. v. Arkel: Z. Metallkde. 1930 S. 217.
279a. — Z. Kristallogr. Bd. 67 (1928) S. 235.
280. Borchers: Aluminium. Halle a. S.: Wilhelm Knapp 1928.
281. Tessier: zit. in J. W. Richards: Aluminium. Philadelphia 1887.
282. Sempel: Metallurgie Bd. 4 (1907) S. 668.
283. Blumenthal u. Hansen: Metallwirtsch. Bd. 10 (1931) S. 925, Bd. 11 (1932) S. 671.
284. Bradley u. Jones: Inst. Met. Vorb. 625 (1933).
285. Schwarz u. Summa: Metallwirtsch. Bd. 11 (1932) S. 369.
286. Schmid u. Wassermann: Metallwirtsch. Bd. 11 (1932) S. 386.
287. Bragg: An introduction to crystal analysis. London: Bell 1928.
288. Wykoff: The structure of crystals.
289. Trillat: Applications des rayons X. Paris 1928.
290. Anastasiadis: Z. Metallkde. 1933 S. 97.
290a. — Z. Metallkde. 1933 S. 141 u. 285.
291. — Revue Métallurg. 1930 S. 567.
292. Reinglaß: Chemische Technologie. Leipzig: Otto Spamer 1919.
293. — Z. Metallkde. 1923 S. 321.
294. — Z. Metallkde. 1928 S. 14.
295. Scharwächter: Z. Metallkde. 1933 S. 250.
296. Röntgen u. Koch: Z. Metallkde. 1933 S. 182.
296a. — — Z. Metallkde. 1934 S. 9.
297. Alberti: Z. Metallkde. 1934 S. 7.
298. — Z. Metallkde. 1923 S. 264.
299. Schück: Diss. Dresden 1934.
300. Panseri: La Fonderia d'Alluminio. Mailand: Ulrico Hoepli 1934.

dditional information of this book

letallographie des Aluminiums und seiner Legierungen; 978-3-642-50429-7) is provided

EXTRA MATERIALS extras.springer.com

ttp://Extras.Springer.com

E. Preuß, Die praktische Nutzanwendung der Prüfung des Eisens durch Ätzverfahren und mit Hilfe des Mikroskopes. Für Ingenieure, insbesondere Betriebsbeamte. Bearbeitet von Professor Dr. **G. Berndt,** Dresden, und Professor Dr.-Ing. **M. v. Schwarz,** München. Dritte, vermehrte und verbesserte Auflage. Mit 204 Figuren im Text und auf einer Tafel. VIII, 198 Seiten. 1927. RM 7.80; gebunden RM 9.20*

.... Das Buch will dem Konstrukteur und Betriebsmann ein Wegweiser zur Werkstoffkenntnis sein. Es wird sich gerade bei den Besuchern der Werkstoffschau, die das dort Gesehene im eigenen Betrieb benutzen wollen, viele Freunde erwerben. Ein ausführliches Sach-, Autoren- und Literaturverzeichnis macht den Inhalt sehr übersichtlich. So wird das Buch, durch die vorzüglichen Abbildungen unterstützt, zu einem wichtigen Handbuch, das dem Betriebsmann sehr empfohlen werden kann. Ausstattung und Druck sind, dem Verlage Julius Springer entsprechend, sehr gut. „Der Maschinenbau."

Metallographie der technischen Kupferlegierungen. Von Dipl.-Ing. **A. Schimmel.** Mit 199 Abbildungen im Text, 1 mehrfarbigen Tafel und 5 Diagrammtafeln. VI, 134 Seiten und 4 Seiten Anhang. 1930. RM 19.—; gebunden RM 20.50*

.... Das Buch zeichnet sich durch eine hohe Übersichtlichkeit des behandelten Stoffes und eine besondere Klarheit der Darstellung aus. Im Vordergrund der Betrachtung stehen stets die praktischen Gesichtspunkte. Mit der Beherrschung der theoretischen Grundlagen vereinigt der Verfasser den seltenen Blick für ihre Grenzen, wodurch er in vorbildlicher Weise in der Lage ist, mit kurzen Worten das Wesentliche der Erscheinung zu umreißen. Die 200 photographischen Wiedergaben, größtenteils Schliffbilder, bringen einen fast erschöpfenden Überblick über die Mannigfaltigkeit des Gefügeaufbaues von Kupferlegierungen. Somit erfüllt das Werk ausgezeichnet die Aufgabe, die sich der Verfasser und Herausgeber gestellt haben, nämlich nachzuweisen, welche nützliche Gehilfin die Metallographie dem Maschinen- und Betriebsingenieur werden kann, sofern sie ihm in geeigneter Form nahe gebracht wird. .... „Werkstattstechnik."

Der Aufbau der Kupfer-Zinklegierungen. Von Professor Dr.-Ing. e. h. **O. Bauer,** Direktor im Staatlichen Materialprüfungsamt, stellvertretender Direktor des Kaiser Wilhelm-Instituts für Metallforschung, und Dr. phil. **M. Hansen,** Wissenschaftlicher Mitarbeiter am Kaiser Wilhelm-Institut für Metallforschung. (Sonderheft IV der „Mitteilungen aus dem Materialprüfungsamt und dem Kaiser Wilhelm-Institut für Metallforschung zu Berlin-Dahlem".) Mit 172 Abbildungen. IV, 150 Seiten. 1927. RM 18.—; gebunden RM 20.—*

Die Theorie der Eisen-Kohlenstoff-Legierungen. Studien über das Erstarrungs- und Umwandlungsschaubild nebst einem Anhang: Kaltrecken und Glühen nach dem Kaltrecken. Von **E. Heyn,** weil. Direktor des Kaiser Wilhelm-Instituts für Metallforschung. Herausgegeben von Professor Dipl.-Ing. **E. Wetzel.** Mit 103 Textabbildungen und 16 Tafeln. VIII, 185 Seiten. 1924. Gebunden RM 12.—*

Physikalische Chemie der metallurgischen Reaktionen. Ein Leitfaden der theoretischen Hüttenkunde von Dr. phil. **F. Sauerwald,** a. o. Professor an der Technischen Hochschule Breslau. Mit 76 Textabbildungen. X, 142 Seiten. 1930. RM 13.50; gebunden RM 15.—*

C. J. Smithells, Beimengungen und Verunreinigungen in Metallen. Ihr Einfluß auf Gefüge und Eigenschaften. Erweiterte deutsche Bearbeitung von Dr.-Ing. **W. Hessenbruch,** Heraeus Vakuumschmelze A.-G., Hanau/M. Mit 248 Textabbildungen. VII, 246 Seiten. 1931. Gebunden RM 29.—

Materialprüfung mit Röntgenstrahlen unter besonderer Berücksichtigung der Röntgenmetallographie. Von Prof. Dr. **R. Glocker,** Stuttgart. Mit 256 Textabbildungen. VI, 377 Seiten. 1927. Gebunden RM 31.50*

Der bildsame Zustand der Werkstoffe. Von Professor Dr.-Ing. **A. Nádai,** Göttingen. Mit 298 Textabbildungen. VIII, 171 Seiten. 1927. RM 15.—; gebunden RM 16.50*

* Auf die Preise der vor dem 1. Juli 1931 erschienenen Bücher wird ein Notnachlaß von 10% gewährt.

Die Dauerfestigkeit der Werkstoffe und der Konstruktionselemente. Elastizität und Festigkeit von Stahl, Stahlguß, Gußeisen, Nichteisenmetall, Stein, Beton, Holz und Glas bei oftmaliger Belastung und Entlastung sowie bei ruhender Belastung. Von **Otto Graf.** Mit 166 Textabbildungen. VIII, 131 Seiten. 1929. RM 14.—; gebunden RM 15.50*

Die Dauerprüfung der Werkstoffe hinsichtlich ihrer Schwingungsfestigkeit und Dämpfungsfähigkeit. Von Professor Dr.-Ing. **O. Föppl,** Braunschweig, Dr.-Ing. **E. Becker,** Ludwigshafen, und Dipl.-Ing. **G. v. Heydekampf,** Braunschweig. Mit 103 Textabbildungen. V, 124 Seiten. 1929. RM 9.50; gebunden RM 10.75*

Ⓦ **Die Wechselfestigkeit metallischer Werkstoffe.** Ihre Bestimmung und Anwendung. Von Dr. techn. **Wilfried Herold,** Wien. Mit 165 Textabbildungen und 68 Tabellen. VII, 276 Seiten. 1934. Gebunden RM 24.—

Moderne Metallkunde in Theorie und Praxis. Von Oberingenieur **J. Czochralski.** Mit 298 Textabbildungen. XIII, 292 Seiten. 1924. Gebunden RM 12.—*

Praktische Metallkunde. Schmelzen und Gießen, spanlose Formung, Wärmebehandlung. Von Prof. Dr.-Ing. **G. Sachs,** Frankfurt a. M.

Erster Teil: Schmelzen und Gießen. Mit 323 Textabbildungen und 5 Tafeln. VIII, 272 Seiten. 1933. Gebunden RM 22.50

Zweiter Teil: Spanlose Formung. Mit 275 Textabbildungen. VIII, 238 Seiten. 1934. Gebunden RM 18.50

Dritter Teil: Wärmebehandlung. In Vorbereitung

Lehrbuch der Metallkunde, des Eisens und der Nichteisenmetalle. Von Professor Dr. phil. **Franz Sauerwald,** Breslau. Mit 399 Textabbildungen. XVI, 462 Seiten. 1929. Gebunden RM 29.—*

Das Werk ist eine organisch geordnete, für sich abgeschlossene Darstellung des Gesamtgebietes der Metallkunde, die bei vorteilhafter Wahrung eines mäßigen Umfanges wohl auf alle dieses Gebiet betreffende Fragen eingeht. Der Abschnitt über allgemeine Metallkunde gibt zunächst eine Darstellung des metallischen Zustandes, unabhängig von der Legierungsbildung (Aggregatzustände, Entstehung kristallisierter Metallkörper, Kristallbau, Röntgenographie, physikalische und mechanische Eigenschaften metallischer Festkörper), beschäftigt sich anschließend mit den Mehrstoffsystemen der Metalle (Zustandsdiagramme, Kristallbau und Eigenschaften von Mehrstoffsystemen) und befaßt sich im letzten Kapitel mit einigen besonders wichtigen technischen Verarbeitungsprozessen (Gießen, Wärmebehandlung, Formgebung, Schweißen usw.). Der zweite Teil, die spezielle Metallkunde, umfaßt die Kapitel über Eisen und Stahl (reines Eisen, Eisen-Kohlenstoff, Gußeisen, schmiedbares Eisen, legierte Stähle, Schneidmetalle) und über die wichtigsten Nichteisenmetalle (technisch reine Metalle und Legierungen). — Durch die glückliche Verwertung der vielseitigen Erfahrung als Forscher und Lehrer hat uns der Verfasser mit dem vorliegenden Werke ein ausgezeichnetes Lehrbuch der gesamten Metallkunde gegeben. „Elektrotechnik und Maschinenbau.“

Handbuch der Spritzgußtechnik der Metallegierungen einschließlich des Warmpreßgußverfahrens. Grundlagen des Spritzgußvorganges. Konstruktionsprinzipien der Spritzgußmaschinen und Formen nebst Ausführungsbeispielen. Werkstoffkunde. Werkstattpraxis. Von Dr.-Ing. **Leopold Frommer,** Beratender Ingenieur VBI. Mit 244 Abbildungen sowie 36 Zahlentafeln im Text und auf 6 Tafeln. XVII, 686 Seiten. 1933. Gebunden RM 66.—

Ein Handbuch für den Spritzgußhersteller, das die Unterlagen zur Behandlung der apparativen und der metalltechnischen Fragen des praktischen Betriebes enthält. Dem Konstrukteur von Spritzgußapparaten bietet es einen Überblick über die heute praktisch gebräuchlichen Konstruktionen sowie die auf diesem Gebiete vorhandenen grundsätzlichen Möglichkeiten. Dem Spritzgußverbraucher gibt es eine Übersicht über das mit dieser Fertigungsmethode heute praktisch Erzielbare.

* Auf die Preise der vor dem 1. Juli 1931 erschienenen Bücher des Berliner Verlages wird ein Notnachlaß von 10% gewährt.

(Das mit Ⓦ bezeichnete Werk ist im Verlag Julius Springer-Wien erschienen.)